油气管道定向钻穿越技术及应用

史占华 田中山 主编

科学出版社

北京

内 容 简 介

本书吸纳了国内水平定向钻穿越设计、施工及科研企业和院校的科研成果与工程实践经验,系统概述了定向钻穿越工程的发展过程,介绍了水平定向钻穿越设计、工艺、配套机具、施工环节的技术要点,总结了重难点工程和典型事故的处理办法、质量控制要点,展望了水平定向钻未来的发展方向,具有较强的理论价值和工程实用价值。

本书可供油气管道工程建设和运营管理领域技术人员参考使用,也可作为高等院校的教学参考书。

图书在版编目(CIP)数据

油气管道定向钻穿越技术及应用 / 史占华,田中山主编. —北京:科学出版社,2023.9

ISBN 978-7-03-076447-8

Ⅰ. ①油… Ⅱ. ①史… ②田… Ⅲ. ①石油管道–定向钻进 Ⅳ. ①TE973

中国国家版本馆 CIP 数据核字(2023)第 177917 号

责任编辑:万群霞 / 责任校对:王萌萌
责任印制:师艳茹 / 封面设计:无极书装

科学出版社 出版
北京东黄城根北街 16 号
邮政编码:100717
http://www.sciencep.com

北京汇瑞嘉合文化发展有限公司 印刷
科学出版社发行 各地新华书店经销

*

2023 年 9 月第 一 版　开本:787×1092 1/16
2023 年 9 月第一次印刷　印张:18 1/2
字数:437 000

定价:258.00 元

(如有印装质量问题,我社负责调换)

本书编委会

主　编：
　　史占华　田中山

副主编：
　　詹胜文　马保松　戴福俊

编委会：
　　路民旭　黄　胜　王现中　刘　军
　　王　垚　田延彬　李会敏　董向阳
　　叶启蓉　徐华天　王　丽　杨　威
　　闫明珍　杨　文　张　晨　陈思雅
　　张　万　李　苗

自　序

《油气管道定向钻穿越技术及应用》一书在田中山先生的积极倡导和主持下，历时四年，云集行业内专家、教授和具有丰富施工经验的技术人员等，对定向钻穿越工程的发展历程、工程设计、施工工艺与工法、施工设备、施工机具及相关配套系统、施工泥浆机理、典型施工案例和事故处理方法、质量控制进行了系统的梳理和编撰，并对未来定向钻穿越技术进行了展望。经过10余次讨论、修改，终于成稿。

全书共分九章，第1章和第9章由田中山先生负责，马保松、王现中、刘军、王垚、陈思雅、张万、李苗撰写，第2章由田中山先生负责，詹胜文、戴福俊、路民旭、杨文、张晨、王丽、杨威、闫明珍撰写，第8章由田中山先生负责，詹胜文、戴福俊、刘军、徐华天、王垚撰写。第3~7章由本人负责，田延彬、李会敏、董向阳、叶启蓉撰写，其中，黄胜对第5章的内容做了修改和补充。

本人自1984年起参与国内第一台水平定向钻机的引进调研，1993年创立了廊坊华元机电工程有限公司(河北华元科工股份有限公司的前身)，1995年亲自组织引进了国内第二台水平定向钻机，并自主研发了配套施工设备，实施了天津机场航油管线穿越工程。1997年自主研发和制造了国内第一台大型水平定向钻机、国内首套定向钻导向系统、定向钻施工配套设备及机具。经过30多年定向钻穿越技术研究、装备研发和实践，研发制造了一系列通用型钻机和特种钻机、钻具和配套机具，总结首创了一些定向钻穿越相关的计算方法、经验公式和理论，取得了多项科研成果和专利技术。目前，河北华元科工股份有限公司(简称华元科工)仍保持着世界最长定向钻穿越纪录，独家拥有导向孔对穿钻头"握手"专利技术。

本书终于付梓了，借此机会向参与编写的专家和有关人员，以及给予本书帮助的朋友表示衷心感谢！定向钻穿越技术在我国经过了近40年的发展，已经在施工工艺、施工设备等方面取得了显著的进步，但仍面临着许多技术难题和挑战，设计理念有待突破，全过程施工成本也有待优化，希望与同仁们一起持续攻坚克难，攻城拔寨，使我国的定向钻穿越技术始终走在世界前列。

本人非常希望将自己多年的工程实践、理论研究、经验总结贡献给社会，以飨读者。本书整理和分析了部分定向钻穿越工程涉及的一些理论问题，其推导过程已添加到有关章节，希望能起到抛砖引玉的作用。但因本书涉及的专业较多，涵盖内容广泛，因水平有限，望同仁们不吝指正，将不胜感激。

史占华

2023年8月26日

前　言

油气管道是国家能源输送的大动脉，管道建设工程质量是管道安全可靠运营的根基。在构建"全国一张网"的过程中，长输管道建设需穿越地质状况不同的地段，水平定向钻施工可不开挖地表，穿越公路、河湖等多种工况，实现管道的快速敷设且埋深充足，经济安全，对环境影响小，在地形较复杂、外协施工难度大及生态敏感地区的管道建设中具有明显优势。我国油气管道水平定向钻穿越距离越来越长、管径越来越大、施工越来越快速，穿越范围从常规的江河穿越向大型山体穿越、陆海穿越和海海穿越领域迈进，穿越纪录不断取得新的突破。经过同仁们近40年的奋斗，不断攻克水平定向钻穿越设计、设备制造、工艺、施工等难题，实现我国水平定向钻穿越技术从无到有，从有到专，从专到精，从精到强。

"行之力则知愈进，知之深则行愈达。"我深深感觉到，一个行业经过多年发展，需要不断总结施工经验，在复杂的重难点工程甚至事故案例中汲取教训，在实践中不断地进行理论总结，再到工程实践中去修正、验证，逐渐夯实定向钻穿越行业的理论基础。只有这样才能不断拓宽定向钻穿越施工新的工程领域，突破定向钻穿越工程的纪录，取得定向钻穿越技术的长足发展。

由史占华先生和我一起主编的《油气管道定向钻穿越技术及应用》吸纳了国内水平定向钻施工及科研企业和院校的科研成果和工程实践经验，系统概述了定向钻穿越工程的发展过程，介绍了水平定向钻穿越从设计、工艺、配套机具、施工环节的技术要点，总结了重难点工程和典型事故的处理办法、质量控制要点，展望了水平定向钻未来的发展方向，具有较强的理论价值和工程实用价值。

本书的出版，对于促进"全国一张网"、拓展"一带一路"油气管网体系建设，提升管道本质安全水平具有重要意义，必将对我国建设成为油气管道强国起到巨大的推动作用。

"征途漫漫，惟有奋斗"，本书的出版绝不是最终目标，未来本书编委会仍将矢志不渝，笃行不怠，致力于油气管网的高质量建设和安全运营，以促进我国水平定向钻穿越技术和理论的不断发展。

书中如有不当之处，恳请读者批评指正。

周中山

2023年8月26日

目 录

自序
前言

第1章 水平定向钻穿越技术概况···································1
1.1 水平定向钻穿越技术的起源·······························1
1.2 国外发展历程···2
1.3 国内发展历程···4
1.4 水平定向钻穿越技术的基本原理·······················6
1.4.1 水平定向钻穿越技术的基本工序·················6
1.4.2 国内水平定向钻穿越工程的等级划分············7
1.4.3 水平定向钻穿越技术的主要优势·················8
1.4.4 水平定向钻穿越技术的局限性····················8
参考文献···9

第2章 水平定向钻穿越工程设计···································11
2.1 水平定向钻穿越勘察与测量·····························11
2.1.1 工程地质勘察的重要性····························11
2.1.2 勘察方案的选择····································11
2.1.3 地质勘察中关键的地层参数······················12
2.1.4 测量及勘察技术要求·······························13
2.2 水平定向钻穿越曲线设计·································15
2.2.1 穿越深度···15
2.2.2 穿越地层选择···16
2.2.3 入出土点位置···16
2.2.4 入出土角度··17
2.2.5 曲率半径···17
2.2.6 水平定向钻曲线计算································18
2.3 扩孔孔径设计···19
2.3.1 最终扩孔直径···19
2.3.2 扩孔级差···19
2.4 回拖力计算及钻机选择····································22
2.4.1 回拖力的构成···22
2.4.2 回拖力计算方法简介································23
2.4.3 三种回拖力计算方法分析·························26
2.4.4 算例及对比分析·····································26
2.4.5 钻机选择···31

2.5 穿越管道设计 32
　　2.5.1 管材的选取 32
　　2.5.2 管道的应力校核 33
　　2.5.3 管道防腐与防护 40
　　2.5.4 焊接、检验、试压与测径 47
参考文献 48

第3章 水平定向钻穿越施工工艺 50
3.1 施工准备 50
　　3.1.1 设计文件复核 50
　　3.1.2 施工技术方案编制 50
　　3.1.3 地下设施再调查 50
　　3.1.4 施工场地及进场道路准备 51
　　3.1.5 施工设备安装 51
　　3.1.6 施工材料和资源准备 52
3.2 导向孔施工 52
　　3.2.1 导向孔钻进方式 52
　　3.2.2 导向孔钻进的钻具组合 54
　　3.2.3 导向孔钻进实施 55
　　3.2.4 导向孔钻进轨迹测量与控制 58
　　3.2.5 导向孔对穿工艺 62
3.3 扩孔施工 65
　　3.3.1 扩孔的方式及基本原理 65
　　3.3.2 扩孔施工的钻具选型 69
　　3.3.3 扩孔施工的控制措施 70
3.4 管道回拖 73
　　3.4.1 管道回拖前的准备 73
　　3.4.2 管道回拖的钻具组合 73
　　3.4.3 管道回拖控制措施 74
　　3.4.4 管道回拖降浮的措施 75
　　3.4.5 管道多接一回拖 76
参考文献 78

第4章 水平定向钻穿越施工设备及钻具 79
4.1 水平定向钻机 79
　　4.1.1 钻机的分类 79
　　4.1.2 钻机的组成(以模块式钻机为例) 81
　　4.1.3 钻机性能参数 85
4.2 导向系统 85
　　4.2.1 导向系统的原理 86
　　4.2.2 导向系统的组成 93
　　4.2.3 磁场辅助定位装置 95

4.2.4 钻头对接导向系统 ··· 96
4.2.5 水平定向钻无线导向系统简介 ··· 97
4.3 泥浆设备 ··· 98
4.3.1 泥浆配制设备 ··· 98
4.3.2 泥浆泵 ··· 99
4.3.3 泥浆处理系统 ··· 103
4.4 钻具 ··· 103
4.4.1 钻头 ··· 103
4.4.2 扩孔器 ··· 107
4.4.3 泥浆马达 ·· 110
4.4.4 钻杆 ··· 111
4.4.5 无磁钻铤 ·· 114
4.4.6 旋转接头 ·· 116
4.4.7 扶正器 ··· 117
4.4.8 打捞钻具 ·· 117
4.5 夯管锤 ·· 124
4.5.1 夯管锤结构和原理 ··· 125
4.5.2 夯管锤的选用及参数 ··· 126
4.6 推管机 ·· 126
4.6.1 推管机结构和原理 ··· 126
4.6.2 推管机选用及参数 ··· 130
参考文献 ··· 130

第5章 水平定向钻穿越泥浆 ·· 131
5.1 泥浆基础 ·· 131
5.1.1 泥浆的基本理论 ·· 131
5.1.2 泥浆的功用 ·· 139
5.1.3 泥浆材料 ·· 140
5.1.4 泥浆性能测试与控制 ··· 143
5.2 泥浆的设计与计算 ··· 149
5.2.1 泥浆的一般设计方法 ··· 149
5.2.2 泥浆材料用量计算 ··· 150
5.3 典型泥浆配方 ··· 151
5.3.1 松散地层泥浆配方 ··· 151
5.3.2 水敏抑制性泥浆配方 ··· 152
5.3.3 硬岩穿越泥浆配方 ··· 153
5.3.4 海水泥浆配方 ··· 154
5.4 现场泥浆管理 ··· 155
5.4.1 现场泥浆配制及管理 ··· 155
5.4.2 泥浆的回收与净化 ··· 156
5.4.3 废泥浆的无害化处理 ··· 158
参考文献 ··· 158

第6章 水平定向钻穿越重难点工程案例分析·········160
6.1 长距离水平定向钻穿越案例分析·········160
6.1.1 主要难点分析及处理措施·········160
6.1.2 典型施工案例·········162
6.2 大口径穿越案例分析·········180
6.2.1 主要难点分析及处理措施·········180
6.2.2 典型施工案例·········180
6.3 卵砾石层穿越案例分析·········184
6.3.1 主要难点分析及处理措施·········184
6.3.2 典型施工案例·········185
6.4 海底管道水平定向钻穿越·········192
6.4.1 海底管道定向钻穿越概述·········192
6.4.2 穿越的主要难点及处理措施·········192
6.4.3 典型施工案例·········194
6.5 山体岩溶地层穿越案例分析·········205
6.5.1 主要难点分析及处理措施·········205
6.5.2 典型施工案例·········207
6.6 管道穿越工程实践与理论探讨·········213
6.6.1 曲率半径的计算推导·········213
6.6.2 回拖入洞距离和高度("猫背")的计算推导·········214
6.6.3 回拖力分析与推荐计算公式·········216
6.6.4 曲率半径较小时产生附加拉力的分析方法·········221
6.6.5 出土点与入土点高差对洞内泥浆稳定性影响的理论分析·········223
参考文献·········226

第7章 典型事故分析处理及案例·········227
7.1 钻杆断裂及打捞·········227
7.1.1 原因分析·········227
7.1.2 预防及处理措施·········229
7.1.3 工程实例·········231
7.2 卡钻·········232
7.2.1 原因分析·········232
7.2.2 预防及处理措施·········233
7.2.3 卡钻事故实例·········235
7.3 管道回拖受阻·········235
7.3.1 原因分析·········236
7.3.2 预防及处理措施·········236
7.3.3 管道回拖受阻工程实例·········237
7.4 孔壁失稳·········241
7.4.1 原因分析·········241
7.4.2 预防及处理措施·········243
7.4.3 孔壁失稳工程实例·········245

7.5 冒浆与漏浆·················247
7.5.1 原因分析·················247
7.5.2 预防及处理措施·················249
7.5.3 工程实例·················253
参考文献·················254

第8章 水平定向钻施工质量控制·················256
8.1 施工过程质量控制·················256
8.1.1 导向孔钻进·················256
8.1.2 扩孔·················257
8.1.3 管道回拖·················258
8.1.4 泥浆·················259
8.2 地下管线探测技术·················260
8.2.1 地下管线探测要求·················260
8.2.2 地下管线探测质量控制要点·················260
8.2.3 常规探测技术·················261
8.3 防腐层完整性检测·················265
8.3.1 回拖前检测·················265
8.3.2 回拖后检测·················266
8.3.3 馈电法测试应用实例·················268
8.3.4 防腐层评价注意事项·················270
参考文献·················270

第9章 水平定向钻穿越的发展前景和展望·················271
9.1 总体发展趋势·················271
9.1.1 Φ1422mm 及以上的大管径穿越·················271
9.1.2 5km 以上超长距离穿越·················271
9.1.3 复杂地层和坚硬地层穿越·················271
9.2 水平定向钻穿越技术应用领域的拓宽·················271
9.2.1 向陆对海、海对海等海洋管道穿越领域延伸·················271
9.2.2 向山体穿越领域纵深发展·················272
9.2.3 向地质勘察等其他领域发展·················272
9.3 水平定向穿越装备及技术发展趋势·················273
9.3.1 钻机·················273
9.3.2 钻杆·················274
9.3.3 钻具·················275
9.3.4 导向仪器·················276
9.4 水平定向钻穿越新技术·················276
9.4.1 水平定向钻硬岩钻进技术·················276
9.4.2 水平定向钻旋转导向技术·················277
9.5 水平定向钻穿越智能化发展展望·················279
参考文献·················280

后记·················282

第1章 水平定向钻穿越技术概况

随着我国工业化、城镇化的发展，在"双碳"目标的大背景下，社会对油气资源的需求不断增加，长输油气管道的建设空间巨大。"十四五"期间，我国"全国一张网"建设处于发展阶段，由于我国管网密度远低于世界其他国家，预计未来10年油气管网建设仍处于稳定增长期。

长输油气管道建设需要穿越大江、大河、大山等复杂地质条件，而水平定向钻、顶管、盾构等非开挖穿越技术的适用性强，因此广泛应用于长输油气管道穿越工程。在诸多非开挖穿越技术中，水平定向钻(horizontal directional drilling)穿越技术具有无可比拟的优越性[1]。随着国家对管道建设安全、环保的要求日益严格，水平定向钻穿越已经成为世界上油气管道穿越最常用的施工方式之一[2]，并广泛用于穿越水域、山体、公路、海岸、岛屿、建筑物、古迹保护区、植被保护区、管道密集区等不具备开挖条件的地段[3]。本章主要介绍长输油气管道建设中水平定向钻穿越技术的起源、基本原理、国内外发展历程与现状。

1.1 水平定向钻穿越技术的起源

在城镇化的快速发展及人口、资源、环境的巨大压力，城市地下空间开发利用，地下管网设施老化，城市地下基础设施建设迫切等背景下，西方发达国家研发了城市管线建设的革命性技术——非开挖管道工程施工技术(简称非开挖技术)[4]。

非开挖技术是利用岩土钻掘的技术手段，以最少的开挖量或在不需要开挖的条件下敷设、更换或修复各种地下管道的一类施工新技术，是目前广泛用于地下管线穿越江河、山体、公路等的施工[5]。非开挖技术可有效避免传统开挖对环境的破坏，同时也能减少工作量，而且在施工过程中不会造成上部土体扰动，可有效避免管道使用过程中出现变形的情况，因此将其应用到油气长输管道建设具有非常明显的施工优势[6]。在地下管道敷设中，常用的非开挖技术有顶管法、水平螺旋钻进法、盾构法、直接敷设管道法、微型隧道施工法、冲击矛敷设管道法、冲击钻进法和水平定向钻穿越法。在这些施工方法中，水平定向钻穿越法发展速度最快[7]。

水平定向钻管道穿越技术最早起源于美国，美国在早期石油钻进中出现了孔斜，随后发展了测斜技术。20世纪30年代后期，人类在石油勘探中开始采用垂直定向钻进技术[8,9]，随后定向钻技术被广泛应用于石油钻进。

1971年，美国一项工程任务需要跨过位于蒙特利尔海湾的帕扎罗河(Pajaro River)敷设一条管道。该河位于可侵蚀的砂岩上，水流湍急。按照环保要求不能采用传统的明挖施工法，为此加利福尼亚州Titan承包公司的马丁·彻林顿(Martin Cherrington)用自己的车间设计并制造了一种设备,该设备能穿过积水洼进行短距离的钻进以敷设管道[10]。之后,他提出一种定向钻进穿越的施工方法,这种新的施工方法将能源工业的定向钻技术与传统的管线施工方法结合,使水平定向钻穿越技术得到系统应用。

1972年,马丁·彻林顿成功运用该技术穿越了圣华金河(San Joaquin River),从而又增添了一项水平定向钻穿越技术成功应用的案例。在水平定向钻技术兴起不到一年内,仅美国路易斯安那州和得克萨斯州就完成了13条穿越管道的施工,孔径为125～330mm,穿越长度最长约600m[11]。只是当时的水平定向钻穿越技术在管径和穿越长度方面都很小。

1.2 国外发展历程

1978年,单孔回拖多根管道的水平定向钻方法出现,即在扩孔的同时利用钻杆将待敷设的多根管道或电缆一次性拉入已扩大的孔洞内,使水平定向钻在大直径、长距离的管道敷设领域得到应用。20世纪80年代中期,市场竞争的加剧和光缆通信网络的兴起,促进了水平定向钻机具设备与施工技术的不断进步和完善。例如,研究人员和工程师开发了新型的随钻测量(measurement while drilling)系统来取代传统的导向装置,不仅能够实时监测钻头的状态,还减少了钻孔时间,提高了钻孔的施工精度,并以此获得了更大经济效益。又如,美国大多数河流的地层为软冲积土层,采用一般的射流式孔底钻具对岩石和软土交界处的导向、控向非常难,工程师基于石油钻井的螺杆马达进行改进,研发了用于水平定向钻穿越的钻具组合,完美地解决了上述难题。

后来,随着钻井工业、公用设施建设、石油钻井技术、现代探测和导向技术的不断发展,水平定向钻技术得到迅速发展[12,13],既可穿越河流敷设大直径管道,也可敷设小直径线缆,为油气管道、电缆、光缆等成功穿越河流、公路、铁路、障碍物等开创了一种新的施工方式,水平定向钻穿越已成为敷设地下管线最受欢迎的方法,在发达国家得到了广泛认可。1986年,国际非开挖技术协会(International Society for Trenchless Technology,ISTT)在英国伦敦成立,标志着非开挖技术管道穿越敷设的研究与发展进入新时期。

经过几十年的发展,国外水平定向钻穿越技术取得了很大进步,其配套技术和设备也日臻完善。具有里程碑意义的技术进展是1988～1989年Tru-Tracker电磁无线导向仪的研发成功。这种导向仪采用电磁感应原理,通过触发的直流电磁场来测定钻头的位置,当触发的磁场达到一定强度时,孔内的孔底导向工具便可接收磁场,并通过电磁信号将其传输到地表计算机,计算探棒深度相对于设计轨迹的位置(偏左或偏右),以及沿设计轨迹的上下偏差。电磁无线导向仪的出现大幅降低了以前使用磁罗盘时的工作量,极大地提高了导向精度和施工效率。在使用得当的前提下,可以非常精确地按照设计轨迹完成导向孔钻进。得克萨斯州哈里斯县敷设的二十几条管道都采用了这种电磁无线导向仪,在浅水湾完成穿越长度762m的导向孔钻进,出土偏差仅1.5m。

国外有许多从事水平定向穿越敷设管道技术研究与相关产品开发的研究机构和公司,美国、德国、英国和意大利等发达国家利用自身雄厚的科研技术和制造实力,迅速垄断了地下管线水平定向钻市场,如美国的Augers、Vermeer、Case、Cms、DCI、Ditch Witch

等公司，德国的 Herrenknecht、Balama、Flow Tex、Hutte、Tracto-Technik 等公司，英国的 ADDS、Powermole、Sevevick、Radiodetection、Pipe Equipment Specialists 等公司，意大利的 Collidriu 公司等，已经形成众多水平定向穿越敷设管道技术理论成果，并研发了一系列先进设备[14,15]。国外厂家的水平定向钻穿越设备的性能精良、整体结构安全、合理可靠、配套设备齐全，产品趋于智能化，人机界面友好，而且不同的施工方案可以同时面向不同的客户，有效地提高了效率[16]。

除众多从事水平定向钻穿越设备制造的公司和水平定向钻穿越施工的企业外，还有许多研究机构着重研究和解决水平定向钻穿越技术发展中不断出现的新问题。影响较大的机构有国际非开挖技术协会、北美非开挖技术协会(North American Society for Trenchless Technology，NASTT)和美国路易斯安那理工大学的非开挖研究中心(Trenchless Technology Center，TTC)、得克萨斯大学的地下设施研究与教育中心(Center for Underground Infrastructure Research and Education，CUIRE)、加拿大滑铁卢大学的先进非开挖技术中心(Center for advancement of Trenchless Technologies，CATT)等。国外不仅对油气管道水平定向钻穿越技术进行了理论层面的研究，同时还开展了施工质量风险的研究，主要研究内容包括水平定向钻穿越施工风险及质量控制、孔壁稳定性、钻杆失效原因、钻机主梁的稳定性、影响管道回拖的因素、孔内回拖力的计算、泥浆技术等。

目前国外水平定向钻穿越技术比较成熟，装备比较先进，设备自动化程度高，配套装备比较齐全、完善，水平定向钻穿越的成功率较高，适用范围广[17-20]，在水平定向钻穿越技术应用领域有很多典型的工程案例，如表 1.1 所示[21-23]。

表 1.1 国外典型水平定向钻穿越工程案例[21-24]

年份	业主单位或个人	项目内容	特点	工程实际意义
1971	美国太平洋煤气电力公司(Pacific Gas and Electric Company)	加利福尼亚州蒙特利尔海湾的帕扎罗河(Pajaro River)穿越	敷设管径 101.6mm，穿越长度 187.5m	水平定向钻技术首次应用于穿越河流施工
1978	马丁·彻林顿	得克萨斯州的科罗拉多河(Colorado River)穿越	单个回拖孔内同时敷设多条管线	应用水平定向钻技术敷设大直径管道
2008	沙特阿美石油公司(Saudi Arabian Oil Company)	贝瑞堤道(Berry Causeway)与阿布阿里岛(Abu Ali Island)之间海底水平定向钻穿越	两条平行钢管穿越，穿越长度 3050m	完成当时世界上最长的海底水平定向穿越
2015	美国米歇尔能源开发公司(Mitchell Energy & Development Corporation)	加拿大阿萨巴斯卡河(Athabasca River)穿越工程	敷设管径 1067mm，穿越长度 2195m	对北美水平定向钻穿越技术的施工具有里程碑作用
2017	美国莱尼公司(Laney Directional Drilling)	休斯敦航道下敷设丙烷输送钢制管道	总敷设长度 3552m，直径 305mm	在距离上刷新了北美纪录，同时完成了在穿越轨迹中心一个 28°侧弯处的穿越
2018	荷兰 PWN 自来水公司(Provinciaal Waterleidingbedrijf Noord-Holland，PWN)	荷兰北部海域 4600m 长距离水平定向钻穿越工程	钻进深度为海平面以下 85m，海床以下平均 60m	解决了长距离钻场的连接问题，在盐水环境保持钻井液持续循环和长距离岩屑运输
2019	美国米歇尔能源开发公司	巴肯密苏里河(Bakken Missouri River)水平定向钻穿越工程	以直径 508mm 的管道连接 4023m 路线的两端	采用对接的方法穿越密苏里河上的萨卡卡威亚湖(Sakakawea Lake)，被评为 2020 年度最佳新建非开挖项目

目前，在大管径方面，国外有管径为1422mm的施工案例，如表1.2所示[24]。

表1.2 国外施工的管径为1422mm的定向钻穿越工程案例

项目	管径/mm	穿越长度/m	地层岩性
加勒比海岛国特立尼达穿越	1422	670/720/750	软质砂岩和泥岩
俄罗斯库班河穿越	1422	900	砂岩、泥岩
阿姆河穿越	1422	1800	砂岩

1.3 国内发展历程

1985年，中国石油天然气管道局首次从美国里丁贝茨建设公司引进了RB-5型水平定向钻机和配套装备，并于次年利用此钻机完成了长输管道黄河水平定向钻穿越[25]：穿越长度为1300m，管径为406mm，相比以往水下爆破气举法穿越黄河，此次穿越工程的成功标志着我国河流水平定向钻穿越技术的重大突破[26]。

在此之后的一段时间内，国内水平定向钻穿越相关技术及配套装备的研发有一段真空期，直至1993年，随着我国经济及城市化建设的迅速发展，水平定向钻穿越技术在中国逐渐得到应用。

1993年末至1994年初，国内开展了水平定向钻穿越技术及设备的研究，并取得了一系列研究成果：中国地质调查局勘探技术研究所（原中国地质科学院勘探技术研究所）完成的部级课题GBS-10型铺管钻机；河北省地质矿产勘查开发局（简称河北省地矿局）完成的中南勘察设计院项目GT-1型定向孔多功能无线探测仪和GD200型铺管钻机；首钢和连云港黄海机械厂合作推出的FD-15铺管钻机等。1997年廊坊华元机电工程有限公司自主研发了国内第一台大型HY-1300型水平定向钻机，1999年国产水平定向钻机数量超过进口数量[27]，国内水平定向钻穿越设备生产能力逐步规模化[28]，且随着技术的日益成熟，国内自主研发设备的产量开始迅速增加，并呈逐年递增的趋势。

在油气管道领域的应用方面，我国西气东输工程一线共使用水平定向钻穿越河流36条，其中最长的是吴淞江的穿越，一次穿越长度为1150m，穿越管道直径为1016mm。2005年，在世界上首次采用握手对接技术完成了2350m的浙江舟山外钓岛——册子岛海底管道穿越。2007年，采用对穿技术完成了钱塘江穿越，穿越长度为2456m。2008年，完成珠海磨刀门穿越，穿越长度达2630m。西气东输二线几乎所有大型河流都已采用水平定向钻穿越方式进行敷设，穿越大小河流上百条。国内的典型工程案例见表1.3。目前为止，水平定向钻进工艺已经成为油气管道敷设穿越河流的首选方案[29,30]。

除此之外，2020年6月，由中交二航院岩土工程有限公司联合中山大学、中国地质大学等6家单位在乌尉高速公路天山胜利隧道运用超长距离水平定向钻成功穿越博罗科努-阿其克库断裂带（简称博阿断裂带）后，进入完整硬质花岗岩超100m，完成预定目标，于2271m处终孔。该水平定向钻开创了3项国内第一：第一次在公路隧道勘察中采用水平定向钻穿越技术，第一次在超过1000m深度处（1003m和1900m两处）完成水平定向钻进取心；第一次在工程勘察行业完成 2271m 的超长距离水平定向钻勘察。

表 1.3 国内典型水平定向钻穿越工程案例

年份	施工单位	项目名称	管径/mm	长度/m	工程实际意义
1999	中国石油天然气管道局	尼罗河水平定向钻进穿越工程	711.2	870	我国水平定向钻技术首次走向国际工程市场
2002	中国石化华东管道工程有限公司	仪征—金陵输油管道长江水平定向钻穿越工程	406	1688	创造了国内管道首穿长江纪录，是我国管道建设史上的一座丰碑
2002	中国石油天然气管道局	钱塘江水平定向钻进穿越工程	273	2308	创造了当时一次穿越总长的世界纪录（此前纪录为美国 1700m）
2005	河北华元科工股份有限公司	册子岛—外钓岛海底输油管道工程	610	2350	地质条件复杂，施工难度大，被誉为"世界第一穿"，填补了亚洲地区大型河流对穿工艺的空白
2006	中国石油天然气管道局	钱塘江天然气管道穿越工程	813	2456	创造了世界之最，填补了亚洲地区大型河流对穿工艺的空白
2009	河北华元科工股份有限公司	郑州—汤阴成品油管道黄河主河槽穿越工程	355.6	3000	在世界上首次采用钻头握手对接技术，创造了多项世界纪录：世界最长的管道穿越纪录；世界最长的光缆管穿越纪录
2013	中国石油天然气管道局穿越公司	中国石油西气东输管道公司江都如东天然气管道泰兴—芙蓉段长江定向钻穿越	711	3302	创造了水平定向钻穿越的世界纪录，是我国油气管道水平定向钻事业一次新的重大突破
2017	河北华元科工股份有限公司	香港机场第三跑道航油管道改线穿越工程	508	5200	迄今为止世界最长的水平定向钻穿越工程
2018	河北华元科工股份有限公司	中国海油崖城 13-1 管道高栏支线水平定向钻登陆穿越工程	610	876	国内首个陆对海穿越工程，是中国管道建设史上的一座里程碑
2019	中石化胜利油建工程有限公司	湛江通明湾海域成品油管道穿越工程	508	4060	中国大陆最长的水平定向钻海域穿越工程，在世界范围内位列第三

2021 年 1 月，河北华元科工股份有限公司完成了浙江石油化工有限公司炼化一体化项目菰茨水道水平定向钻穿越工程，管径 813mm，穿越长度 3149m，岩石硬度超过 150MPa，标志着我国大口径、高硬度岩石水平定向钻技术取得突破。

经过近 40 年的发展，我国石油系统在水平定向钻穿越领域投入了大量的科研经费和科研人员，并成立专门的研究部门和专业委员会，如中国石油工程建设协会非开挖管道穿越专业委员会、中国地质学会非开挖技术专业委员会、中美联合非开挖工程研究中心等。目前，国内主要的水平定向钻机制造商有 10 余家，以徐工基础工程机械有限公司、钻通工程机械有限公司、谷登机械工程有限公司等为代表。中国已成为水平定向钻穿越钻机生产大国，钻机已经出口到全球主要经济体国家和地区。国内专业化的工程施工公司主要以中国石油天然气管道局工程有限公司、河北华元科工股份有限公司、陕西中科非开挖工程技术股份有限公司为代表，在技术上日臻成熟，形成了国家设计规范、施工规范、质量验收标准，发表了大量的专业论文。目前常用的技术标准和规范如下：《油气输送管道穿越工程设计规范》（GB 50423）、《油气输送管道穿越工程施工规范》（GB 50424）、《油气输送管道工程水平定向钻穿越设计规范》（SY/T 6968）、《石油天然气建设工程施

工质量验收规范 油气输送管道穿越工程 第 1 部分：水平定向钻穿越》（SY/T 4216.1）、《水平定向钻机》（JB/T 10548）、《水平定向钻机安全操作规程》（GB 20904）、《水平定向钻敷设电力管线技术规定》（DL/T 5776）、《水平定向钻法管道穿越工程技术规程》（CECS 382）。通过多项大型工程的实践证明，我国的水平定向钻穿越设备制造和施工技术方面均处于国际领先地位。

1.4 水平定向钻穿越技术的基本原理

定向钻进技术是根据地质水文资料的特点设计完成的一项非开挖穿越技术，对于不同的工程和穿越环境有其优点和局限性。下面简要介绍水平定向钻技术的基本工序、工程的等级划分、优势和局限性[31]。

1.4.1 水平定向钻穿越技术的基本工序

水平定向钻穿越技术通常包括导向孔、扩孔、回拖三大工序。首先，使用专用钻机以一定的入土角进入地层，并按设计轨迹进行导向孔钻进[32]，如图 1.1(a)所示。随后采用扩孔器对已经完成的导向孔进行扩孔，水平定向钻穿越根据敷设的管道直径可以设计一次或多次扩孔，如图 1.1(b)所示。在达到设计的终孔直径后，最后将成品管道回拖至所钻孔中完成水平定向钻穿越，如图 1.1(c)所示。该技术是集多学科、多技术、多种设备于一体的系统工程，任何一个环节出现问题，都将影响整个工程进度或增加工程成本。

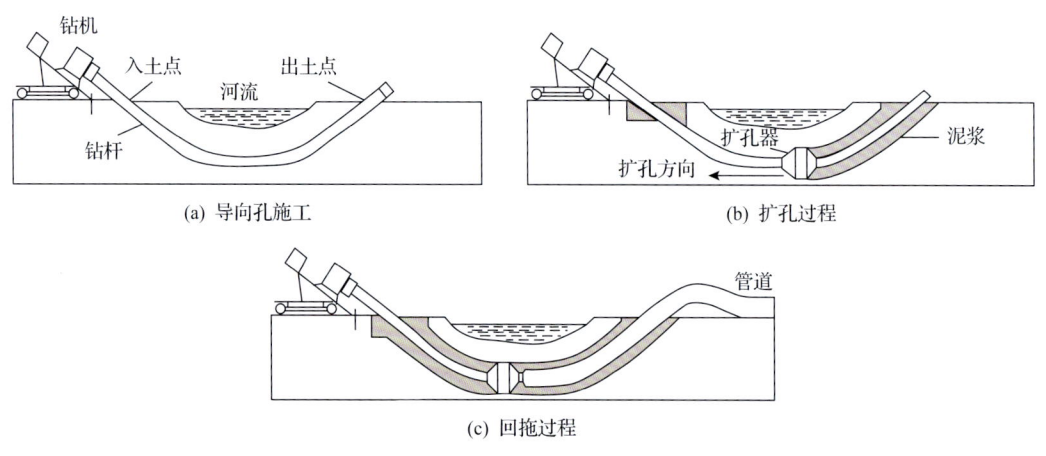

(a) 导向孔施工

(b) 扩孔过程

(c) 回拖过程

图 1.1 水平定向钻穿越技术施工过程

1. 导向孔施工

导向孔施工时，使用水平定向钻机和导向控制系统按照设计的线路、轨迹、出入土点等参数钻进。主要步骤包括[33,34]：锚固钻机，安装和标定导向传感器，连接钻杆和钻头，测试导向系统，检测信号传输并对穿越方位角进行标定，调整钻进斜度和深度，使钻进轨迹符合设计要求。整个钻进轨迹首先为直线段，其次为造斜段，然后从造斜段进入水平段，至钻头进入出土侧造斜段、直线段直到钻头出土。

2. 扩孔施工

扩孔施工是采用扩孔器在水平定向钻机的作用下将导向孔扩径至设计终孔直径的过程，在扩孔过程中，扩孔器向前切削，回拖机构将回拖力和旋转扭矩作用于扩孔器前端，使扩孔器产生回拖和回转运动，回拖运动使土体产生冲剪变形和直剪变形；而回转运动则使刀具搅动土体，并通过表面的摩擦作用剪切土体[35]。扩孔级数需要在特定地质条件下根据钻机的性能参数、钻杆直径、扩孔器选型、钻具性能和终孔直径来确定。此外，扩孔阶段的扩孔扭矩、扩孔级差设计及孔壁的稳定都是需要考虑的重要因素。

3. 回拖过程

管道回拖是扩孔后将预制管道回拉拖入孔洞并完成敷设定位的过程。管道回拖时首先在成品管道前端安装一个回拉头，回拉头与扩孔器之间安装旋转接头，避免回拉头带动管道回转。管道拖入钻孔前需要进行合适的固定和支撑，以使管道顺利进入孔洞并尽量减少管道回拖过程中的阻力，同时在管道回拖过程中应避免管道防护层的脱落和防腐层的磨损、擦伤。水平定向钻敷设管道工艺采用回拉方法将待敷设的管道就位即可。在导向孔平直度差、敷设管道阻力大的情况下，采用在回拖管道上顶推助力与钻机回拖力相结合的方法可取得较好的效果。只有计算出在当前工艺条件下的敷设管道阻力，才能根据实际情况选择正确的敷设管道方法[36]。

1.4.2 国内水平定向钻穿越工程的等级划分

水平定向钻穿越技术应根据工程等级和工程重要性选择合适的施工方案，国内主要依据《油气输送管道工程水平定向钻穿越设计规范》（SY/T 6968—2021）第 3.0.4 条，水平定向钻穿越工程等级按表 1.4 划分。另外，水域水平定向钻穿越工程等级的确定还应符合现行国家标准《油气输送管道穿越工程设计规范》（GB 50423—2013）的规定，如表 1.5 所示。

表 1.4 水平定向钻穿越工程的等级划分

工程等级	穿越管道参数	
	穿越长度(L)/m	穿越管道公称直径/mm
大型	$L \geqslant 2000$	不计管径
	$1000 \leqslant L < 2000$	$\geqslant 800$
中型	$L < 1000$	$\geqslant 800$
	$1000 \leqslant L < 2000$	< 800
小型	$L < 1000$	< 800

表 1.5 水域穿越工程等级与设计洪水频率

工程等级	穿越水域的水文特征		设计洪水频率/%
	多年平均水位的水面宽度(w)/m	相应水深(h)/m	
大型	$w \geq 200$	不计水深	1(100年一遇)
	$100 \leq w < 200$	$h \geq 5$	
中型	$100 \leq w < 200$	$h < 5$	2(50年一遇)
	$40 \leq w < 100$	不计水深	
小型	$w < 40$	不计水深	2(50年一遇)

注：对于季节性河流或无资料的河流，水面宽度可按河槽宽度选取(不含滩地)；对于游荡性河流，水面宽度可按深泓线摆动范围选取。若无资料，则按两岸大堤间宽度选取；若采用裸管敷设或管沟埋设穿越，当施工期流速大于2m/s时，中、小型工程等级可提高一级；有特殊要求的工程，可提高工程等级，有特殊要求的大型工程可成为特殊的大型工程，设计洪水频率不变。

水平定向钻穿越工程的重要性按表1.6划分为一类、二类、三类。

表 1.6 工程重要性分类

工程重要性分类	划分标准
一类	长江、黄河、松花江、辽河、海河、珠江、淮河等河流的干流河道定向钻穿越
二类	(a)一类以外的输送介质为原油和成品油的水平定向钻穿越 (b)一类以外的管径小于公称直径1000mm穿越长度大于2000m的水平定向钻穿越 (c)一类以外的穿越管径大于或等于公称直径1000mm且穿越长度大于1000m的水平定向钻穿越 (d)一类以外的环境敏感地段水平定向钻穿越
三类	一类和二类以外的其余管道水平定向钻穿越

注：对于地质条件复杂且难度较大的二类、三类水平定向钻穿越，工程重要性可提高一类；对于特殊地段或有特殊要求的二类、三类水平定向钻穿越，工程重要性可提高一类。

1.4.3 水平定向钻穿越技术的主要优势

与其他施工技术相比，水平定向钻穿越技术具有以下优势。

(1)工期短。相比盾构、顶管等其他非开挖穿越方法，工期显著缩短。

(2)安全可靠。采用水平定向钻穿越的施工场地不同于传统的非开挖施工，无需施工人员地下作业，所有施工人员仅在出入土点的两端地表进行工作，安全性好。

(3)环境影响小。在穿越位置无需进行土石方开挖或爆破，不影响周边环境，不破坏河堤、不阻断交通、对周边工程构筑物影响小。

(4)不受洪水、交通等其他因素的影响。水平定向钻穿越施工出入土点可根据现场情况灵活选择，而穿越线路的其他部分均为地下隐蔽工程，不受第三方交通、洪水、天气、人员等的影响和限制。

1.4.4 水平定向钻穿越技术的局限性

水平定向钻穿越技术已经成为长输油气管道穿越工程的首选方案，在石油天然气等相关行业的管道建设施工中得到了广泛应用，但水平定向钻穿越技术仍有一定局限性。

(1)地形条件限制。水平定向钻穿越敷设石油、天然气管道主要依靠管道的弹性敷设,水平定向钻穿越中心线参数受管道材质、管道直径的制约。出入土点需有一定面积的平整场地用于钢管焊接和布设(除岩石等稳定地层外)及钻机设备和泥浆系统的摆放。

(2)地质条件限制。水平定向钻穿越的难度与穿越地区水文和地质条件的关联性最大,虽然通过大量科技研发工作已经突破了在硬岩、灰岩、砂层中应用的技术瓶颈,但卵砾石地层、溶洞较大的灰岩地层仍属于该工艺应用的禁区,在施工过程中一些不可预见的地质条件也会导致该工艺的应用受到限制。

参 考 文 献

[1] 曾聪, 马保松. 水平定向钻理论与技术. 武汉: 中国地质大学出版社, 2015.

[2] 严少雄, 李治政, 郑怀安, 等. 水平定向钻及其设备. 石油矿场机械, 1991, 3: 29-32.

[3] 张健. 长输管道水平定向钻施工技术及配套装置研究. 大庆: 东北石油大学, 2014.

[4] 马保松. 非开挖工程学. 北京: 人民交通出版社, 2008.

[5] 夏换, 焦如义, 胡坤, 等. 水平定向钻管道敷设数值仿真理论与技术. 武汉: 中国地质大学出版社, 2014.

[6] 张伟. 油气长输管线建设中非开挖技术的应用分析. 化工管理, 2019,(28): 2.

[7] 杨刚. 油气管道定向穿越施工中钻杆的分析与应用研究. 西安: 西安石油大学, 2014.

[8] Calvetti F, di Priseo C, Roberto Nova. Experimental and numerical analysis of soil-pipe interaction. Journal of Geotechnical and Geoenvironmental Engineering, 2004: 1292-1299.

[9] Willoughby D A. Horizontal Directional Drilling: Utility and Pipeline Applications. New York: McGraw-Hill Co, 2005.

[10] 颜纯文. 美国水平定向钻进技术的历史回顾. 岩土钻凿工程, 1995, 1: 8.

[11] 蔡胜春, 刘璜. 水平定向钻穿越技术在江汉的首次应用. 江汉石油科技, 1997, 7(1): 82-84.

[12] 江文. 基于贝叶斯网络的水平定向钻穿越施工风险评价研究. 成都: 西南石油大学, 2016.

[13] Kellogo C G. Vertical earth loads on buried engineered works. Journal of Geotechnical Engineering, 1993, 119(3): 487-506.

[14] 刘旭. 水平定向穿越回拖过程管道力学研究. 成都: 西南石油大学, 2017.

[15] 李根营. 水平定向钻机结构研究及分析. 长春: 吉林大学, 2011.

[16] Ariaratnam S T, Lueke J S, Allouche E N. Utilization of trenchless construction methods by Canadian municipalities. Journal of Construction Engineering & Management, 1999, 125(2): 76-86.

[17] 印峰平. 定向钻穿越技术的工程应用分析. 上海煤气, 2005,(4): 1-4, 16.

[18] 许学才. 川气东送管道万福河穿越工程定向钻施工技术. 人民长江, 2010, 41(5): 37-39.

[19] 赵明华, 卢华峰, 秦双乐. 定向钻穿越施工控制方法. 武汉工程大学学报, 2009, 31(5): 33-36.

[20] 丛皖平. 煤矿井下近水平定向钻进中的随钻测量技术. 中国矿业, 2009, 18(7): 102-104.

[21] 王可心, 译. 沙特阿拉伯海底HDD穿越卡钻事故的处理. 非开挖技术, 2019,(1): 15, 16.

[22] 乌效鸣, 蒋子为, 译. 荷兰北部海域4600m长距离水平定向钻进工程. 非开挖技术, 2020,(4): 23-25.

[23] Sharon M B. 2020年度最佳新建项目:巴肯密苏里河穿越工程. 尹心, 译. 非开挖技术, 2021,(2): 19-21.

[24] 江勇, 李松, 陈波, 等. 长距离、大口径定向钻穿越施工中相关技术难题探讨.地质科技情报, 2016, 35(2): 5.

[25] 房世磊. 定向钻穿越工程项目快速经济评价体系研究. 北京: 中国地质大学(北京), 2010.

[26] 张积强. 水平定向钻穿越河流技术在我国首次应用. 油气储运, 1987, 6(003): 23-27.

[27] 颜纯文, 马保松, 朱文鉴. 非开挖技术发展的研究//中国科学技术协会. 中国地质学会. 2008—2009 地质学学科发展报告. 中国地质学会, 2008: 173-182, 278.

[28] Berry R M, Farrar R R. Grouting around trenchless repairs—The forgotten technology//Trenchless Pipeline Projects-Practical Applications.ASCE, 1997.

[29] 李俊. 水平定向钻铺管工程潜在安全隐患及对策研究. 北京: 中国地质大学(北京), 2011.

[30] 康新生, 陈雪华, 张德乔, 等. 水平定向钻首次用于管道穿越长江工程. 石油工程建设, 2003, 29(1): 3.

[31] 印峰平. 定向钻穿越技术的工程应用分析. 上海煤气, 2005, 4: 5.

[32] Yan X F, Ariaratnam S T, Dong S, et al. Horizontal directional drilling: State-of-the-art review of theory and applications. Tunnelling and Underground Space Technology, 2018, 72: 162-173.

[33] 叶建良, 蒋国盛. 非开挖敷设地下管线施工技术与实践. 武汉: 中国地质大学出版社, 2000.

[34] Ariaratnam S T, Asc E M, Chan W, et al. Utilization of trenchless construction methods in Mainland China to sustain urban infrastructure. Practical Periodical Structural Design and Construction, 2006, 11(3): 134-141.

[35] 蔡巍, 林晓辉. 水平定向钻扩孔器最优形状的研究. 中国制造业信息化: 学术版, 2007, 36(12): 78-82.

[36] 朱清帅. 水平定向钻回拖力影响因素及计算模型研究. 郑州: 华北水利水电大学, 2019.

第 2 章　水平定向钻穿越工程设计

在油气长输管道水平定向钻穿越设计过程中，应综合考虑穿越点的地质、水文、场地等自然地理条件[1]，并结合有关地方政府部门的要求，确定合理的穿越位置和穿越方案。在水平定向钻穿越工程设计前，应采用合理的勘察方法，取得准确的地质水文等资料[2]，综合考虑出土角、入土角及穿越曲率半径、穿越深度、穿越地质层位等相关参数，确定合理的穿越曲线及施工工艺。钻杆受力和管道回拖力对于钻机选择、管道安装来说十分重要，应采取合理方法分析钻杆受力和管道回拖力。对于水平定向钻穿越管段，应根据不同的工况进行应力校核，并结合水平定向钻施工工艺，对穿越管道的管材、防腐、焊接检验及清管试压进行设计。本章将对水平定向钻穿越测量勘察、曲线设计、钻杆受力分析、回拖力计算及钻机选择、穿越管道设计进行详细介绍。

2.1　水平定向钻穿越勘察与测量

2.1.1　工程地质勘察的重要性

水平定向钻穿越勘察有其特殊性：第一，中国地域辽阔，地貌、地质单元众多，不同地区地层变化大，不良地质作用多，不同地质条件对水平定向钻穿越的设计与施工影响非常大；第二，虽然水平定向钻穿越管道要求的承载能力不高，但对地层的变化及均匀性有较高要求；第三，穿越管道材料多为金属管，应对水土对管道的腐蚀性进行正确评价；第四，对水平定向钻穿越工程，选择合适的穿越点(入出土点)、合适的穿越层位尤为重要；第五，水文参数将影响管道埋设深度、穿越长度及施工泥浆配比等。

工程地质勘察是水平定向钻穿越工程设计和穿越施工的基础，详细准确的工程地质条件、水文地质条件和场地综合评价对穿越成功与否有决定性作用，是管道穿越设计和施工组织设计的重要依据之一。这就要求工程地质勘察人员将河流的工程地质条件和水文地质条件调查清楚，对存在的岩土工程问题进行准确分析和评价，并在此基础上提出科学的设计、施工方案建议，这样才能保证水平定向钻穿越工程设计、施工方案的经济合理性及工程的成功实施。

2.1.2　勘察方案的选择

勘察方案的合理选择可以使勘察工作以较小的投入，获得事半功倍的效果。首先是对区域工程地质、水文地质资料及附近的工程资料进行搜集和分析；其次是对穿越区的地形、地貌及地层岩性等进行合理的初步分析，河流穿越时还需对河道演变史加以分析。若遇到特殊情况，要及时调整勘察布置方案。例如，某项目在对长江穿越工程的地质勘察中遇到了河床中部有深槽及基岩岩性较多的情况，这时就需要充分收集当地近些年的水文资料，合理调整勘探布置方案，增加物探等其他勘察手段，查清较为特殊、复杂的不良地质现象。

勘察工作的布置应随穿越场地条件的不同而改变。岩土工程勘察规范对勘察过程中钻孔布置的数量、间距、深度均有较明确的规定。若在水平定向钻穿越的断面上岩性多样，或者各岩性的软硬程度、风化程度不同、有区域性断裂通过等，则需要在局部增加勘探钻孔及控制性钻孔的密度、深度，以便查清地层在纵向上的相变及各岩土体的特性。在勘察过程中，不同勘察手段的利用对勘察结果也有着不可忽视的作用。除开展室内实验(颗粒分析、物理力学指标等)、现场试验(标准贯入试验、动力触探、静力触探)外，也可以采用一些其他的勘察手段,如工程物探。综合利用各勘探手段可取得更好的效果，例如，在物探基础上有针对性地布置地质钻探点，可以达到较好的效果。

2.1.3　地质勘察中关键的地层参数

水平定向钻穿越曲线基本上分为三大部分，即入土段、水平穿越段、出土段。在实际穿越工程中不同的部位、不同的岩土结构产生的工程地质问题也不尽相同，常见的工程地质问题有土体液化、上覆土体稳定性、孔壁稳定性、岩石破碎卡钻等。

土体液化指数是确定土体是否液化的关键指标。土体液化是指饱和状态的砂土或粉土在一定强度的动荷载作用下表现出类似液体的性状，完全失去强度和刚度的现象。当穿越区存在饱和砂土或粉土时，首先要判别其是否存在液化的可能，若存在液化问题，须进一步确定液化等级。设计应根据液化等级、穿越通过液化地层的长度，按照规范进行校核，决定是否应采取相应措施。

土体的抗剪强度、黏结强度、内摩擦角等参数决定了土体的稳定性。水平定向钻在钻进过程中的泥浆压力和钻进压力作用下，会对土体产生一定的扰动，主要表现为管道周围土体产生挤密、灌浆作用。一方面，若压力过大，超过上覆土体的强度，将使部分穿越段的上覆土体发生破坏，形成裂缝，浆液沿裂缝溢出地表；另一方面，管道未回拖前，在孔内具有合适压力的泥浆作用下，上覆地层是稳定的。在管道回拖完成后，孔内循环液的压力消散，并在回拖过程中可能使孔内产生一定负压。若上覆土体的结构松散、自稳能力差(如流塑、软塑状粉质黏土，松散、稍密砂土或粉土等)，在失去外力支撑作用的情况下，靠自身的结构强度无法自稳，在其自重作用下，上覆土层向孔内发生蠕动变形，产生地面沉降，进而使土体产生剪切破坏，在地表上表现为地裂缝。例如，在某输气管道近距离穿越民房时，因泥浆压力过大，导致穿越周边民房产生拉裂缝；又如，某输气管道在穿越沁河时，在施工过程中多处出现泥浆溢出地表的现象，造成堤防沉降，后加固处理堤防，增加了大量的投资。

地下水的水文参数及土体的抗剪强度、黏结强度、内摩擦角、颗粒级配等参数也影响了孔壁稳定性。孔壁稳定性问题是指穿越段土体存在胶结较差、结构较松散、基本无自稳能力、覆盖层透水性较强、地下水位较高等不利条件时，施工过程中若无适当护壁措施，在导向孔钻进、扩孔及管道回拖过程中将导致钻孔塌陷，继而出现卡钻、回拖困难等问题。某输气管道在穿越渭河时,由于土体的自稳性差,泥浆护壁不足以支撑孔洞内的土体稳定,在管道回拖过程中,突然出现很大的回拖力,从而造成管道回拖受阻。

岩石的破碎程度指标RQD(rock quality designation)值是评判岩石完整性的直接指标,岩石的饱和抗压强度决定了水平定向钻的可钻性及钻具配置。根据经验,RQD值大于80%,水平定向钻穿越的风险总体可控,钻孔稳定性较好;RQD值在60%~80%,水平定向钻穿越有一定风险,应进行系统评价并采取相应措施;RQD值小于60%,水平定向钻穿越的风险较大,容易发生孔内事故,不易成孔。

水平定向钻工程岩土分类见表2.1。

表2.1 水平定向钻工程岩土分类标准

一级地质	二级地质	三级地质	四级地质	五级地质	六级地质
黏土层、亚黏土层、细(粉)砂层	中砂、机砂、中间带有胶泥黏土层及亚黏土层的砂层、粗砂层	单轴饱和抗压强度小于或等于5MPa的岩层	单轴饱和抗压强度大于5MPa且不超过30MPa的岩层	单轴饱和抗压强度大于30MPa且不超过60MPa的岩层	单轴饱和抗压强度大于60MPa且不超过80MPa的岩层

注:当岩体遇到砾石或完整程度为极破碎时,应提高一个级别。

2.1.4 测量及勘察技术要求

水平定向钻穿越工程勘察和测量的深度可以根据不同的设计阶段开展。可行性研究阶段一般应进行测量和选址勘察,选址勘察需要满足穿越选址、选择穿越方案及可行性研究设计要求;初步设计阶段应进行补充测量和初步勘察,初步勘察需要满足穿越方案及初步设计要求。施工图设计阶段还需进行补充测量和详细勘察,详细勘察应满足施工图的设计要求。

在可行性研究或初步设计阶段,对于大型穿越工程一般应选择2~3个穿越比选断面,每个比选断面都应进行测量及选址勘察或初步勘察。选址勘察可采用资料搜集、现场踏勘、地质调查、少量钻探与物探相结合的方法,初步了解穿越断面的地层分布情况。初步设计勘察可采用资料搜集、地质调查、适量钻探与物探相结合的方法,初步查明穿越断面的工程地质和水文地质条件,并通过物探方法查明地层的分布范围和连续性。详细勘察是在初步勘察的基础上,主要采用地质钻探、原位测试、物探等勘探方法,详细查明穿越断面的工程地质和水文地质条件。

1. 测量及勘察范围

水平定向钻测量测图宽度一般为穿越轴线上下游各150~200m,测图长度应包含穿越管段设计水平的长度范围。一般情况下,还需要超过穿越单出图段与线路段连接分界桩外20m。若无大堤但有明显岸坡,测图长度为河岸边向外200~250m。若有大堤,测图长度以大堤堤脚向外250~300m为宜。若为漫滩且无明显岸坡,测图长度为设计洪水位岸线向外50m。遥感数据图的主要作用是准确定位附近的建构筑物,准确识别建构筑物与穿越的影响关系,建议为穿越轴线上下游不小于1000m的范围,同时在遥感图上标注该范围内的敏感建构筑物(桥梁、隧道、港口、码头、抛锚区、采砂区、电力设施等)。

2. 测量的基本要求

地形图测量一般采用全站仪或 GPS(Global Positioning System)、RTK(Real-time Kinematic)方法采集碎部点。穿越主断面应该确保在两岸洪水位线以上各设一个主断面固定桩,并标注于地形图上。主断面固定桩应设置保护桩,并需要提供保护桩与主断面固定桩的相互关系及相关测量数据,以确保主断面固定桩丢失或损坏后能及时精确恢复桩位。穿越两岸应于穿越断面附近选择固定地点各设水准点1~2个,水准点位置应避开穿越轴线,并提供坐标和高程数据。地形图中应标注北方向及图形四角方格网十字线坐标,并标明测图范围内的地形、地物、地下构筑物、管道穿越轴线的位置、穿越单出图段与线路段分界桩(桩号、坐标)及其两端连接线路段管道走向。

3. 可行性研究阶段的勘察要求

穿越可行性研究阶段以资料收集、地质调查、物探为主,辅以适当的钻探。可行性研究地质勘察需要提供穿越两岸的地形地貌、河床形态、河床比降、(主)河床上的开口宽度、两岸大堤的间距及滩地长度、河谷发育或平原河道的变迁情况、穿越断面上下游已建或拟建的水利设施情况及其对穿越断面的调控作用及影响。同时,需要提供拟选穿越河段的通航情况及航道等级、穿越河段的堤防等级及洪水设防标准。另外,还需要了解穿越河段附近是否有采砂、采石现象,提供拟选穿越断面的枯水期、平水期及勘察期间(注明勘察时间)的水面宽度、水深、水流情况。

此外,还应搜集穿越上下游附近有关区域的地质资料,给出穿越场区的地质概况和区域地质图,说明有无断裂带通过,判定断裂性质是活动性的还是非活动性的;搜集穿越场区附近有关的地震资料,给出穿越场区设计的地震动峰值加速度及其分组;提供河床、漫滩及其两岸出露地层、构造及岩土的性质;初步查明穿越场区不良地质(软土、断层、滑坡、崩塌、泥石流、溶洞等)和特殊地质(盐渍土、冻土、湿陷性黄土等)的分布情况。

穿越区域的卵砾石层厚度、分布及粒径等工程地质资料,对水平定向钻方案的可行性、处理措施的制定至关重要。根据目前的水平定向钻技术,卵砾石穿越有一定的难度和风险。一般情况下,应采取套管隔离、加固、换填等措施进行处理,卵砾石的相关指标应具体,方案制定要有针对性。

4. 初步勘察阶段的勘察要求

初步勘察阶段应在可行性研究勘察的基础上,以物探和钻探为主,初步查清地貌单元、地表植被、河床形态、河床特征、河床比降、气候类型、气象特点、气温、蒸发量、降水量、降水集中的月份、风力、风向、最大冻土深度等。此外,还应查清穿越河段所在流域概况、河流类型、河谷发育或平原河道的变迁情况及发展趋势、上下游已建或拟建的水利设施情况、河段堤防等级及洪水设防标准及断面上下游附近采砂、采石的情况。

需要提供的主要水文参数：设计洪水频率的设计流量、设计流速、设计洪水位、设计冲刷深度、历史上发生最大洪水的情况、20年一遇洪水频率下的水面宽度、流量、流速、洪水位、通航水位等。

需要提供的主要地质参数：岩土密度、孔隙比、密实度(标准贯入锤击数)、含水量、液限、塑限、液性指数、塑性指数、颗粒分析(粒径及含量)、天然休止角、抗剪强度、内摩擦角、黏聚力、地基承载力及岩石的天然和饱和单轴极限抗压强度、RQD值。

初步勘察阶段还应查明是否有盐渍土、膨胀土、湿陷性黄土、冻土、软土等特殊地质，判定其分类或分级，并说明对穿越工程的影响及防治措施建议；是否有断层、岩溶等不良地质，判明其分布和性质。

现场钻探勘探点距穿越轴线的距离一般为15~30m，钻孔深度一般为水平定向钻穿越轴线下5~10m，钻孔间距在轴线投影的间距为30~100m。钻探完成后，勘探孔必须封孔严密，以防止穿越过程中的泥浆泄漏。

5. 详细勘察阶段的勘察要求

详细勘察阶段应在初步勘察的基础上，以地质钻探为主，详细查清地形地貌、气象水文、河流形态、水文地质，并通过岩土工程实验详细查清岩土性质，取得准确的岩土参数。

详细勘察阶段还应查清不良地质与特殊地质的分布、性质，详细论证和评价其对工程的影响。

此阶段钻孔间距投影到轴线的距离不大于50m，对复杂的地质条件，还应加密地质钻孔。

2.2 水平定向钻穿越曲线设计

水平定向钻曲线设计是水平定向钻穿越工程中的重要部分，合理的曲线设计不仅能减少施工中的潜在风险，提高工程施工效率，而且能有效降低工程成本和对生态环境的负面影响。

工程设计人员需要综合考虑地质条件、场地条件、河道情况、水平定向钻施工能力等诸多因素以确定合理的水平定向钻穿越曲线。水平定向钻穿越曲线的设计必须符合有关管道保护、国土管理、河道管理、防洪、环境保护、水土保持、安全、职业卫生等国家相关法律法规，并应符合国家相关标准和规范。

水平定向钻穿越曲线的确定主要考虑以下因素：穿越深度、穿越地层、入出土点位置、入出土角度、曲率半径等。从重要程度看，首先，确定穿越深度和穿越地层，这两项是保证水平定向钻穿越合规性和成功的关键因素；其次，根据穿越深度和场地条件确定入出土点位置、入出土角度和曲率半径等。

2.2.1 穿越深度

水平定向钻穿越曲线的最小埋深应满足管道运营期间安全、施工过程中的环境保护、运营过程中防止第三方破坏、地方管理部门的要求[3]。

对于山体穿越，穿越深度主要受曲线布置、山体高度、地层选择的影响；对于水域穿越，穿越深度除受制于曲线布置、地层选择外，还需要考虑冒浆、河道整治、洪水冲刷等因素，具体需要考虑以下因素。

(1) 穿越管段管顶最小设计埋深大于设计洪水冲刷线和规划疏浚线以下 6m，管顶距河床底部的最小距离大于穿越管径的 10 倍。

(2) 河道挖砂、船只抛锚的影响。

(3) 覆盖层地质条件和厚度满足不发生冒浆的要求。

(4) 工程建在水库泄洪影响范围内，管段应不受泄洪时的局部冲刷及经常泄水的水力冲刷的影响。

2.2.2 穿越地层选择

水平定向钻穿越的风险与穿越地层的地质条件密切相关，因此在《油气输送管道工程水平定向钻穿越设计规范》(SY/T 6968—2021)中将穿越地层划分为适宜穿越、可以穿越和不应长距离穿越三大类，在国际管道研究协会(Pipeline Research Council International，PRCI) 水平定向钻穿越设计指导手册中也对穿越地层和水平定向钻的可行性进行了分类，当然水平定向钻穿越成功与施工单位的技术能力和设备息息相关，面对卵砾石等困难地层，采取适当的技术处理也可成功穿越，所以地层适应性并不是绝对的。

(1) 一般情况下，穿越曲线需要避开地层岩性差异较大的交界面。当水平定向钻穿越岩性差异较大的交界面时，扩孔器和钻头容易在交界处下沉，造成孔洞出现台阶，管道回拖至此时，回拖力会突然增大，钻杆断裂，回拖失败，进而造成工程失败，因此尽量避免穿越上述交界面[4]。

(2) 下列地层对于水平定向钻穿越是适宜的，主要包括：①黏土层、粉土层、粉细砂层、中砂层；②较完整且天然单轴抗压强度小于 80MPa 的岩石层；③大于 2mm 以上颗粒的含量小于 30%砾砂层。

(3) 水平定向钻在穿越下列地层时，需要采取一定的工程措施，主要包括：①流塑状黏土、松散状砂土、粗砂层；②大于 2mm 以上颗粒的含量在 30%~50%，且胶结较好的砾砂层；③天然单轴抗压强度大于 80MPa 的岩石层。

(4) 水平定向钻在穿越下列地层时，具有很大的施工风险，一般情况下应避开或采取可靠的工程措施，主要包括：①卵石层、砾石层；②破碎硬质岩石层；③大于 2mm 以上颗粒的含量在 30%~50%，且胶结差的砾砂层。

(5) 当水平定向钻穿越两岸出现不适宜穿越的地层，如卵石层、破碎硬质岩石层、砾石层、大于 2mm 以上颗粒的含量在 30%~50%，且胶结差的砾砂层，可根据不同的地质条件采取套管隔离、地质改良、开挖换填等措施处理后再进行水平定向钻穿越。

2.2.3 入出土点位置

在确定穿越深度后，需根据穿越长度和场地条件选择水平定向钻穿越入出土点，入出土点的选择需要考虑以下因素。

(1) 两岸需有布设足够钻机、泥浆池、材料堆放和管道组焊的场地。

(2) 入土点的交通条件需满足钻机设备进场的要求。

(3) 入出土点一般应避开电力线、钢桥、埋地管线等可能影响穿越控向精度的建(构)筑物。

(4) 入出土点的选择还应结合穿越地层的情况进行综合确定。

(5) 入出土点距的大堤坡脚一般应大于50m，且符合主管水利、堤防等部门的要求。

2.2.4 入出土角度

水平定向钻穿越入出土角应根据穿越长度、管道埋深、穿越管径、弹性敷设条件、地形条件确定。一般情况下，钻机的入土角为9°~11°，钻机可进行一定范围的调整。出土角则更多地受回拖管道入洞曲线的制约，穿越管径较大时出土角宜取低值，从而避免在管道回拖时入洞困难。特殊条件下可进行出入土角的调整。因此，入土角一般为8°~20°，出土角一般为4°~12°。

当水平定向钻穿越两端均采用套管隔离的处理措施时，考虑套管长度的影响，出土角可取较大值，同时应核算管道回拖时在管道入洞工况下的受力情况。

2.2.5 曲率半径

水平定向钻穿越敷设的管段一般采用弹性曲线敷设。若弹性敷设曲线的曲率半径合适，管段回拖就可能在泥浆中顺利进行，既不损伤防腐涂层，也能保证管段有足够的强度安全裕量。根据国内外大量的工程经验，一般情况下，管道曲率半径取1500倍管径(1500D，D为管道外径)，特殊条件下不应小于1200倍管径(1200D)。若竖向曲率半径小于由自重弯曲形成的曲率半径，则在弹性范围内将产生向上的弹性抗力，此时有可能使管体贴着钻孔孔壁，增大管体与孔壁摩擦，损伤防腐层。如果场地条件许可，也可以通过增大曲率半径或在变坡前后增加缓和曲线来减缓或消除上述现象。

1. 空间复合曲线曲率半径计算

近年来，水平定向钻穿越技术的发展较为迅速。当地形条件受限时，通常设计成有水平转角的穿越曲线，当穿越长度较短时，竖向曲线和水平曲线叠加在一起形成空间曲线。对于空间曲线，前面给出的曲率半径不应小于1200D是对空间复合曲线曲率半径的要求，而工程设计人员提供的图纸主要是平面图和纵断面图，图上给出的曲率半径也只能提供水平曲线的曲率半径和竖向曲线的曲率半径，按照式(2.1)可以计算出空间复合曲线的曲率半径。

$$R_c = \sqrt{\frac{R_h^2 R_v^2}{R_h^2 + R_v^2}} \tag{2.1}$$

式中，R_c 为弹性敷设叠加段复合曲率半径，m；R_h 为水平弹性敷设段复合曲率半径，m；R_v 为竖向弹性敷设段复合曲率半径，m。

2. 回拖管道入洞曲线曲率半径计算

在管道回拖入洞之前，对预置完成的管段进行起吊作业，形成纵向弹性敷设，从而使管道回拖进入钻孔时，管道前端与钻孔的夹角保持一致，以保证管道受力均匀。

管道回拖时，回拖管道入洞竖向曲线的曲率半径应经过计算确定，一般情况下不宜小于800D，回拖管道入洞竖向曲线的最小曲率半径按照式(2.2)计算。

$$R_p = 134 \times \frac{D}{\sigma_s} \tag{2.2}$$

式中，134 为经验数；R_p 为回拖管道入洞曲线的最小曲率半径，m；σ_s 为钢管标准规定的最小屈服强度，MPa。

2.2.6 水平定向钻曲线计算

水平定向钻穿越曲线一般由3段直线和2段曲线构成，曲线构成见图2.1。

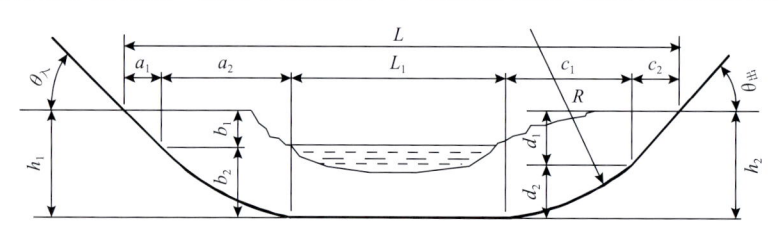

图 2.1 穿越曲线示意图

a_2 为入土端曲线的水平长度，m；R 为曲率半径，m；$\theta_入$ 为入土角，(°)；b_2 为入土端曲线的高度，m；h_1 为入土端地面与底部直线段的高度，m；b_1 为入土端直线段的高度，m；a_1 为入土端直线段的水平长度，m；c_1 为出土端曲线的水平长度，m；$\theta_出$ 为出土角，(°)；d_2 为出土端曲线的高度，m；h_2 为出土端地面与底部直线段的高度，m；d_1 为出土端直线段的高度，m；c_2 为出土端直线段的长度，m；L_1 为底部直线段的长度，m；L 为穿越长度，m

管道穿越控制点位置(图2.1)按式(2.3)的公式计算：

$$\begin{aligned}
a_2 &= R\sin\theta_入 \\
b_1 &= h_1 - b_2 \\
a_1 &= b_1 / \tan\theta_入 \\
c_1 &= R\sin\theta_出 \\
d_2 &= R(1-\cos\theta_出) \\
d_1 &= h_2 - d_2 \\
c_2 &= d_1 / \tan\theta_出 \\
L_1 &= L - a_1 - a_2 - c_1 - c_2
\end{aligned} \tag{2.3}$$

2.3　扩孔孔径设计

最终扩孔直径和扩孔级差是水平定向钻施工中的关键选择，最终扩孔直径不仅影响扩孔施工工期、孔洞的稳定性，还是管道回拖最基本的条件。在不同的地层条件、穿越长度的扩孔施工中，扩孔级差的选择也对扩孔效率、孔洞安全、泥浆循环等方面至关重要。

2.3.1　最终扩孔直径

水平定向钻施工中的最终扩孔直径主要取决于穿越管道直径，对于直径较小的管道可不进行专门扩孔，对于直径较大的管道，可进行多级扩孔。根据《油气输送管道穿越工程施工规范》(GB 50424—2015)的规定，最小扩孔直径与穿越管道直径的关系可参考表 2.2。

表 2.2　最小扩孔直径与穿越管道直径的关系表

穿越管道直径/mm	最小扩孔直径/mm
<219	管径+100
219～610	1.5 倍管径
>610	管径+300

最终扩孔直径与管道直径之间的最佳间隙关系到扩孔工作量与回拖阻力，终孔直径过大也会影响其上方地层结构的安全；间隙过小，则会增加回拖阻力。因此，在设计和施工时，要进行综合考虑。根据实际施工经验，一般情况下，管径为 219～610mm 的穿越施工推荐最终扩孔直径按式(2.4)计算。

$$D_0 = K_1 D \tag{2.4}$$

式中，D_0 为管道敷设时的扩孔直径，mm；K_1 为经验系数，一般取 1.2～1.5。当地层均质完整时，K_1 取最小值；当地层复杂时，K_1 取最大值。

当按照公式(2.4)计算的扩孔直径小于表 2.2 规定的扩孔直径时，则按表 2.2 直径扩孔。

2.3.2　扩孔级差

扩孔施工时根据最终扩孔直径、地层条件、穿越长度确定扩孔级数，在地层结构稳定的软地层中可适当减少扩孔级数，提高扩孔效率，在直径小于 400mm 的穿越施工中也可采用直接扩孔回拖的方式，即扩孔和回拖同时进行；在超硬岩石地层中可增加扩孔级数，以提高单次扩孔时间的方式提高施工效率和安全性。

从理论上可以用三种模型来分析如何确定每一级扩孔的级差，三种模型分别是等差值扩孔模型、等切削面积扩孔模型和等扭矩扩孔模型。

模型一：采取等差值扩孔，即每级扩孔厚度相同。这种方法并不十分合理，尤其是在扩孔阻力比较大或地层情况较复杂的时候。

模型二：采取等切削面积扩，当每级扩孔的切削面积相等时，其计算公式如下：

$$S = \pi \cdot r_i^2 - \pi \cdot r_{i-1}^2 \tag{2.5}$$

式中，S 为扩孔切削面积；r_i 为本级扩孔半径；r_{i-1} 为上一级扩孔半径；i 为扩孔级数。

各级扩孔器在扩孔时其破碎岩土的接触面积即为工作面积，当每一级扩孔时的面积大致相等时，则认为扩孔器每次所需的转矩大致相等。

实际上，即使每次扩孔面积相等，但随着孔径的增大，扩孔器所需的扭矩还是逐渐增大的。因此，本模型存在一定的不合理性，于是便引出了下面的模型。

模型三：采取等扭矩扩孔，在模型二的基础上提出新的问题：虽然每级扩孔面积相等，但随着级数的增加，孔径在增大，扩孔器所需的扭矩也势必会增大。

假设在 dA 的切削面积上扩孔器所需的剪切力为一恒定值 P_0，则在环面内，扩孔器所需的扭矩 T 为

$$T = \int_{r_0}^{R'} P_0 \mathrm{d}A \cdot r = \int_{r_0}^{R'} P_0 2\pi r \mathrm{d}r \cdot r = 2\pi P_0 \int_{r_0}^{R'} r^2 \mathrm{d}r \tag{2.6}$$

即

$$T = \frac{2}{3}\pi P_0 (R'^3 - r_0^3) \tag{2.7}$$

式中，r_0 为初始孔径；R' 为终极孔径。

若钻孔初始孔径为 r_0，第 $1,2,3,\cdots,n$ 级孔的半径分别为 $r_1, r_2, r_3, \cdots, r_n$，则欲使 $T_1 = T_2 = T_3 = \cdots = T_n$，应有

$$r_1^3 - r_0^3 = r_2^3 - r_1^3 = r_3^3 - r_2^3 = r_4^3 - r_3^3 = \cdots = r_n^3 - r_{n-1}^3 \tag{2.8}$$

因为初始孔径 r_0 与终极孔径 R' 均可认为是已知的，又因式(2.8)包含了 $n-1$ 个等式，所以可以解出 r_i（i 为整数，$0 < i < n$）：

$$\begin{aligned} r_2^3 &= 2r_1^3 - r_0^3 \\ r_3^3 &= r_1^3 + r_2^3 - r_0^3 = 3r_1^3 - 2r_0^3 \\ r_4^3 &= r_1^3 + r_3^3 - r_0^3 = 4r_1^3 - 3r_0^3 \\ r_n^3 &= r_1^3 + r_{n-1}^3 - r_0^3 = nr_1^3 - (n-1)r_0^3 \end{aligned} \tag{2.9}$$

应用数学归纳法，可得

$$r_i = \sqrt[3]{\frac{i \cdot R'^3 + (n-i) \cdot r_0^3}{n}} \qquad (2.10)$$

为了使上述三种模型更加直观，现举例计算说明。

假设导向孔直径 d_0=216m，最终扩孔直径为 1316mm，即导向孔半径 r_0=108mm，最终扩孔半径 R'=658mm，为了更形象地表达不同模型计算出的扩孔级差的变化趋势，模拟扩 10 级孔，即 n=10（实际施工中不一定需要这么多级）。根据三种模型的计算方式，各级扩孔直径和级差见表 2.3。

表 2.3　三种模型计算的各级扩孔直径与级差表

孔级	模型一 d/mm	模型一 Δd/mm	模型二 d/mm	模型二 Δd/mm	模型三 d/mm	模型三 Δd/mm
1	326		464		619	
2	436	110	619	156	774	155
3	546	110	743	124	884	110
4	656	110	849	106	972	88
5	766	110	943	94	1046	74
6	876	110	1028	85	1111	65
7	986	110	1107	79	1169	58
8	1096	110	1181	74	1222	53
9	1206	110	1250	69	1271	49
10	1316	110	1316	66	1316	45

综上分析，可以得出：模型三是三种模型中最优的，尤其是在扩孔阻力较大或地下条件复杂的情况下进行定向穿越施工时。

对于采用牙轮扩孔器，还要综合考虑牙块尺寸与实际计算是否贴近。另外，根据地质状况、泥浆返屑情况还要进行适当调整，直到扩孔效率最高。

图 2.2 是将各级扩孔半径表示在同幅图中以更加直观地了解扩孔半径的优化选择。从图中可以看出：随着扩孔半径的增大，扩孔器每一次扩孔时的孔径增量逐渐减小，并且最后一级扩孔的孔径增量比第一级的增量要小得多。

上述是用理论计算的方法确定扩孔级差。实际施工时，根据地质情况，易坍塌的软地层在导向孔钻完后应立即安排小级差扩孔器快速洗孔，确保钻杆不被抱住后再加大扩孔级差；对于硬地层扩孔，随着扩孔直径的增大，应逐步减小扩孔级差[5]。

图 2.2　扩孔级差示意图(单位：mm)

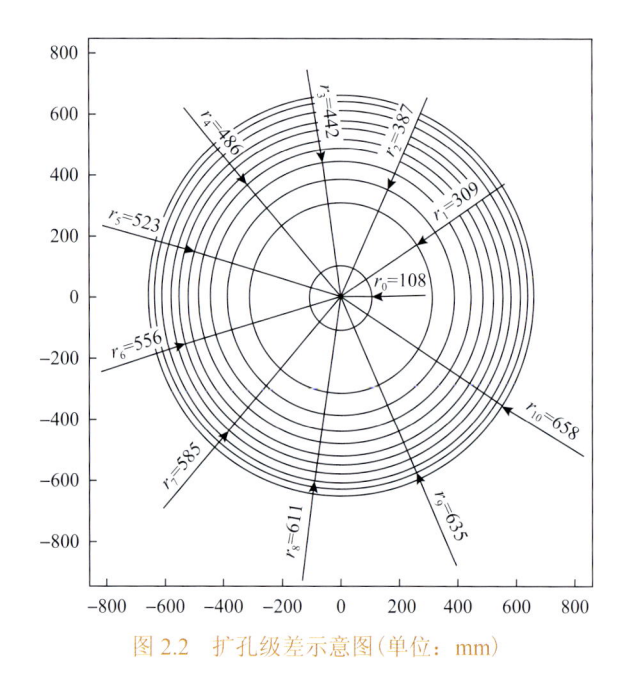

2.4　回拖力计算及钻机选择

水平定向钻的回拖过程是整个水平定向钻进施工中至关重要的一个环节，回拖力是非常重要的力学参数，其大小对施工工艺确定、设备选取、管道连接、安装设计、管道长度、避免卡钻起着决定性的影响。穿越管段在回拖过程中的受力非常复杂，回拖力的计算既涉及工程力学、流体力学、弹性力学、土力学等方面的知识，也与工程实际的地质条件、穿越曲线、扩孔直径、穿越管段的规格(外径、壁厚)、外壁防腐层和管段在地面上的摆布方式、发送方式有关。下面分别对水平定向钻回拖力的构成和计算方法进行阐述，分析水平定向钻穿越过程中管道回拖力各项组成部分的作用机理，列举目前国内外使用的典型的回拖力计算方法，选择工程实例进行计算，对比现有的计算公式，并对其优缺点进行分析[6,7]。

2.4.1　回拖力的构成

在水平定向钻回拖过程中，钻孔中的管道受拉力、孔壁摩擦及泥浆的作用，而回拖力源于弯曲应力、泥浆黏滞力、孔壁摩擦及管道重力等[8]。下面分别对回拖阻力的各项组成部分进行简要分析。

1. 管道重力(浮力)与孔洞引起的摩擦阻力

管道在回拖过程中其有效重力对回拖力的影响可分为两部分：与孔壁接触产生的摩擦力、管道重力在轴线上的分力。当管道水平移动时，管道与孔壁之间的摩擦力会影响回拖力；当管道位于两侧的倾斜段时，管重量的分力也会影响回拖载荷值。

2. 弯曲段引起的阻力

在拖动管道通过弯曲段时,孔壁与管道弯曲效应的影响使回拖阻力增大。这部分阻力的计算大多需要建立一定的假设模型,计算方法也不尽相同。

3. 泥浆黏滞力

在管道回拖阶段,环形空间中的泥浆所产生的流动作用对管道外表面具有剪切作用,称为泥浆黏滞力。

回拖力应大于或等于回拖阻力。目前,实际工程中的回拖力计算大都采用经验估算法。估算结果因考虑因素、使用方法和施工经验的不同而存在较大差异。

2.4.2 回拖力计算方法简介

回拖力的计算公式大致可以分为两类。一类是在计算中未考虑管道弯曲变形后对回拖力产生的影响。这类公式的主要特点是简单直观、容易计算,如《油气输送管道穿越工程设计规范》(GB 50423—2013)、《给水排水管道工程施工及验收规范》(GB 50268—2008)、卸荷拱土压力计算法、德国水平定向钻承包商协会(DCA)计算法等卸荷拱土压力计算法、德国水平定向钻承包商协会计算法等。另一类是在计算中考虑管道弯曲变形后对回拖力产生的影响。这类公式的主要特点是公式复杂、考虑全面、参数众多,如绞盘法、美国天然气协会(AGA)方法、荷兰管道标准(NEN 3650)方法等[9]。本节对常用的 3 种方法分别进行介绍和分析。

1. 国标 GB 50423—2013 计算方法

根据《油气输送管道穿越工程设计规范》(GB 50423—2013)得出的回拖力计算方法简单直观、容易计算,主要依据穿越管道与孔壁之间的摩擦阻力和泥浆对管道的黏滞力来计算。适用于油气输送管道陆上穿越人工或天然障碍的新、扩建工程,并以摩擦阻力为主的钢管回拖力计算。但是,该方法仅考虑了孔壁和管道之间的摩擦和泥浆黏滞作业两个因素,回拖力的计算结果受主观影响较大且范围较宽。

$$F_\mathrm{L} = L \cdot \mu \left| \frac{\pi \cdot D^2}{4} \gamma_\mathrm{m} - \pi \cdot \delta \cdot D \cdot \gamma_\mathrm{s} - W_\mathrm{f} \right| + K \cdot \pi \cdot D \cdot L \tag{2.11}$$

式中,F_L 为计算的拉力,kN;μ 为管道回拖时与土体的摩擦系数,取 0.3;γ_m 为泥浆重度,kN/m³,可取 10.5~12.0,对于小管径、短距离土层的水平定向钻取小值,大口径、长距离岩石的水平定向钻宜取大值;γ_s 为钢管重度,kN/m³,取 78.5;δ 为钢管壁厚,m;W_f 为回拖管道单位长度配重,kN/m;K 为黏滞系数,kN/m²,一般取 0.18。

钻机的最大回拖力可按式(2.11)计算值的 1.5~3.0 倍选取,对于风险高的水平定向钻穿越宜取大值。

2. AGA 方法

美国天然气协会(AGA)回拖力计算方法是 Huey 等在 1996 年为水平定向钻安装钢制管道时提出的,并纳入国际管道研究协会的水平定向钻指导手册中。该回拖力计算方法主要考虑了管道的摩擦阻力、泥浆的黏滞力、重力和弯曲变形阻力的影响,但没有考虑管道拖入孔道之前与地表面的摩擦阻力,并认为管道进入钻孔时的回拖力为零,其最大回拖力出现在回拖的最后阶段并以递增方式沿管道分布。因此,使用此法时需要把整个管道分解为许多直线段和曲线段,最后的轴向拉力为每小段拉力的总和。

(1) 直线段拉力的计算公式为

$$T_\mathrm{L} = |F_\mathrm{f}| + F_\mathrm{DRAG} \pm W_\mathrm{P} L \sin\alpha \tag{2.12}$$

其中,

$$\begin{cases} F_\mathrm{f} = \mu W_\mathrm{P} L \cos\alpha \\ F_\mathrm{DRAG} = \pi D L \mu_\mathrm{mud} \end{cases} \tag{2.13}$$

式中,T_L 为直线段拉力,kN;F_f 为孔道内摩擦阻力,kN;W_P 为考虑钻孔液浮力后管道单位长度的净重,kN/m;α 为管道倾角,(°);F_DRAG 为孔内泥浆的阻力,kN;μ_mud 为流体阻力系数,kPa,推荐值取 0.17。

(2) 弯曲段拉力的计算公式为

$$\begin{cases} T_\mathrm{C} = 2|F_\mathrm{f}| + F_\mathrm{DRAG} \pm W_\mathrm{p} L_\mathrm{arc} \sin\alpha \\ F_\mathrm{DRAG} = \pi D L_\mathrm{arc} \mu_\mathrm{mud} \\ F_\mathrm{f} = \mu W_\mathrm{P} L_\mathrm{arc} \cos\alpha \end{cases} \tag{2.14}$$

式中,T_C 为弯曲段拉力,kN;L_arc 为管道弧线长度,m。

(3) 总拉力为各段拉力之和:

$$T_\mathrm{tot} = \sum T_i \tag{2.15}$$

式中,T_i 为各段拉力,kN;T_tot 为总拉力,kN。

3. NEN 3650 方法

NEN 3650 是荷兰国家标准在管道系统附录中提出的水平定向钻回拖力计算方法。该方法认为管道在回拖过程中,管体承受拉力和弯矩作用。拉力计算在考虑钻孔内部作用的同时,也考虑了钻孔外部的管道与滚轮架之间的摩擦因素。钻孔内部管段产生的摩擦力按照直管段和弯曲段分别考虑。总拉力 T_tot 由以下 5 部分组成:

$$T_\mathrm{tot} = T_1 + T_2 + T_\mathrm{3a} + T_\mathrm{3b} + T_\mathrm{3c} \tag{2.16}$$

式中，T_1 为钻孔外部管道与滚轮架之间产生的摩擦阻力，N；T_2 为钻孔中直管段产生的阻力，N；T_{3a} 为钻孔中弯曲段管道产生的泥浆黏滞力，N；T_{3b} 孔壁提供的摩擦力，N；T_{3c} 为弯曲产生的摩擦力，N。

1) 钻孔外部管道与滚轮架之间的摩擦阻力

钻孔外部管道与滚轮架之间的摩擦阻力(T_1)按照式(2.17)计算：

$$T_1 = f_{\text{ins}} L_1 Q \mu_1 \tag{2.17}$$

式中，f_{ins} 为安全系数，建议取 1.1；L_1 为采用滚轮架发送的管道长度，mm；Q 为钢管的单位重度，N/mm；μ_1 为管道与滚轮架之间的滚动摩擦系数，建议取 0.3。

2) 钻孔中直管段产生的阻力

$$T_2 = f_{\text{ins}} \cdot L_2 \cdot (\pi D \cdot f_2 + Q_{\text{eff}} \cdot \mu) \tag{2.18}$$

式中，L_2 为直管段的管道长度，mm；Q_{eff} 为钻孔中单位长度钢管的有效重度，N/mm；f_2 为泥浆黏滞系数，建议取 0.00005 N/mm²；μ 建议取 0.2。

3) 弯曲段产生的阻力

(1) 泥浆黏滞力 (T_{3a}) 按照式(2.19)计算：

$$T_{3a} = f_{\text{ins}} \cdot L_b \cdot (\pi D \cdot f_2 + Q_{\text{eff}} \cdot \mu) \tag{2.19}$$

式中，L_b 为弯曲段管道的长度，mm。

(2) 孔壁提供的摩擦力 T_{3b} 按照式(2.20)进行计算：

$$\begin{cases} T_{3b} = 4 f_{\text{ins}} \cdot \dfrac{q_r}{2} \cdot D \cdot \dfrac{\pi}{\lambda} \cdot \mu \\ q_r = k_v \cdot y \\ y = \dfrac{0.3224 \cdot \lambda^2 \cdot E_s \cdot I_b}{k_v \cdot D \cdot R} \\ \lambda = \sqrt[4]{f_{kv} \cdot k_v \cdot \dfrac{D}{4 E_s I_b}} \end{cases} \tag{2.20}$$

式中，q_r 为土壤反力最大值，N/mm；k_v 为地基的竖向反力系数，N/mm²；y 为最大位移，mm；λ 为管土的特征刚度，mm⁻¹；f_{kv} 为地基反力系数的偶发因数，建议取 1.6；E_s 为钢管的弹性模量，N/mm²；I_b 为钢管的惯性矩，mm⁴；R 为弯曲段钢管的曲率半径，mm；μ 可取 0.2。

(3) 由于弯曲产生的摩擦力(T_{3c})按照式(2.21)计算：

$$\begin{cases} T_{3c} = f_{\text{ins}} \cdot L_B \cdot g_t \cdot \mu \\ L_B = 2 \cdot R \cdot 2\pi \cdot \alpha / 360 \\ g_t = (2 \cdot T_{\text{tot}} \cdot \sin\alpha) / L_B \end{cases} \tag{2.21}$$

式中，L_B 为弯曲段管道的弦长，mm；α 为弯曲段转角的一半，(°)；g_t 为弯曲力，N/mm。

2.4.3 三种回拖力计算方法分析

根据《油气输送管道穿越工程设计规范》(GB 50423—2013)计算的回拖力值相对实际回拖力值偏小，主要是因为该公式仅考虑了管壁的摩擦阻力和流体阻力，虽未在公式中考虑管道和地表之间的摩擦阻力、绞盘效应力及弯曲时管道刚度产生的阻力等，但将回拖力计算值乘以一个 1.5~3 的系数即可满足钻机选型的需要。

AGA 方法考虑较为全面，同时考虑了摩擦力、黏滞力、重力的分力和弯曲摩擦力对回拖力的影响，并且分段对管道的受力进行计算，计算较全面。

荷兰国家标准 NEN 3650 方法考虑得较为全面，在计算了摩擦力、黏滞力和由弯曲产生的摩擦力的同时，还计算了弯曲段因地基反力产生的摩擦力，但未考虑倾斜管段重力的分力对回拖力的影响。此外，该方法还考虑了管道在钻孔外与滚轮架之间的摩擦力。

综合考虑回拖力计算方法的可行性和全面性，下面采用国标 GB 50423 计算方法、AGA 方法和 NEN 3650 方法对已完成的水平定向钻穿越工程的回拖力进行计算，并和实际统计的最大回拖力进行对比，提出推荐的回拖力计算方法。

2.4.4 算例及对比分析

1. 兰州–郑州–长沙成品油管道长江穿越

1) 工程概况

兰州–郑州–长沙成品油管道工程长江穿越处的成品油管道设计压力为 8MPa，管径为 610mm，管道采用 Φ610mm×12.7mm-L450MB 直缝埋弧焊钢管。穿越方式采用水平定向钻在基岩中穿越，穿越水平长度为 2090m。穿越的基岩主要有砾岩、砂砾岩、砂岩夹泥岩，穿越区域的地质构造复杂、软硬不均，岩层含砾石量达 40%~60%，岩石最硬达到 59.7MPa。水平定向钻水平段距长江南岸入土点地面 75m。

2) 设计曲线

综合考虑水平定向钻穿越的入土角、出土角、曲率半径及两端夯套管等因素，穿越管道水平段管中心高程选在-50.4m，穿越主要在砂砾岩、砾岩中通过。

主钻机入土点选择在南岸(右岸)，里程为 0m，高程为 23m，辅钻机入土点选择在北岸(左岸，回拖管道端)，里程为 2090m，高程为 23.35m。穿越的入土角选择为 16°，出土角为 14°，穿越水平长度为 2090m，弹性敷设曲率半径为 915m(1500D)。

3) 计算结果

(1) 国标 GB 50423—2013 方法。

按照式(2.11)，各参数取值如下。

穿越管段长度(L)取 2106.6m；管道与孔壁间的摩擦系数(μ)取 0.3；钢管外径(D)取 0.3m；泥浆重度(γ_m)可取 12.0kN/m³；钢管重度(γ_s)取 78.5kN/m³；钢管壁厚(δ)取 0.0127m；回拖管道单位长度配重(W_f)，未配重，取 0kN/m；黏滞系数(K)取 0.18kN/m²。

按照前面提供的计算公式，可得 F 为 1760kN，钻机最大回拖力可按式(2.11)计算值的 1.5 倍选取，应为 2641kN。

(2) AGA 方法。

按照式(2.12)~式(2.15)，各参数取值如下。

管道外径(D)取 610mm；钢管壁厚(δ)取 12.7mm；摩擦系数(μ)取 0.3；泥浆重度(γ_m)可取 12.0kN/m^3；钢管重度(γ_s)取 78.5kN/m^3；回拖管道单位长度配重(W_f)，未配重，取 0kN/m。

曲线计算结果如图 2.3 和表 2.4 所示。

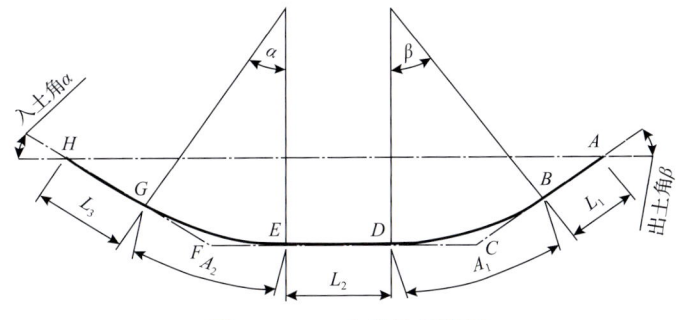

图 2.3 AGA 方法计算简图

表 2.4 AGA 方法计算结果

计算结果		里程/m	高程/m	角度/(°)	曲率半径/m	实长/m
入土点 H		0.0	23	16.0		
入土侧倾斜段						137.70
入土侧曲线段	G	132.4	−14.95			
	F	256.0	−50.40	16.0	915	255.52
	E	384.6	−50.40			
水平段				0.0		1297.29
出土侧曲线段	D	1681.9	−50.40			
	C	1794.2	−50.40	14.0	915	223.58
	B	1903.2	−23.22			
出土侧倾斜段						192.50
出土点 A		2090.0	23.35	14.0		
合计实长						2106.58

由于管道在回拖至 H 点时，管道全部位于钻孔中，所以回拖力达到最大值，为 2376.99kN。

(3) NEN 3650 方法。

按照式(2.16)~式(2.21)，各参数取值如下。

管道外径(D)取 610mm；钢管壁厚(δ)取 12.7mm；钢管弹性模量(E_s)取 205000MPa；泊松比(ν)取 0.3；泥浆重度(γ_m)可取 1.2×10^{-5}N/mm³；钢管重度(γ_s)取 7.85×10^{-5}N/mm³；回拖管道单位长度配重(W_f)，未配重，取 0N/mm；安全系数(f_{ins})取 1.1；管道与滚轮架之间的滚动摩擦系数(μ_1)取 0.3；泥浆黏滞系数(f_2)取 5×10^{-5}N/mm²；管道与孔壁之间的摩擦系数(μ)取 0.2；地基反力系数(k_v)取 1N/mm³。

曲线计算如图 2.4 和表 2.5 所示。

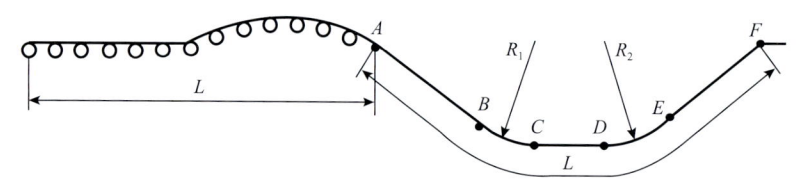

图 2.4 NEN 3650 方法计算简图

L 为管道长度；R_1 和 R_2 为不同管段 BC 和 DE 的曲率半径

表 2.5 NEN 3650 方法计算结果

计算结果		里程/mm	高程/mm	角度/(°)	曲率半径/mm	实长/mm
入土点 F		0.0	23000	16.0		
入土点倾斜段 EF						137697.05
入土侧曲线段	E	132362.9	−14954.45			
	O	255976.2	−50400.00	16.0	915000	255516.20
	D	384571.1	−50400.00			
底部直线段 CD				0.0		1297285.95
出土侧曲线段	C	1681857.0	−50400.00			
	O	1794204.9	−50400.00	14.0	915000	223576.68
	B	1903215.6	−23220.59			
出土点倾斜段 AB						192502.58
出土点 A		2090000.0	23350	14.0		
合计实长						2106578.46

该方法在考虑管道于钻孔内受力的同时，也考虑了管道在钻孔外与发送沟之间的摩擦作用，最大回拖力发生点位于管道回拖至水平段终点的位置，为 1418.7kN。

2. 中俄东线讷谟尔河穿越

1) 工程概况

中俄东线天然气管道工程讷谟尔河穿越处的管道设计压力为 12MPa，定向钻穿越段钢管型号为 Φ1422mm×25.7mm X80M 直缝埋弧焊钢管，两侧开挖穿越段钢管型号为 Φ1422mm×25.7mm X80M 直缝埋弧焊钢管。

水平定向钻穿越水平长度为752m,穿越地层主要为黏土、砾砂、圆砾、泥质砂岩。

2) 设计曲线

综合考虑水平定向钻穿越的入土角、出土角、曲率半径及两端夯套管等因素,穿越管道水平段管中心高程选在245m,穿越主要在泥质砂岩中通过。

主钻机入土点选择在南岸,里程为2120m,高程为270.3m,出土点选择在北岸,里程为2872m,高程为271m。穿越的入土角选择为6°,出土角为5°,穿越水平长度为752m,弹性敷设曲率半径为2133m(1500D)。

3) 计算结果

(1) 国标 GB 50423 方法。

按照式(2.11),各参数取值如下。

穿越管段的长度(L)取754.14m;摩擦系数(μ)取0.3;钢管外径(D)取1.422m;泥浆重度(γ_m)可取12.0kN/m³;钢管重度(γ_s)取78.5kN/m³;钢管壁厚(δ)取0.0257m;回拖管道单位长度配重(W_f)取7.96kN/m;黏滞系数(K)取0.18kN/m²。

按照前面提供的计算公式,可得 F 为1114.2kN,钻机最大回拖力可按上式计算值的1.5倍选取,应为1671.3kN。

(2) AGA 方法。

按照式(2.12)~式(2.15),各参数取值如下。

管道外径(D)取1422mm;钢管壁厚(δ)取25.7mm;摩擦系数(μ)取0.3;泥浆重度(γ_m)可取12.0kN/m³;钢管重度(γ_s)取78.5kN/m³;回拖管道单位长度配重(W_f)取7.96kN/m。

曲线计算结果如图2.3和表2.6所示。

表 2.6 讷谟尔河穿越工程 AGA 方法计算结果

计算结果		里程/mm	高程/mm	角度/(°)	曲率半径/mm	实长/mm
入土点 H		2120000	270300	6.0		
入土侧倾斜段						130253
入土侧曲线段	G	2249540	256684			
	F	2360713	245000	6.0	2133000	223367
	E	2472499	245000			
水平段				0.0		9190
出土侧曲线段	D	2481689	245000			
	C	2574818	245000	5.0	2133000	186139
	B	2667593	253116			
出土侧倾斜段						205187
出土点 A		2872000	271000	5.0		
合计实长						754138

由于管道在回拖至 H 点时,管道全部位于钻孔中,所以回拖力达到最大值,为1662kN。

(3) NEN 3650 方法。

按照式(2.16)~式(2.21),各参数取值如下。

管道外径(D)取 1422mm;钢管壁厚(δ)取 25.7mm;钢管弹性模量(E_s)取 205000MPa;泊松比(ν)取 0.3;泥浆重度(γ_m)可取 1.2×10^{-5}N/mm^3;钢管重度(γ_s)取 7.85×10^{-5}N/mm^3;回拖管道单位长度配重(W_f)取 7.96N/mm;安全系数(f_{ins})取 1.1;发送摩擦系数(μ_1)取 0.3;泥浆黏滞系数(f_2)取 5×10^{-5}N/mm^2;管道与孔壁摩擦系数(μ)取 0.2;地基反力系数(k_v)取 1N/mm^3。

曲线计算如图 2.4 和表 2.7 所示。

表 2.7 讷谟尔河穿越工程 NEN 3650 方法计算结果

计算结果		里程/mm	高程/mm	角度/(°)	曲率半径/mm	实长/mm
入土点 F		2120000.0	270300	6.0		
入土侧倾斜段 EF						130253
入土侧曲线段	E	2249540	256684			
		2360713	245000	6	2133000	223367
	D	2472499	245000			
水平段 CD						9190
出土侧曲线段	C	2481689	245000			
		2574818	245000	5	2133000	186139
	B	2667593	253116			
出土侧倾斜段 AB						205187
出土点 A		2872000.0	271000	5.0		
合计实长						754138

该方法在考虑管道于钻孔内受力的同时,也考虑了管道在钻孔外与发送沟之间的摩擦作用,最大回拖力发生点位于管道回拖至终点的位置,为2257.9kN。

4) 结果对比

对于上述两个实例,通过采用国标 GB 50423—2013 方法(油气输送)、NEN3650 方法和 AGA 方法对定向钻穿越的回拖力进行计算,现将计算结果与实际施工时按钻杆编号的回拖力记录进行对比,详见图 2.5 和图 2.6。从图中的回拖力曲线可以看出以下方面。

国标 GB 50423—2013 计算简便,计算结果与穿越长度成正比,计算值偏保守,均大于实际值,提供的安全系数为 1.5~3,可调范围宽,钻机回拖力储备较大。

NEN 3650 方法动态考虑了管道在钻孔外与滚轮架或发送沟之间产生的摩擦力,对于未采用配重措施的中小管径水平定向钻穿越,其趋势与实际值较贴合,但对于需要采用配重措施的大管径水平定向钻穿越,NEN 3650 方法的计算结果偏大且与实际值的趋势相差较大。

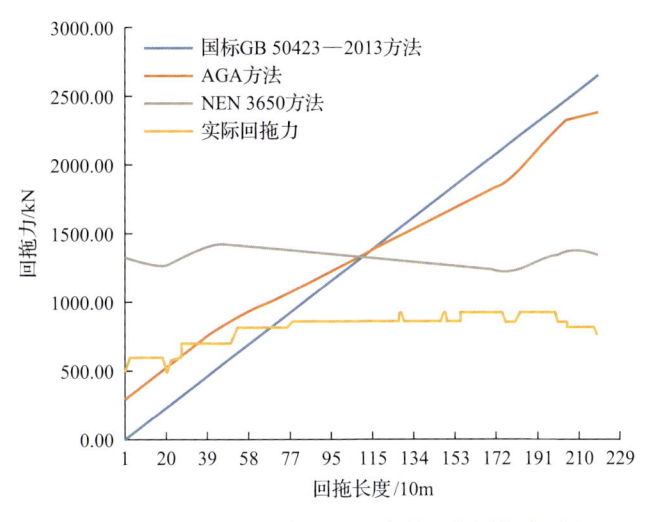

图 2.5 兰郑长成品油管道长江穿越工程回拖力对比

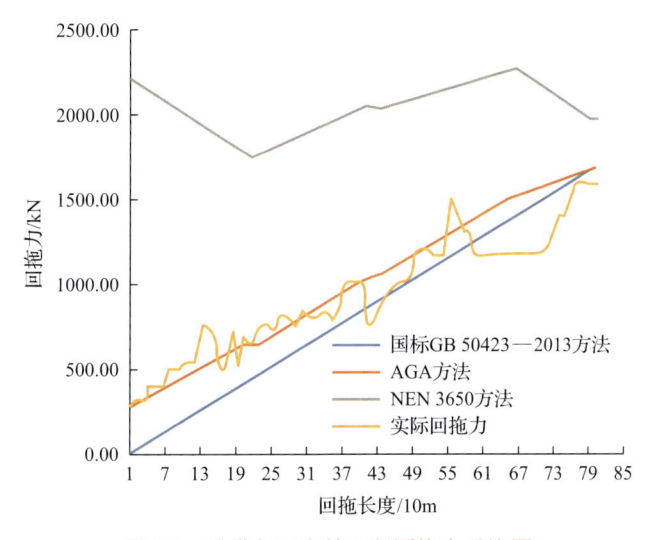

图 2.6 讷谟尔河穿越工程回拖力对比图

AGA 方法计算较全面，既考虑了管道在钻孔外的受力，也对钻孔内管道承受的摩擦力、黏滞阻力和弯曲段管道的受力进行了计算，计算结果介于油气输送管道方法和实际值之间，但计算较为复杂，与国标 GB 50423—2013 计算方法的结果相差不大。对于小管径岩层穿越（算例 1），NEN 3650 方法的计算结果与实际回拖力更为贴合，对于大管径土层穿越（算例 2），国标 GB 50423—2013 和 AGA 方法的计算结果与实际回拖力更为贴合，NEN 3650 方法的计算结果与实际回拖力相差较大。

因此，从工程角度出发，AGA 方法计算步骤偏多，计算量偏大，推荐采用操作更容易和公式更简单明了的国标 GB 50423—2013 作为回拖力的计算方法。

2.4.5 钻机选择

一般来说，水平定向钻钻机选型的主要依据是水平定向钻穿越计算的回拖力，钻机的额定回拖力应大于计算回拖力的 1.5～3 倍。

对于长距离、大管径的水平定向钻穿越工程，除了回拖力，钻机的扭矩也是一个重要指标，表 2.8 是一些常见规格水平定向钻钻机的额定回拖力和额定扭矩。

表 2.8 钻机回拖力和扭矩表

钻机规格型号	额定回拖力/t	扭矩/回拖/(10^4N·m)
美国奥格 DD-1330	600	13.6
美国奥格 DD-990	450	13.2
德国海瑞克 HK400	400	12
徐工 XZ13600	1360	26
谷登 GS9000-L/LS	938	24
HY-9800	1000	24
HY-6000ZH	600	36.7

对于不同品牌的钻机，当回拖力较大时，其扭矩不一定大。对于长距离水平定向钻穿越工程，在扩孔过程中，钻机的扭矩在传递至扩孔器的过程中会被长距离的钻杆和其他钻具所消耗，因此在钻机选型时，额定扭矩也是一个极为重要的参数。

2.5 穿越管道设计

2.5.1 管材的选取

管道是水平定向钻穿越的主体，也是介质输送的载体，管材的选取需要考虑安全性、经济性和生产周期等因素，同时穿越段管道作为整体线路工程的一部分，用管类型、材质和壁厚选取需与线路用管相结合。

1. 钢管类型选取

目前，国内油气管道用管类型有螺旋缝埋弧焊钢管、直缝埋弧焊钢管、直缝高频电阻焊钢管和无缝钢管。受制管工艺的制约，大直径管道通常采用螺旋缝埋弧焊钢管、直缝埋弧焊钢管。

直缝钢管采用先成型后焊接的工艺，钢管进行全长机械扩径，焊接残余应力小，外型尺寸精度高；焊缝长度短，产生缺陷的概率小；能够生产厚壁钢管、弯管，性能较好；钢材损耗率相对较低。但直缝管的制造成本高，订货周期略长。

螺旋缝管采用边成型边焊接的工艺，钢管只进行管端扩径，焊接残余应力较高，且焊缝长，易有缺陷；厚壁弯管的性能较差；钢材损耗率相对较高、制造精度不如直缝管高。但是，螺旋缝管的焊缝与管道轴线方向呈一定角度，焊缝避开了主应力方向，焊缝的止裂能力比直缝管好，且生产效率高，供货周期短。

由于直缝埋弧焊钢管具有焊缝长度短、残余应力小、尺寸精度高、弯管性能好的优点，因此管道水平定向钻穿越用管优先采用直缝埋弧焊钢管或直缝高频电阻焊钢管，国内油气管道的制管标准遵循《石油天然气工业管线输送系统用钢管》(GB/T 9711—2017)。

2. 钢材等级确定

水平定向钻穿越工程作为整体线路工程的一部分，管道钢级一般与主线路的钢级一致。对于独立的工程则根据国内钢板、钢管的生产制造能力确定钢材等级。目前，油气长输管道工程中常用的钢材等级为X52、X60、X65、X70、X80等。

3. 管道壁厚计算

钢管壁厚与设计压力、管道外径、钢管的强度等级、强度设计系数及温度折减系数有关，直管段和热煨弯管壁厚分别按以下规定计算，再根据线路用管进行圆整。冷弯管壁厚则与直管段壁厚一致。

(1)穿越段直管段壁厚按式(2.22)计算：

$$\delta_c = PD / (2F\phi t\sigma_s) \tag{2.22}$$

式中，δ_c 为钢管的计算壁厚，mm；P 为设计压力，MPa；F 为强度设计系数，按照《油气输送管道工程水平定向钻穿越设计规范》(SY/T 6968—2021)的相关规定选取；ϕ 为焊缝系数，取 1；t 为温度折减系数，当温度小于 120℃，t 值取 1.0，二者应一致；σ_s 为材料的最低屈服强度，MPa。

(2)热煨弯管壁厚按式(2.23)计算：

$$\begin{cases} \delta_b = \text{Max}\{\delta_{hi}, \delta_{ho}\} \\ \delta_{hi} = \delta m \\ m = (4R - D) / (4R - 2D) \\ \delta_{ho} = \dfrac{\delta}{1-C} \end{cases} \tag{2.23}$$

式中，δ_b 为弯管计算壁厚，mm；δ_{hi} 为热煨弯管内弧侧的最小壁厚，mm；δ_{ho} 为热煨弯管外弧侧的最小壁厚，mm；δ 为直管段钢管计算壁厚，mm；m 为弯管壁厚增大系数；C 为热煨弯管壁厚减薄率，取 9%。

热煨弯管壁厚取内弧侧最小壁厚与外弧侧最小壁厚的大值，同时结合线路用管情况进行圆整。

4. 管道刚度校核

水平定向钻穿越管道刚度按《油气输送管道工程水平定向钻穿越设计规范》(SY/T 6968—2021)的规定进行校核，选用钢管的径厚比不应大于 80。

2.5.2 管道的应力校核

水平定向钻穿越管道应力校核分为施工阶段回拖工况应力校核、试压工况应力校核和管道运营工况应力校核，管道应力按各设计工况作用的最不利组合进行核算。

国内水平定向钻穿越管道校核主要依据《油气输送管道穿越工程设计规范》(GB 50423—2013)和《油气输送管道工程水平定向钻穿越设计规范》(SY/T 6968—2021)，其中这两个规范关于管段回拖力计算是相同的，但 SY/T 6968—2021 的弯曲应力和试压阶段、运营阶段校核标准参考了 PRCI 的公式，与 GB 50423—2013 稍有差异。

1. 管道回拖力计算

穿越管道的回拖力计算在前面章节中已有详细论述，此处不再赘述。

2. GB 50423—2013 管道应力校核计算

1)回拖工况应力校核

(1)泥浆外压产生的环向应力：

$$\begin{cases} \sigma_h = -\dfrac{P_s D}{2\delta} \\ P_s = 1.5\gamma_m H \times 10^{-3} \end{cases} \tag{2.24}$$

(2)管段回拖产生的轴向应力：

$$\sigma_{a1} = \dfrac{F_{t\max}}{A} \tag{2.25}$$

(3)竖向弹性敷设产生的弯曲应力：

$$\sigma_{a2} = \pm \dfrac{E_s D}{2R} \tag{2.26}$$

(4)叠加后的各单项应力：

$$\begin{cases} \Sigma\sigma_a = \sigma_{a1} + \sigma_{a2} \\ \Sigma\sigma_h = \sigma_h \end{cases} \tag{2.27}$$

注：竖向弹性敷设产生的弯曲应力取绝对值。

(5)当量应力：

$$\sigma_e = \Sigma\sigma_h - \Sigma\sigma_a \tag{2.28}$$

(6)应力校核：

$$\begin{cases} \Sigma\sigma_a \leqslant \eta[\sigma] \\ \Sigma\sigma_h \leqslant \eta[\sigma] \\ \sigma_e \leqslant 0.9\sigma_s \end{cases} \tag{2.29}$$

式(2.24)～式(2.29)中，σ_h 为泥浆外压产生的环向应力，MPa；σ_{a1} 为管段回拖产生的轴向应力，MPa；σ_{a2} 为竖向弹性敷设产生的弯曲应力，MPa；P_s 为泥浆外压，MPa；

γ_m 取 12kN/m³；H 为穿越管段的最大高差，m；$F_{t\,max}$ 为最大回拖力，N；A 为钢管截面积，mm²；E_s 取 2.1×10^5 N/mm²；$\Sigma\sigma_a$ 为各作用产生的轴向应力的代数和，MPa；$\Sigma\sigma_h$ 为各作用产生的环向应力的代数和，MPa；σ_e 为当量应力，MPa；$[\sigma]$ 为钢管的许用应力，MPa；η 为许用应力提高系数，取 1.3。

2）试压工况应力校核

（1）强度试验压力与静水压力产生的环向应力：

$$\begin{cases} \sigma_h = \dfrac{(P_1+P_w)d_s}{2\delta} \\ P_w = \gamma_w H \times 10^{-3} \end{cases} \quad (2.30)$$

（2）强度试验压力与静水压力产生的轴向应力：

$$\sigma_{a1} = \nu\sigma_h \quad (2.31)$$

（3）弹性敷设产生的弯曲应力：

$$\sigma_{a2} = \pm\dfrac{E_s D}{2R}$$

$$R \geqslant 1000D$$

竖向弹性敷设还应满足：

$$R \geqslant 3600\sqrt[3]{\dfrac{1-\cos\dfrac{\theta}{2}}{\theta^4}D^2\times10^{-2}\times10^3} \quad (2.32)$$

（4）叠加后的各单项应力：

$$\begin{cases} \Sigma\sigma_a = \sigma_{a1}+\sigma_{a2} \\ \Sigma\sigma_h = \sigma_h \end{cases} \quad (2.33)$$

（5）当量应力：

$$\sigma_e = \Sigma\sigma_h - \Sigma\sigma_a \quad (2.34)$$

（6）应力校核：

$$\begin{cases} \Sigma\sigma_a \leqslant \eta[\sigma] \\ \Sigma\sigma_h \leqslant 0.9\sigma_s \\ \sigma_e \leqslant 0.9\sigma_s \end{cases} \quad (2.35)$$

式(2.30)~式(2.35)中，σ_h 为强度试验压力与静水压力产生的环向应力，MPa；σ_{a1} 为强度试验压力与静水压力产生的轴向应力，MPa；σ_{a2} 为弹性敷设产生的弯曲应力，MPa；P_1 为强度试验压力，MPa；P_w 为静水压力，MPa；d_s 为钢管内径，mm；γ_w 为水的重度，

取 10kN/m^3；ν 取 0.3；E_s 为钢材的弹性模量，取 $2.1\times10^5\text{N/mm}^2$；$\theta$ 为竖向弹性敷设转角，(°)，宜小于 5°；$\Sigma\sigma_a$ 为各作用产生的轴向应力的代数和，MPa；$\Sigma\sigma_h$ 为各作用产生的环向应力的代数和，MPa；σ_e 为当量应力，MPa；$[\sigma]$ 为钢管的许用应力，MPa；η 为许用应力提高系数，取 1.3。

3) 运营工况强度校核

(1) 输送介质内压产生的环向应力：

$$\sigma_h = \frac{Pd_s}{2\delta} \tag{2.36}$$

(2) 输送介质内压产生的轴向应力：

$$\sigma_{a1} = \nu\sigma_h$$

(3) 温度变化产生的轴向应力：

$$\sigma_{a2} = E_s\alpha(t_1 - t_2) \tag{2.37}$$

(4) 弹性敷设产生的弯曲应力：

$$\begin{cases} \sigma_{a3} = \pm\dfrac{E_s D}{2R} \\ R \geqslant 1000D \end{cases} \tag{2.38}$$

竖向弹性敷设还应满足：

$$R \geqslant 3600\sqrt[3]{\frac{1-\cos\dfrac{\theta}{2}}{\theta^4}D^2\times10^{-2}}\times10^3 \tag{2.39}$$

(5) 叠加后的各单项应力：

$$\begin{cases} \Sigma\sigma_a = \sigma_{a1} + \sigma_{a2} + \sigma_{a3} \\ \Sigma\sigma_h = \sigma_h \end{cases} \tag{2.40}$$

(6) 当量应力：

$$\sigma_e = \Sigma\sigma_h - \Sigma\sigma_a \tag{2.41}$$

(7) 应力校核：

$$\begin{cases} \Sigma\sigma_a \leqslant \eta[\sigma] \\ \Sigma\sigma_h \leqslant \eta[\sigma] \\ \sigma_e \leqslant 0.9\sigma_s \end{cases} \tag{2.42}$$

式(2.36)～式(2.42)中，P 为管道设计压力，MPa；d_s 为钢管内径，mm；E_s 取 $2.1\times10^5\text{N/mm}^2$；$\nu$ 取 0.3；α 为钢材的线膨胀系数，取 $1.2\times10^{-5}1/℃$；t_1 为穿越管段安装闭合时的环境温度，℃；t_2 为穿越管段输送介质的温度，℃；θ 宜小于 5°；η 取 1.0。

3. SY/T 6968 管道应力校核

1) 回拖工况应力校核

(1) 钢管的拉应力按式(2.43)校核：

$$\begin{cases} f_t < 0.9\sigma_s \\ f_t = 1000F_t / A \end{cases} \quad (2.43)$$

式中，f_t 为拉应力，MPa；F_t 为回拖过程中的最大拉力，kN；A 为钢管的净截面面积，mm^2。

(2) 钢管的弯曲应力按式(2.44)校核：

$$\begin{cases} f_b < F_b \\ f_b = E_s \cdot D / (2 \cdot R) \end{cases} \quad (2.44)$$

当 $r \leqslant 10000/\sigma_s$ 时，$F_b = 0.75\sigma_s$。

当 $10000/\sigma_s < r \leqslant 20000/\sigma_s$ 时，$F_b = \{0.84 - [1.74 \cdot \sigma_s \cdot D/(E_s \cdot \delta)]\} \cdot \sigma_s$。

当 $20000/\sigma_s < r \leqslant 300000$ 时，$F_b = \{0.72 - [0.58 \cdot \sigma_s \cdot D/(E_s \cdot \delta)]\} \cdot \sigma_s$。

$$r = D/\delta \quad (2.45)$$

式中，r 为径厚比；E_s 取 $2.1 \times 10^5 \text{N/mm}^2$；$f_b$ 为弯曲应力，MPa；F_b 为容许弯曲应力，MPa。

(3) 钢管周围外部的环向应力按式(2.46)校核：

$$\begin{cases} f_h < F_{hc}/1.5 \\ f_h = P_{ex} \cdot D / (2\delta) \end{cases} \quad (2.46)$$

当 $F_{he} \leqslant 0.55\sigma_s$ 时，$F_{hc} = F_{he}$。

当 $0.55\sigma_s < F_{he} \leqslant 1.6\sigma_s$ 时，$F_{hc} = 0.45\sigma_s + 0.18F_{he}$。

当 $1.6\sigma_s < F_{he} \leqslant 6.2\sigma_s$ 时，$F_{hc} = 1.31\sigma_s/[1.15+(\sigma_s/F_{he})]$。

当 $6.2\sigma_s < F_{he}$ 时，$F_{hc} = \sigma_s$。

$$F_{he} = 0.88 \cdot E_s \cdot (\delta/D)^2 \quad (2.47)$$

式(2.46)~式(2.47)中，f_h 为外部环向应力，MPa；E_s 取 $2.1 \times 10^5 \text{N/mm}^2$；$P_{ex}$ 为外压产生的环向压力，MPa；F_{hc} 为容许的环向屈服应力，MPa；F_{he} 为弹性环向失效应力，MPa。

(4) 对拉力和弯曲产生的轴向应力进行组合可按公式(2.49)校核：

$$f_t/(0.9 \times \sigma_s) + (f_b/F_b) \leqslant 1 \quad (2.48)$$

(5) 对拉力和弯曲产生的轴向应力及外压产生的环向应力进行组合可按式(2.49)校核：

$$\begin{cases} A^2 + B^2 + 2v \cdot |A| \cdot B \leqslant 1 \\ A = (f_t + f_b - 0.5 \cdot f_h) \times 1.25 / \sigma_s \\ B = 1.5 \cdot f_h / F_{hc} \end{cases} \quad (2.49)$$

式中，v 取 0.3；F_{hc} 为临界环向弯曲应力，MPa。

2) 试压工况应力校核

(1) 试压时管道内压产生的环向应力（f_h）按式(2.50)校核：

$$\begin{cases} f_h < 0.9\sigma_s \\ f_h = P_{in} \cdot D / (2\delta) \end{cases} \quad (2.50)$$

式中，P_{in} 为管道试压压力，MPa。

(2) 环向应力产生的轴向应力按式(2.51)计算：

$$f_{lh} = v f_h \quad (2.51)$$

式中，f_{lh} 为环向应力产生的轴向应力，MPa；v 取 0.3。

(3) 试压阶段管道的应力校核应按第三强度理论(最大剪切应力)进行校核，见式(2.52)。

$$\begin{cases} f_v < 0.45\, \sigma_s \\ f_v = (f_c - f_l) / 2 \\ f_c = f_h \\ f_l = f_{lh} + f_b \end{cases} \quad (2.52)$$

式中，f_v 为最大剪切应力，MPa；f_c 为环向应力的代数和，MPa；f_l 为轴向应力的代数和，MPa。

3) 运营工况强度校核

(1) 内压产生的环向应力、环向应力产生的轴向应力计算公式与试压工况公式相同。
(2) 管道的弯曲应力计算校核公式与回拖工况相同。
(3) 温度应力计算与国标运营工况温度应力计算相同。
(4) 运行阶段管道的组合应力校核应按第三强度理论(最大剪切应力)进行校核，见式(2.53)。

$$\begin{cases} f_v < 0.45\, \sigma_s \\ f_v = (f_c - f_l) / 2 \\ f_c = f_h \\ f_l = f_{lh} + f_b + f_{ht} \end{cases} \quad (2.53)$$

式中，f_{ht} 为由温度变化引起的轴向应力。

4. 径向屈曲失稳校核

近年来,中国石油、中国石化在水平定向钻穿越施工回拖中均发生过钢管在外压下的径向屈曲失稳事故。根据《材料力学》中的铁摩辛柯公式,油气管道穿越设计规范规定了水平定向钻穿越管段在回拖时,空管在泥浆压力作用下需核算径向屈曲失稳。

作用于管道的泥浆压力主要包含以下 4 个方面:①管道周围泥浆重力产生的静压;②泥浆从扩孔器返至地面产生的流动压力;③管道入洞后对钻孔内泥浆产生的流动压力;④管道与孔壁之间的支撑压力。其中,②的流体压力计算可使用环流压力损失公式,与泥浆性质、流量、钻孔构造等参数有关,不确定因素较多;一般情况下回拖阶段的环流流速低,压力小,③、④中的环向压力只能估算。因此,油气管道穿越设计规范中建议按照静压力计算的 1.5 倍选取。

水平定向钻穿越径向屈曲失稳按式(2.54)进行核算:

$$\begin{cases} P_s \leqslant 0.6 P_{yp} \\ P_{yp}^2 - \left[\dfrac{\sigma_s}{m} + (1+6mn) P_{cr} \right] P_{yp} + \dfrac{\sigma_s P_{cr}}{m} = 0 \\ m = \dfrac{D}{2\delta} \\ n = \dfrac{f_0}{2} \\ P_{cr} = \dfrac{2 E_s \left(\dfrac{\delta}{D} \right)^3}{1-\nu^2} \\ P_s = 1.5 \gamma_m H / 1000 \end{cases} \tag{2.54}$$

式中,P_s 为泥浆压力,MPa,可按 1.5 倍泥浆静压力或回拖施工时的实际动压力选取;P_{yp} 为穿越管段所能承受的极限外压力,MPa;P_{cr} 为钢管弹性变形的临界压力,MPa;E_s 取 $2.1 \times 10^5 \mathrm{N/mm^2}$;$\nu$ 取 0.3;f_0 为钢管椭圆度,取 0.01。

5. 管道抗震校核

根据《油气输送管道线路工程抗震技术规范》(GB/T 50470—2017)第 6.5.1 条规定,当大、中型穿越管道位于基本地震动峰值加速度大于或等于 $0.1g$ 的地区时应进行抗震校核,需要按如下步骤进行抗拉伸、抗压缩验算。

当 $\varepsilon_{max} + \varepsilon_a \leqslant 0$ 时:

$$\left| \varepsilon_{max} + \varepsilon_a \right| \leqslant [\varepsilon_t]_v \tag{2.55}$$

当 $\varepsilon_{max} + \varepsilon_a > 0$ 时:

$$\varepsilon_{max} + \varepsilon_a \leqslant [\varepsilon_t]_v \tag{2.56}$$

式中，

$$\begin{cases} \varepsilon_{\max} = \max\left(\pm\dfrac{aT_g}{4\pi V_{se}}, \pm\dfrac{v}{2V_{se}}\right) \\ \varepsilon_a = \sigma_a / E_s \\ \sigma_a = \alpha E_s(t_1 - t_2) + v\sigma_h \\ \sigma_h = \dfrac{pd_s}{2\delta} \\ \varepsilon_e = \pm\dfrac{D}{2R} \end{cases} \quad (2.57)$$

设计容许拉伸应变：$[\varepsilon_c]_v$ 取 0.5%。

校核容许拉伸应变：L450 及以下钢级 $[\varepsilon_c]_v$ 取 1%，L485 和 L555 钢级 $[\varepsilon_c]_v$ 取 0.9%，L625 钢级 $[\varepsilon_c]_v$ 取 0.8%。

设计容许压缩应变：

L450 及以下钢级选取 $[\varepsilon_c]_v = 0.28 \cdot \dfrac{\delta}{D}$；

L485 及以上钢级选取 $[\varepsilon_c]_v = 0.26 \cdot \dfrac{\delta}{D}$。

校核容许压缩应变：

L450 及以下钢级选取 $[\varepsilon_c]_v = 0.35 \cdot \dfrac{\delta}{D}$；

L485 及以上钢级选取 $[\varepsilon_c]_v = 0.32 \cdot \dfrac{\delta}{D}$。 (2.58)

式(2.54)～式(2.58)中，$\varepsilon_{\max}$ 为地震动引起的管道最大轴向拉、压应变；ε_a 为由内压、温度变化产生的管道轴向应变；ε_e 为弹性敷设时管道的轴向应变；$[\varepsilon_c]_v$ 为埋地管道抗震设计的轴向容许压缩应变；$[\varepsilon_t]_v$ 为埋地管道抗震设计的轴向容许拉伸应变；a 为地震动峰值加速度，m/s²；v 为地震动峰值速度，m/s；V_{se} 为场地土层等效剪切波速，m/s；T_g 为地震动反应谱特征周期，s；p 为内压；σ_a 为由内压、温度变化产生的管道轴向应力，MPa。

2.5.3 管道防腐与防护

管道腐蚀的本质是管道的金属铁与环境发生电化学反应而使金属性质发生变化，进而导致管道失效的过程，从而影响管道的长周期安全运行。埋地管道一般使用防腐层加阴极保护联合防腐蚀的方式，对于定向钻管道穿越硬岩等不良地质条件时，宜增加防腐层系统中的材料厚度或使用防护层。

1. 管道防腐层

定向钻穿越管道的外防腐层宜与线路管道主体的外防腐层类型保持一致，并采用相应的加强级防腐层,补口材料应与管体外涂层材料相匹配。在水平定向钻穿越段施工过程中应采取适当措施(包括洗孔、浮力控制及试回拖等)避免外涂层的损伤。定向钻穿越管道在回拖前应进行防腐层外观及漏点的检测,穿越完成后应按 8.3 节的方法进行防腐层绝缘性能测试。

目前,国内外埋地长输管道外防腐层多采用熔结环氧粉末防腐层(以下简称 FBE)、三层结构聚乙烯防腐层(以下简称 3LPE)、三层结构聚丙烯防腐层(以下简称 3LPP)等。其他如无溶剂环氧涂层、环氧煤沥青涂层、聚烯烃胶黏带等防腐层也有一定应用,但一般不作为水平定向钻穿越处管道的外防腐层。

1) FBE

FBE 是 20 世纪 60 年代美国开发的热固性防腐材料,由固态环氧树脂、固化剂及多种助剂经混炼、研磨加工而成。由于其具有优异的附着力、绝缘性能、抗土壤应力、抗老化、抗阴极剥离、耐温、耐细菌等性能,因而该防腐层材料在 70 年代开发出无底漆配方后迅速得到推广应用,成为 90 年代后长输管道的首选防腐层材料。我国在 80 年代开发出了 FBE 粉末涂料及相关外涂敷作业线,并在一些大型管道工程中得到应用。

FBE 的缺点在于涂层一般较薄,抗机械冲击性能较差,现场防腐层破损点较多;但修复较为简单,现场下沟前完成防腐层漏点检测及修复即可满足工程需要。另外,FBE 涂层属于多孔结构,虽然吸水率高,但不会屏蔽阴极保护电流,与阴极保护的兼容性好。国外曾对长期潮湿环境下的 FBE 涂层进行过调查,即使防腐层上产生气泡,但由于阴极保护充分发挥了作用,管道也没有发生腐蚀现象。因而,FBE 防腐层仍是目前国内外长输管道的常用防腐层,尤其是北美地区长输管道的首选防腐层。

由于 FBE 涂层的抗机械冲击性能较差,因而在其基础上开发出了双层 FBE 涂层:底层仍为常规的 FBE 涂层,外层是在常规粉末涂料制备过程中加入部分塑性材料,以提高防腐层的抗冲击能力,构成了抗冲击性能优异、抗划伤性能卓越的防腐层,设计寿命可达 50 年。

由于水平定向钻穿越处的管道防腐层在回拖过程中易受损,因此不宜直接采用单层 FBE 涂层作为管道的外防腐层,可在其外增加一层耐磨防护层;若穿越处的地质条件较好,也可采用双层 FBE 涂层作为管道的防腐层。2002 年,在镇海炼化-杭州康桥成品油管道工程中,钱塘江水平定向钻穿越段管道就采用了双层 FBE 防腐层,穿越长度达 2038m,并创造了当时的一次穿越总长世界纪录;该水平定向钻穿越地层主要为粉砂层和粉质黏土层,穿越后的防腐层情况较好,阴极保护系统运行正常。

2) 3LPE

3LPE 防腐层的发展稍晚于 FBE 防腐层,是欧洲在总结挤塑 PE 防腐层和 FBE 防腐层的基础上于 20 世纪 80 年代发展起来的高性能防腐层。

3LPE 防腐层由德国曼内斯曼公司最先发明,结构为 FBE 底层、共聚物胶黏剂中间层及聚乙烯(PE)外层:FBE 涂层作为防腐层,其与钢制管道表面的黏结力极强;胶黏剂采用乙烯基二元共聚物、三元共聚物或聚乙烯接枝聚合物,含有可与环氧树脂官能团反应的基团，能和 FBE 底层产生化学键结合，并与外层的聚乙烯完全相容，挤出涂敷施工时使三层形成一个整体。

3LPE 防腐层兼有 FBE 优异的防腐性能、黏结性能、抗阴极剥离性能和聚乙烯优良的机械性能、绝缘性能及强抗渗透性，成为当今综合性能优异的常用涂层，并越来越多地用于侵蚀性地区、山区等条件苛刻的地区。3LPE 防腐层的缺点在于现场补口、补伤，是整条管道的薄弱环节。

我国于 20 世纪 90 年代引进了 3LPE 防腐层生产线，首次应用于陕京天然气管道工程，相对于 FBE 防腐层，其优异的抗机械性能特别适于国内施工的实际情况，因此迅速成为国内长输管道的首选外防腐层，3LPE 防腐层同时也是欧洲长输管道的首选外防腐层。

目前，国内水平定向钻穿越段管道首选加强级 3LPE 防腐层，在地质条件较好的穿越段，可仅采用 3LPE 防腐层进行腐蚀防护，但在地质条件复杂的穿越段，3LPE 防腐层仍可能被划伤，甚至伤及管道金属本体，所以需要增加适宜的外护层。

3) 3LPP

3LPP 与 3LPE 具有相同的结构，均属于三层结构聚烯烃防腐层，区别在于外层材料采用聚丙烯(PP)代替聚乙烯。由于聚丙烯材料能耐更高的温度，可使防腐层的设计温度提高至 110℃(3LPE 防腐层的最高设计温度为 80℃)，所以常用于高温工况，如 2000 年俄罗斯建设的黑海海底管道(蓝流管道)、2007 年国内建设的文昌油田群海底管道、2010 年建设的乍得 H 区块—恩贾梅纳原油输送管道等，输送介质均为高凝原油，介质运行温度均超过 80℃，因此管道外防腐层均采用 3LPP 防腐层，其厚度要求与 3LPE 防腐层大致相同。

另外，由于聚丙烯具有更高的硬度，邵氏硬度可达 60 以上(玻璃钢外护层的邵氏硬度要求≥80)，常温 23℃条件下的压痕硬度也要求≤0.1mm(同等条件下 PE 材料的压痕硬度为≤0.2mm)，其耐划伤性能更为优异，因此 3LPP 防腐层也可用于山区石方段或水平定向钻穿越段，例如，2006 年完工的阿姆斯特丹港的水平定向钻穿越管道，管径为 Φ1219mm，穿越长度为 960m，管道采用 6mm 厚的 3LPP 涂层作为外防腐及防护层；2018 年完工的香港机场海底燃油管道穿越工程，管径 Φ508mm，单管长度为 5200m，双管穿越，管道 3LPP 防腐层总厚度约 3mm。总的来说，水平定向钻穿越处的 3LPP 防腐层厚度均有适当加厚，以确保最终防腐层的完整性。

目前，国内水平定向钻穿越处管道很少采用 3LPP 防腐层，主要是因为配套补口方案聚丙烯热收缩带体系的施工比聚乙烯热收缩带更困难，且缺少相关标准支持；另外，单独的 3LPP 防腐管(普通线路段为 3LPE 防腐管)的采购也是一个问题。随着机械化补口技术的发展，聚丙烯热收缩带体系的施工质量已经不再是受限环节，考虑 3LPP 防腐层与 3LPE 防腐层是相匹配的防腐涂层体系，虽然 3LPP 防腐层的硬度等指标稍低于玻璃钢外护层，但其相对于 3LPE 防腐层具有更高的耐划伤性能且不用再考虑额外的外护层，因此 3LPP 防腐层在水平定向钻穿越处有天然优势，可考虑在穿越地质不太苛刻的水平定向钻穿越处采用 3LPP 防腐层，且不用再考虑其他额外的外护层。建议相关部门着手进行相关标准、规定的编制或修订。

2. 管道补口

管道直管段防腐层均为工厂预制，施工质量较容易控制。但防腐层补口均需现场进行，施工质量受现场环境、人、机具等因素的影响较大。若施工质量不达标，极易造成补口失效，继而引发管道腐蚀，因此补口部位通常是整条管道的薄弱环节且一直备受关注。水平定向钻穿越的外涂层补口应根据管体防腐层的类型结构和地质条件进行选择，如表2.9[参考《定向钻穿越管道外涂层技术规范》（Q/SY 1477—2012）]所示。

表 2.9 定向钻穿越管道外防腐层的补口结构

外防腐层类型	补口结构
加强级双层熔结环氧粉末	无溶剂环氧涂料+无溶剂环氧耐磨涂层
加强级双层熔结环氧粉末防腐层+无溶剂环氧耐磨防护层	
加强级三层结构聚乙烯	无溶剂环氧底漆/穿越用热收缩带(牺牲带)无溶剂聚氨酯涂层
增强型三层结构聚乙烯	无溶剂环氧底漆/穿越用纤维增强型热收缩带(牺牲带)
加强级三层结构聚乙烯防腐层+环氧玻璃钢防护层	无溶剂环氧底漆/普通型热收缩带+环氧玻璃钢无溶剂聚氨酯涂层+环氧玻璃钢

下面介绍目前常用的 FBE、3LPE、3LPP 等防腐层配套的补口方案。

1) FBE 防腐层补口

FBE 防腐定向钻管道可采用无溶剂环氧涂料+无溶剂环氧耐磨涂层的方式进行补口。无溶剂液体环氧涂层一般可常温固化，施工方式灵活，可采用刷涂或喷涂，施工较为简单，因而成为 FBE 防腐层最常用的补口方式。无溶剂液体环氧涂层补口的缺点是现场施工受人为因素的影响较大；若现场温度较低，会影响涂料的固化，需采取适宜的加热保温措施以保证施工质量。

2) 3LPE 防腐层补口

随着 3LPE 防腐层引入中国，聚乙烯热收缩带补口体系最为常用。由于热收缩带补口体系与 3LPE 防腐层均为三层结构(底漆层-胶黏剂层-聚乙烯保护层)，涂层整体的绝缘电阻率相似，需要的阴极保护电流密度也相同，因此热收缩带补口体系是 3LPE 防腐层公认的最匹配的补口方案，国内外 3LPE 防腐层大多采用聚乙烯热收缩带体系进行补口。另外，无溶剂环氧涂层、聚氨酯涂层也可用于 3LPE 防腐层的补口，在水平定向钻穿越处可根据情况灵活选用。

(1) 聚乙烯热收缩带体系。

对于水平定向钻穿越段管道，若地质条件较好，无需对外防腐层进行整体防护，一般采用水平定向钻专用热收缩带进行补口。目前多采用干膜施工工艺，也可以采用湿膜施工工艺，还可以根据管径选择手工火把烘烤施工方式或机具加热施工方式。目前，对于 DN≥500mm 的管道多采用中频加热-中频/红外回火的施工方式。

水平定向钻专用热收缩带根据外护层可分为普通型和纤维增强型：普通型材质与普通线路管道用热收缩带相同；纤维增强型热收缩带采用玻璃纤维进行复合改性，相对于普通热收缩带，增加了顶破强度指标，使其具有更加优异的抗划伤等机械性能。

对于地质条件较好的水平定向钻穿越段管道，也可能出现补口部位热收缩带划伤受损的情况。因此，水平定向钻专用热收缩带一般在回拖方向上设有一个牺牲带，用于加强防护，牺牲带与热收缩带和 3LPE 防腐层各搭接不小于 100mm。

对于需要进行整体防护的复杂地质条件穿越段，可采用线路管道用普通热收缩带进行补口，补口施工完毕且检测合格后再进行外防护层施工。

(2) 无溶剂聚氨酯补口体系。

无溶剂聚氨酯涂料用于 3LPE 管线的补口管道里程达 25000km。无溶剂聚氨酯涂料可在低温下施工、固化时间短，可配成弹性体或刚性体，一次涂敷厚度可达 1.2mm，易补伤、有韧性、耐磨、抗冲击、化学稳定性好。管体 PE 搭接部位一般需进行表面拉毛、极化，以提高聚氨酯补口涂层与 PE 层的黏结性能。现场施工方式一般为手工喷涂或机械自动喷涂，自动喷涂需要专用设备。

涂刷无溶剂聚氨酯涂层前，需对搭接部位的 PE 层采用火焰极化、电晕极化或氧化性气体极化处理等方式进行极化处理，从而使溶剂聚氨酯涂层与 PE 层具有良好的黏结力。极化处理后喷涂无溶剂聚氨酯涂层，其与管体 3LPE 防腐层搭接宽度应不小于 100mm。由于人工喷涂防腐层的外观差、流挂多，因此新建管道宜采用机械喷涂的聚氨酯补口。

对于水平定向钻穿越段管道，若需要进行整体外护，可采用无溶剂聚氨酯涂层对穿越段管道进行补口，更有利于补口后外护层的施工及外护层的整体平滑处理。

(3) 无溶剂液态环氧涂层补口体系。

由于无溶剂液态环氧涂层的黏度较大，现场施工方式一般为手工刮涂。涂刷无溶剂环氧涂层前，需对搭接部位的 PE 层采用火焰极化、电晕极化或氧化性气体极化处理等方式进行极化处理，使无溶剂环氧涂层与 PE 层具有良好的黏结力。极化处理后涂敷无溶剂环氧涂层，一般采用手工刮涂方式，分为底漆、面漆两次涂刷完成。

对于水平定向钻穿越段管道，若需要进行整体外护，可采用无溶剂环氧涂层对穿越段管道进行补口，更有利于补口后外护层的施工及外护层的整体平滑处理。

3) 3LPP 防腐层补口

水平定向钻穿越处直管段若采用 3LPP 防腐层，宜采用水平定向钻专用聚丙烯热收缩带体系进行补口，其具有与 3LPP 防腐层相同的抗划伤性能，可有效保证穿越段管道外防腐层的一致性。根据工程、现场等实际情况，聚丙烯热收缩带体系可选择湿膜、干膜施工工艺及手工火把烘烤施工方式或机具加热施工方式。

3. 阴极保护

水平定向钻穿越完成后，防腐层不可避免地会有一定损伤，阴极保护则可对防腐层损伤部位的管道提供有效保护，从而避免发生外腐蚀现象。阴极保护方式分为强制电流法和牺牲阳极法，两种方法各有其优缺点，各有其应用领域。

强制电流法具有保护距离长、作用范围广，输出电流、电位可调，受外界影响干扰小等优点；不足之处是需要外部电源，并需要进行适当的管理及维护，而且在市区管线中会对周围管线或构筑物造成干扰。

牺牲阳极法适用于短距离管线及市区地下管道，具有无需外部电源、对外界无干扰的优点；不足之处在于保护参数不易调节，受外界干扰的影响较大。

从这两种阴极保护方式的优缺点不难看出，虽然两种保护方式在技术上都是可行的，但强制电流法对于长距离输送管道的保护具有明显的经济优势，而牺牲阳极法对于短距离管道保护及市区地下管道保护更有实用价值。

水平定向钻穿越段管道一般属于某条管道的一部分，且一般宜统一考虑将整条管道进行阴极保护，因此采用强制电流阴极保护方式居多。若经馈电检测穿越段管道防腐层的总体质量合格，可将穿越段管道直接纳入全线强制电流阴极保护系统，仅需在穿越段两端设置必要的检测装置即可，通过检测装置测得穿越段两端管道的极化电位或断电电位应满足阴极保护准则要求。

整条管道采用牺牲阳极进行阴极保护或没有其他线路段时，水平定向钻穿越段宜采用牺牲阳极法进行阴极保护。牺牲阳极法常用的牺牲阳极有镁合金、锌合金和铝合金，具体对比如下。

镁合金牺牲阳极的开路电位为 $-1.60 \sim -1.57V_{CSE}$（CSE 表示相对于硫酸铜参比电极），一般应用于土壤电阻率不超过 $100\Omega \cdot m$ 的环境，当土壤电阻率超过 $100\Omega \cdot m$ 时，应进行现场试验确认其有效性；镁合金牺牲阳极的驱动电位较高，保护效果好，当土壤电阻率较低时，应核算或实测管道的极化电位，以避免出现过保护的情况；镁合金牺牲阳极的自腐蚀速率较高，因而其寿命一般较短，需注意检测并定期更换。

锌合金牺牲阳极的开路电位为 $-1.10V_{CSE}$，一般可应用于土壤电阻率不超过 $50\Omega \cdot m$ 的环境，当土壤电阻率超过 $50\Omega \cdot m$ 时，应进行现场试验确认其有效性；锌合金牺牲阳极的驱动电位较低，不会出现过保护现象，但应核算或实测管道的极化电位，避免出现欠保护的情况；锌合金牺牲阳极的自腐蚀速率较低，寿命一般比镁合金牺牲阳极长，但日常维护仍需注意检测并定期更换。

铝合金牺牲阳极的开路电位为 $-1.18 \sim -1.10V_{CSE}$，一般用于含氯离子的水环境，不适于陆上水平定向钻穿越处。

考虑到水平定向钻穿越段管道防腐层不可避免地会存在一定损伤，为了保证保护效果，水平定向钻穿越段管道宜采用驱动电位更高的镁合金牺牲阳极进行阴极保护，可根据穿越长度核算，在穿越段一端设置或两端各设置一组牺牲阳极进行阴极保护，牺牲阳极应通过设置在穿越段两端的检测装置与管道连接，不得将牺牲阳极直接焊接在管道上。

4. 防腐层外力损伤防护

定向钻管道穿越地质条件苛刻的区域时，应对防腐层进行防损伤保护，且需确保合格的施工质量[10]。如果选用不合适的材料和技术，经常会导致如下三种防护层失效方式。

(1) 穿越前就发现防护层不合格，见图 2.7。

(2) 穿越回拖过程中防护层脱落堵塞导向孔造成穿越失败，见图 2.8。

(a) (b)

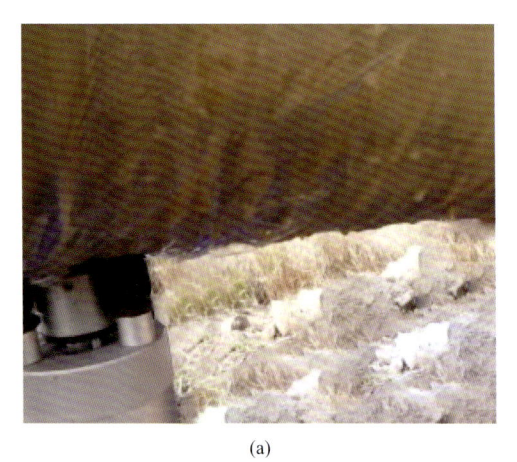

图 2.7 穿越前不合格防护层

(a) (b)

图 2.8 穿越堵塞回拖发现防护层脱落

(3)穿越回拖成功，但防腐防护层被划伤损坏，见图 2.9。

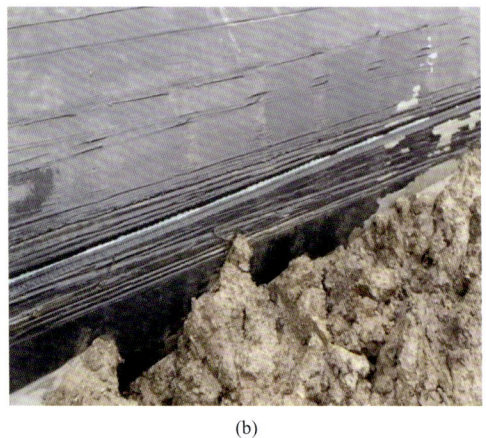

(a) (b)

图 2.9 穿越回拖成功并发现防护层划伤损坏

以上第一种和第二种失效形式出现后，均可采取后期返工处理，但会造成工期严重滞后，给施工单位和业主造成巨大的经济损失。第三种失效形式在施工过程中通常难以发现，为管道长周期安全运行埋下了巨大隐患。

另外，我国高压直流输电线路、高压交流输电线路、高速铁路、地铁城市轨道交通系统的发展很快，这对油气管道造成了严重的电干扰和电腐蚀。在具有交直流干扰，尤其是直流干扰的情况下，由于干扰电位经常达到几十伏到上百伏，如果防腐层破损，传统的阴极保护抵抗不住这样大的干扰电位的作用，则直流电流会大量地流入流出管道，给管道造成很强的腐蚀和氢脆风险。在某些苛刻的地质情况下进行定向钻，传统的3LPE和双层FBE防腐层抗外力损伤的能力不佳，涂层容易出现划伤[11]，成为直流干扰的流入点和流出点，进而成为定向钻管道的腐蚀泄漏和氢致开裂发生的风险部位。所以，在交直流干扰严重地区的定向钻管道，应确保防腐层满足抗外力损伤的完整性需求。这种区域管道防腐防护层的选择需要采取宁强勿弱的原则，确保不会给定向钻管道埋下无法修复的安全隐患。

国内对定向钻穿越管道外力损伤防护的应用始于2009年中国石油中俄漠大线黑龙江穿越工程，并由俄罗斯投资方提出防腐层防护要求。此后，国内某些岩石地层定向钻穿越的工程项目也开始进行防腐层损伤防护。目前，油气管道定向钻穿越防腐防护技术在市场上有改性无溶剂环氧玻璃钢、液态环氧耐磨涂料、丙烯酸环氧脂玻璃钢等产品[12]。改性无溶剂环氧玻璃钢已纳入中国石油集团公司制订的《定向钻穿越管道外涂层技术规范》（Q/SY 1477—2012），并在国内多条油气管道定向钻穿越工程中得到实际应用（图2.10）。

(a)　　　　　　　　　　　　　　(b)

图2.10　江阴—如东天然气管道穿越长江

2.5.4　焊接、检验、试压与测径

1. 焊接、检验

目前，穿越段钢制管道焊接主要有两种方式：自动焊和半自动焊接。

焊接施工前，施工单位应制定详细的焊接工艺指导书，并据此进行焊接工艺评定，根据评定合格的焊接工艺，编制焊接工艺规程。最后，根据评定合格的焊接工艺规程进行管道焊接。焊接工艺及验收按照《钢质管道焊接及验收》(GB/T 31032—2014)的有关规定要求执行。

穿越段管道环向焊缝按照规范要求均应进行 100%射线和/或 100%自动超声(AUT)检测。射线检测标准符合《石油天然气钢质管道无损检测》(SY/T 4109—2020)的相关规定，Ⅱ级及以上焊缝定义为合格。AUT 检测执行《石油天然气管道工程全自动超声波检测技术规范》(GB/T 50818—2013)的相关要求。

水平定向钻穿越对管道-焊接的质量要求较高，对于固定口连头、金口的裂纹缺陷、根部缺陷不允许进行返修，需要采用割口处理，同一位置焊缝返修次数一般不超过 2 次。

2. 清管、测径与试压

大中型水平定向钻穿越工程通常难以抢修，不可维修，故其试压标准也比普通线路段要高。需对穿越管段进行单独试压，试压分强度试验、严密性试验。试压前应进行清管和测径，清管、测径、试压应在穿跨越管段组装、焊接、检验合格后进行[13,14]。

穿越管道回拖前，需要依次进行清管、测径、强度试验和严密性试验；回拖后还应再进行一次测径和严密性试验，以保证管道回拖后的完整性和可靠性。

清管应用清管球(器)，清管次数一般需要 2 次以上，开口端不再排出杂物，即为合格。清管合格后还应进行测径，测径一般采用铝质测径板，直径为试压段中最大壁厚钢管内径的 92.5%，当测径板通过管段后，测径板无变形、褶皱现象，即判定为合格[15]。

试压介质需要采用无腐蚀性洁净水，试压时的环境温度一般不小于 5℃，否则应采取防冻措施。强度试验压力为 1.5 倍设计压力，稳压 4h，管道无异常变形，无渗漏，即判定为合格。严密性试验压力为 1.0 倍设计压力，稳压 24h，稳压时间内压降不大于 1%的试验压力且不大于 0.1MPa 即判定为合格。试压合格后，管段内的积水需要清扫干净，清扫出的污物应排放到规定区域。

参 考 文 献

[1] 郭凤菊. 大型河流定向钻穿越工程的岩土工程勘察探讨. 西部探矿工程, 2008, 20(11): 3.
[2] 刘培培. 浅谈定向钻穿越的工程地质勘察. 资源环境与工程, 2008, 22(B10): 3.
[3] 李永明. 水平定向钻技术在油气输送管道工程中的研究与应用. 山东化工, 2019, 48(24): 2.
[4] 王淑霞. 油气长输管道河流穿越风险分析. 油气田地面工程, 2008, 27(7): 54, 56.
[5] 杨刚. 油气管道定向穿越施工中钻杆的分析与应用研究. 西安: 西安石油大学, 2014.
[6] 先智伟. 大型油气管道水下穿越事故及其防护. 天然气与石油, 2002, 20(2): 7-9.
[7] 王其磊, 孙海峰, 屠言辉. 石亭江水平定向钻穿越施工技术浅析. 非开挖技术, 2014, (4): 11-15.
[8] 史兴全. 论西气东输管道定向钻穿越施工技术. 石油工程建设, 2005, (2): 56-58.
[9] 铁明亮, 马晓成, 郭君, 等. 如东长江超长距离定向钻穿越设计. 地质科技情报, 2016, 35, 167(2): 100-104.
[10] 梁桂海, 唐勇, 吴永峰, 等. 环氧玻璃钢外防护层技术在长江定向钻穿越中的应用. 石油工业技术监督, 2014, (8): 22.
[11] 吴益泉, 冒乃兵, 王一鸣. 3300m 长江定向钻穿越弹性敷设漂管施工. 油气储运, 2014, 33(5): 556-558.

[12] 陈兴明, 王丙奎. 长距离、岩石层输气管道长江定向钻穿越施工技术. 科技创新导报, 2010, (15): 51.

[13] 张广伟, 吕明纪, 张瑶琴. 水平定向钻穿越黄河施工新工艺. 建筑机械化, 2004, 25(8): 33.

[14] 郭清泉. 惠宁线黄河定向钻穿越复杂地层的施工控制措施. 非开挖技术, 2007, 24(2-3): 27-30.

[15] 郭清泉. 锦郑线黄河定向钻穿越技术应用简析. 非开挖技术, 2014, 2(4): 42-45.

第 3 章　水平定向钻穿越施工工艺

水平定向钻穿越施工的主要步骤一般可分为施工准备、导向孔施工、扩孔施工、管道回拖 4 个阶段，每个阶段又可细分为多个工艺环节，本章主要围绕这 4 个阶段对水平定向钻穿越施工的基本原理和工艺方法等进行阐述。

当水平定向钻穿越遇到不良地质条件或其他特殊困难时，需要在施工过程中采取相应的处理措施，此部分内容将在本书的第 6 章详细介绍。

3.1　施　工　准　备

施工准备作为水平定向钻穿越施工的第一个阶段，主要工作是为工程的实施提供基础条件，也是其他施工阶段开展的前提，充分、全面的施工准备在工程安全、质量、进度等方面具有关键作用。本节主要从设计文件复核、施工技术方案编制、地下设施再调查、施工场地及进场道路准备、施工设备安装、施工材料和资源准备等方面对施工准备工作内容进行介绍。

3.1.1　设计文件复核

设计文件是水平定向钻穿越施工的指导性文件，施工方需根据设计文件编制施工组织设计、专项施工方案等施工文件并遵照实施。

施工前应认真阅读设计文件，并结合工程特点和实际情况对设计文件进行复核，确定施工中需要重点关注的问题、难点，必要时还要与相关单位共同对设计文件进行优化，确保施工方案合理、可行。主要需复核的信息有设计采用的相关标准和规范、穿越长度、穿越深度、管径及壁厚、曲率半径、地质条件、出入土点坐标、穿越轴线及施工范围内其他已建的隐蔽性工程等。

3.1.2　施工技术方案编制

施工技术方案是水平定向钻穿越施工实施的指导性文件，施工前需根据工程特点编制科学、合理、可行的施工方案，包括确定施工组织机构、施工场地的布置及施工人、机、料的部署安排，制定详细的施工进度计划，选择合适的施工工艺，针对施工重点、难点问题的解决、控制和应急措施，施工中的质量安全环保措施及业主关注问题的处理措施等内容，要对现场施工人员做好技术交底，确保施工顺利完成。

3.1.3　地下设施再调查

地下设施再调查指的是在设计的基础上对水平定向钻穿越曲线附近、施工场地及周边的地下设施再次进行调查，确保施工安全。

鉴于水平定向钻穿越施工非开挖的特点，确定穿越路径附近已有设施非常重要，地下设施不仅会影响施工安全，还会对穿越精度造成影响，所以施工前应充分搜集资料确定地下设施情况，以便对其进行保护或规避。

对于施工场地及周边的地下设施，尤其是钻机基础、泥浆池等涉及开挖或打桩的位置也要进行仔细调查，可通过搜集资料、现场调查、挖探沟、仪器探测等方式对地下设施进行精准定位，以保证地下设施和施工作业的安全。

3.1.4　施工场地及进场道路准备

施工场地及进场道路是工程施工重要的基础保障，承载着水平定向钻穿越施工设备、物资的运输与安装，从而使施工顺畅、有序地进行。施工场地和进场道路修筑前，应做好地貌原状记录，为完工后的地貌恢复工作提供依据。

进场道路包括施工现场周边可依托的道路和临时修筑的道路，考察进场道路时需考虑施工全过程中涉及的设备、资源运输车辆的通行条件。大型水平定向钻机属于重型设备，运输过程中对道路的承载能力和转弯半径都有较高要求，因此必须予以充分考虑并做好预案。

施工场地应结合周边环境进行合理选择，避免占地浪费。根据《油气输送管道穿越工程施工规范》(GB 50424—2015)的规定，小型水平定向钻机的安装场地可为 40m×40m，大型水平定向钻机的安装场地可为 60m×60m，出土侧钻具的操作场地宜为 30m×30m。施工场地的地面承载力应根据设备重量和施工时对地面的作用力进行校核、硬化。泥浆池不宜设在穿越中心线上，泥浆池的大小应根据施工所需泥浆量进行选择。根据工程所在地区和施工季节，场地周围要合理修建排水通道。

3.1.5　施工设备安装

水平定向钻穿越施工的设备安装主要有钻机、泥浆循环系统两部分，这两部分需分别安装，再互相连接、相互配合进行水平定向钻穿越施工。一般地，设备安装前需根据入土点位置和穿越方向确定钻机位置与方位，再根据钻机位置合理规划其他设备的安装位置，从而确保施工过程中设备布置合理、运行稳定、操作便捷。典型的施工场地布置示意图见图 3.1。

1. 钻机安装

钻机安装首先要根据计算回拖力、钻机结构等因素确定钻机锚固方式，常用的钻机锚固方式有桩基础、沉箱+地锚组合形式基础、混凝土基础。钻机钻进中心线应与穿越中心线共线，钻机与入土点之间的距离应根据入土角和钻机主轴高度计算。钻机就位后，进行钻机与基础、液压系统、控制系统、电路系统之间的连接等安装工作。

2. 泥浆循环系统设备安装

泥浆循环系统的设备安装工作主要是泥浆处理器、泥浆罐、泥浆泵、钻机之间的管路连接。泥浆处理器与泥浆罐一般紧邻泥浆池安放,以便于进行泥浆处理,同时也便于运输车辆的通行,也有利于泥浆材料的进场和废弃材料的拉运。

泥浆泵一般摆放在泥浆罐附近且便于与钻机连接,进浆口与泥浆罐通过管路连接,尽量保证泥浆罐内的泥浆通过自流为泥浆泵供浆,否则需在泥浆泵与泥浆罐之间加设灌注泵。

图 3.1 典型施工场地布置示意图

3.1.6 施工材料和资源准备

水平定向钻穿越施工的主要施工材料和资源有钻杆、钻具、柴油、淡水、膨润土、添加剂、钻具螺纹脂等,施工前应做好施工材料准备和资源计划,并按计划将资源情况落实,为施工的顺畅进行提供物资保障。

3.2 导向孔施工

水平定向钻导向孔施工是根据预定的穿越曲线,通过控制钻头姿态实施定向钻进,从而完成出土点与入土点贯通的一项重要施工工序。导向孔成孔轨迹是决定管道最终敷设路由的重要因素,所以精准控制导向孔钻进轨迹是水平定向钻穿越施工的重中之重。本节主要从导向孔钻进方式、导向孔钻进的钻具组合、导向孔钻进实施、导向孔钻进轨迹测量与控制和导向孔对穿工艺等方面介绍导向孔施工。

3.2.1 导向孔钻进方式

按工程实际需要,导向孔的钻进方式可分为单向钻进和两端对向钻进。单向钻进是指在入土侧安装钻机、泥浆泵、泥浆处理器等主要施工设备,出土侧安装泥浆循环辅助设备,由入土侧向出土侧钻进,最终使钻头在出土侧出土,从而完成导向孔施工,导向孔单向钻进施工示意图见图 3.2。两端对向钻进是指在入出土侧均安装钻机、泥浆泵、泥浆处理系统等主要施工设备，从入出土两侧同时向中间钻进，并在中间预定位置完成导向孔贯通的施工，导向孔两端对向钻进施工示意图见图 3.3。

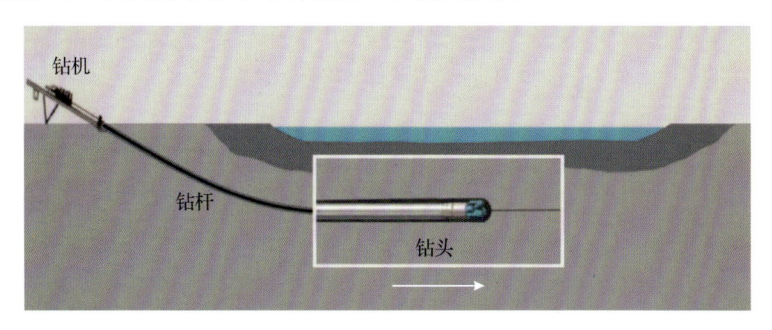

图 3.2　导向孔单向钻进施工示意图

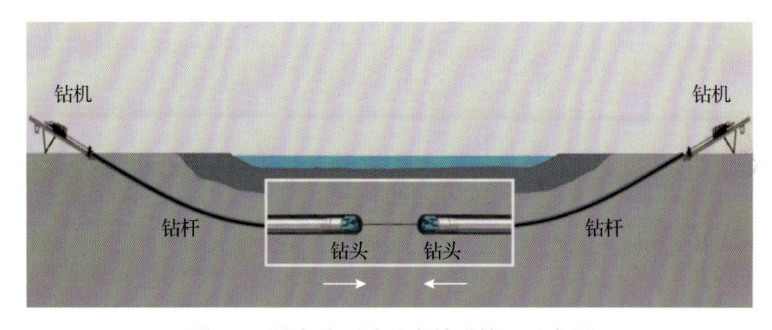

图 3.3　导向孔两端对向钻进施工示意图

不同的导向孔施工方式会影响施工用地大小、施工设备物资投入、施工人员等方面等组织安排，所以工程实施前应根据实际情况确定导向孔的施工方式。导向孔钻进方式的选择主要取决于穿越长度、设备能力和钻杆规格，例如，在单侧穿越时，导向孔钻进距离超过 2000m 时，采用 6 5/8in（1in=2.54cm）或更小直径的钻杆在推力和扭矩的作用下可能会产生失稳、推力和扭矩传输不足等不利于钻头控制的情况，从而导致导向孔精度偏差增大，甚至出现钻头无法出土的情况。若采用更大尺寸的钻杆则对施工设备的能力要求也会相应提高。

除穿越长度、设备能力和钻杆规格外，磁场干扰、特殊地质、施工工期等也是选择导向孔钻进方式的重要考虑因素。例如，出土侧附近有磁场干扰并严重影响钻头控向精度，或者出土侧地层承载力差、地层不稳定而导致钻头无法出土时，宜采用导向孔对穿施工工艺。

除以上客观原因需选择对穿工艺的情况外，也可根据工程情况将对穿工艺作为保证导向孔施工质量安全、缩短工期的一项技术措施。例如，在施工质量和安全方面，由于施工地域的特殊性，对入出土点的精度要求极高时，鉴于导向孔对穿施工是在入出土两侧定点定向钻进，所以选择对穿施工工艺可实现入出土点零误差，从而避免因出土位置和出土段穿越曲线偏差造成的施工风险；在施工工期方面，由于导向孔单位长度的钻进时间主要取决于地层硬度，若在高硬度岩石层穿越时选择对穿施工工艺，则在入出土侧同时实施导向孔钻进，可缩短单侧钻进长度，从而大幅缩短导向孔施工工期。

3.2.2 导向孔钻进的钻具组合

导向孔钻进时的钻具组合可根据不同的地质情况、穿越长度进行多种形式组合,按导向孔钻进时的钻头类型及动力形式大体可分为斜板钻钻具组合、动力牙轮钻钻具组合。

1. 斜板钻钻具组合

斜板钻钻具组合为钻杆+无磁钻铤(内含导向系统探测器)+斜板钻头,钻具组合示意图见图 3.4。此钻具组合形式一般可应用于软地层导向孔钻进,钻进时斜板钻头依靠钻机提供的推力、扭矩和泥浆泵泵送的高压泥浆进行切削钻进,通过调整斜板钻头的斜面面向角度控制钻进方向,斜板钻头在软地层中具有较高的造斜能力,而且导向系统探测器的安装位置距钻头较近,其反馈回地面的信号能更准确地体现钻头位置和姿态,但其切削能力较差,所以在较硬地层和较长距离的穿越施工中一般不采用此形式的钻具组合。对于较硬的砂土层,可以采用铣齿牙轮钻头或 PDC 钻头和造斜短节代替斜板钻头,从而提高钻头的切削能力和钻进效率。

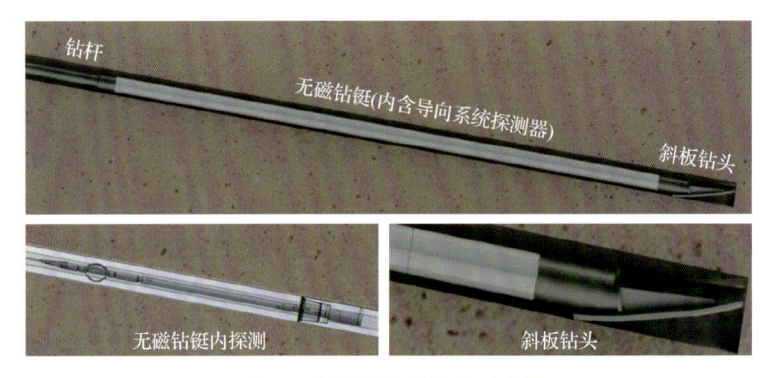

图 3.4 斜板钻钻具组合示意图

2. 动力牙轮钻钻具组合

动力牙轮钻钻具组合为钻杆+无磁钻铤(内含导向系统探测器)+泥浆马达(弯杆)+牙轮钻头,钻具组合示意图见图 3.5。此钻具组合形式一般可应用于硬黏土、致密砂层或岩

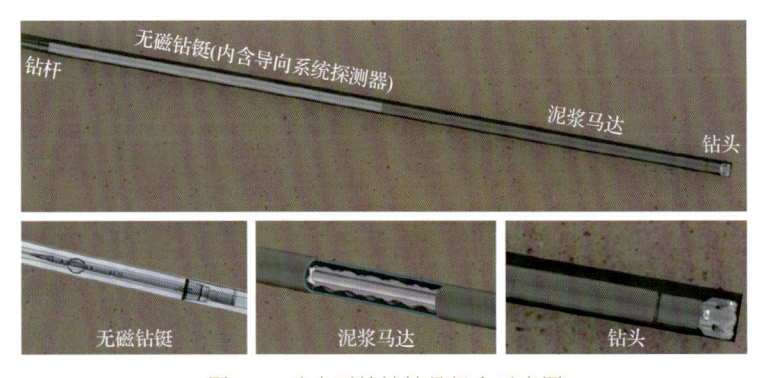

图 3.5 动力牙轮钻钻具组合示意图

石层导向孔钻进，牙轮钻头可根据岩土硬度选择铣齿或镶齿型的钻头。钻进时牙轮钻头对地层的推力依靠钻机提供，切削扭矩主要由泥浆马达提供，泥浆马达可为牙轮钻头提供均匀、充足的扭矩，有效提升岩石地层的钻进效率，钻头调向是通过调整泥浆马达造斜短节的面向角度控制钻进方向。此钻具组合形式是目前在坚硬地层导向孔施工中普遍应用且效率和经济综合性能最高的钻具组合。

在水平定向钻施工中，钻具组合形式的选择还包括钻杆、钻具尺寸。大尺寸的钻杆、钻具组合整体有更高的刚度和抗拉、抗扭能力，小尺寸的钻杆、钻具具有较高的柔韧度、灵活度，施工时可结合工程自身规模、特点选取合适的钻杆、钻具尺寸及组合形式。

3.2.3　导向孔钻进实施

导向孔钻进是多根钻杆逐渐钻进累加的过程，每钻进一根钻杆，记录钻头的方位角、倾角等参数，计算钻头位置和方向，并与设计穿越曲线对应的点进行比较、计算偏差，然后继续边钻进边调整，最终完成整条导向孔的施工。

1. 下钻前准备

导向孔钻进实施首先要按选定的钻具组合形式将钻具连接，并按钻具技术说明书规定的扭矩上扣，记录钻具长度，无磁钻铤内安装导向探测器，探测器通过信号线与控制室内的导向系统信号接收处理器连接，下钻前标定初始方位角并输入工具角偏差，检查探测器工作状态是否正常（图3.6）。

图3.6　导向系统调试及参数标定

钻具连接前，应检查钻杆腔内、钻头喷嘴是否畅通，确保无异物堵塞；钻具连接时，应在连接螺纹上均匀涂抹专用螺纹脂，以保护钻具螺纹，增强密封性；钻具连接完成后应进行泥浆试喷（图3.7），以确保泥浆通道正常，使用泥浆马达时还应检查泥浆马达的传动轴、压差是否正常。

图 3.7　下钻前泥浆试喷

2. 导向孔钻进原理及过程

导向孔钻进时，在每钻进一根钻杆后，导向系统对探测器反馈的数据进行处理，控向员根据导向系统显示的钻头位置、姿态、钻进轨迹，规划下一根钻杆的钻进参数，安装好下一根钻杆并连接好信号线后继续钻进，钻杆依次逐根累加，完成导向孔钻进。

钻进过程中钻头与其后方钻具组合成一个非对称式结构的造斜面进行钻进，轨迹主要依靠调整工具角来控制，当钻杆匀速回转钻进时，在钻机推力的作用下，地层作用在造斜面上的反作用力方向也沿圆周作近似均匀的变化，如果钻头周围的地层硬度大致相同，那么在不考虑钻头本身重量的情况下，钻头保持直线钻进(图 3.8)。当钻杆只推进不回转时，即只有推力作用时，则地层对钻头的反作用力方向始终沿垂直造斜面的方向，此时在钻头与高压泥浆的共同切削下向造斜方向钻进，从而实现导向孔造斜(图 3.9)。

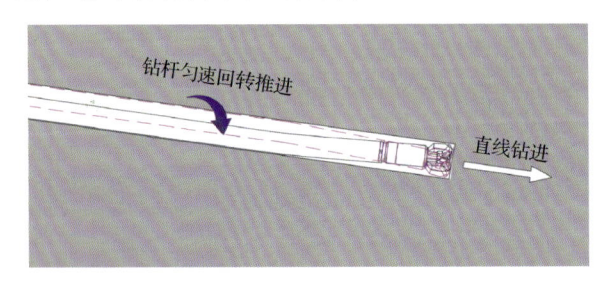

图 3.8　直线钻进示意图

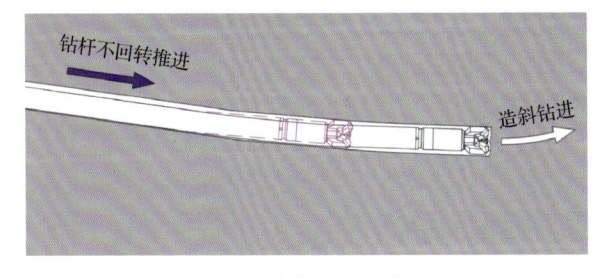

图 3.9　造斜钻进示意图

对于采用斜板钻头的钻具组合形式，主要依靠地层对造斜面的反作用力使钻进改变方向，故尺寸较大的斜板钻头在较软地层中的造斜效果较好，反之，造斜效果较差，但是钻头尺寸越大钻进阻力也会相应增大，施工时还需根据穿越地层的硬度、长度等因素选用合适的钻头尺寸。

对于采用牙轮钻头的钻具组合形式，其造斜面与地层接触面较小，不适用于极软地层，而在较硬地层中造斜面可以获得足够的反作用力而实现导向孔造斜。由于进行调向时需要保持造斜面角度，钻机只对钻杆施加向前的推力，所以依靠钻机提供切削扭矩的非动力牙轮钻具组合的钻进效率较低，而动力牙轮钻具组合由泥浆马达提供切削动力，所以钻进效率较高，应用范围较广，尤其是在长距离水平定向钻施工中得到了广泛应用。

导向孔钻进时，导向系统中实时显示工具角，司钻根据钻进计划轨迹及钻机控制台上的仪表参数对钻机进行操作，控制钻头的钻进方向。

钻进时控制的主要工艺参数有扭矩、推力、泥浆流量和泥浆压力，其中推力和扭矩的主要作用是为钻进提供动力，司钻根据钻具的强度、钻进长度和钻进速度，合理、安全地控制推力和扭矩。泥浆流量是泥浆泵在单位时间内通过钻杆向泥浆马达或钻头泵送的泥浆量，对其大小的调整一般取决于孔径、泥浆回流情况和需要的泥浆压力，由于导向孔的孔径较小，一般所需的泥浆量也较小。泥浆压力主要由钻进深度、泥浆回流阻力、泥浆流量、使用泥浆马达时钻头回转的切削阻力等因素决定，所以合理控制泥浆压力也是导向孔钻进过程中的重点之一。泥浆压力太小则无法驱动泥浆马达正常工作，也无法对钻屑形成有效冲洗，而泥浆压力太大则容易引发冒浆、漏浆、钻头磨损过快等问题。施工中若泥浆返回压力过大，通常采用洗孔或适当降低泥浆流量、减缓钻进速度、降低泥浆压力等方法。

3. 钻杆折角控制

水平定向钻穿越曲线是在地下空间中由若干段直线和弧线组成的轨迹，按设计穿越曲线(水平定向钻穿越曲线设计详情见第2章)钻进时，相邻两根钻杆会有一个角度变化，此角度变化称为单根钻杆折角，简称钻杆折角。当钻头保持直线钻进时，钻杆折角理论上应为零；当钻头造斜钻进时，钻杆折角应满足设计穿越曲线的曲率变化要求。

根据《油气输送管道穿越工程施工规范》(GB 50424—2015)中水平定向钻穿越施工的一般规定，穿越曲线的曲率半径不宜小于1500D，且在特殊情况下不应小于1200D。对于长输油气管道定向钻穿越施工，管道直径通常大于钻杆直径，所以决定钻杆折角的曲率半径一般根据管道直径进行计算。

在水平定向钻穿越施工时，每钻进一根钻杆至少采集一次导向数据，并应根据采集的导向数据进行及时调整。结合施工经验，单根钻杆折角调整一般根据公式(3.1)计算。

$$\theta = \frac{57.3\ l}{1200D \sim 1500D} \tag{3.1}$$

式中，l 为钻杆长度，m；当穿越管道直径小于钻杆直径时，D 取钻杆直径。

计算结果及《油气输送管道穿越工程施工规范》(GB 50424—2015)要求的最大折角见表 3.1。

表 3.1 不同管径导向孔钻杆折角变化

穿越管径/mm	施工中单根钻杆常用的最大折角/(°)		规范标准要求的钻杆最大折角/(°)	
	1200D 曲率	1500D 曲率	单根钻杆最大折角	四根钻杆累积折角
<325	1.41	1.13	2.1	6.0
377	1.22	0.97	1.7	5.7
406	1.13	0.90	1.6	5.4
508	0.90	0.72	1.4	4.3
610	0.75	0.60	1.2	3.6
711	0.64	0.52	1.1	3.0
813	0.56	0.45	1.0	2.6
914	0.50	0.40	0.9	2.4
1016	0.45	0.36	0.8	2.2
1219	0.38	0.30	0.65	1.8
>1422	0.32	0.26	0.4	1.5

3.2.4 导向孔钻进轨迹测量与控制

导向孔钻进轨迹测量是导向孔施工的关键步骤之一，在长输油气管道定向钻穿越施工中，通常采用有线控向系统对钻孔轨迹进行实时测量，随时了解钻头位置，以便及时采取合适的控制手段进行纠偏，保证钻头能精准地按设计穿越曲线钻进，以免造成事故或出现质量问题。

1. 导向孔钻进轨迹实时测量

导向孔钻进轨迹的实时测量由有线控向系统(以下称导向系统)完成，导向系统主要由探测器、控制终端、控向应用程序 3 部分组成(图 3.10)。探测器安装固定在无磁钻铤内(图 3.11)，通过其内部的磁场传感器和重力传感器测量方位角、倾角和工具角。由于钻铤的刚度较大，与钻头的相对角度固定，所以钻铤内探测器的角度、姿态可以充分反映钻头的角度、姿态，从而确定钻头位置。探测器通过贯穿于钻杆内部的信号线与钻机主轴上的滑环连接，再将信号线引入控制室内并连接至控制终端，数据测量时，控制终端通过信号线向探测器供电，探测器测量的数据再以载波信号的形式反馈回控制终端，最后再由计算机控向软件对数据做进一步数据化、图形化处理。

图 3.10　控向系统组成示意图

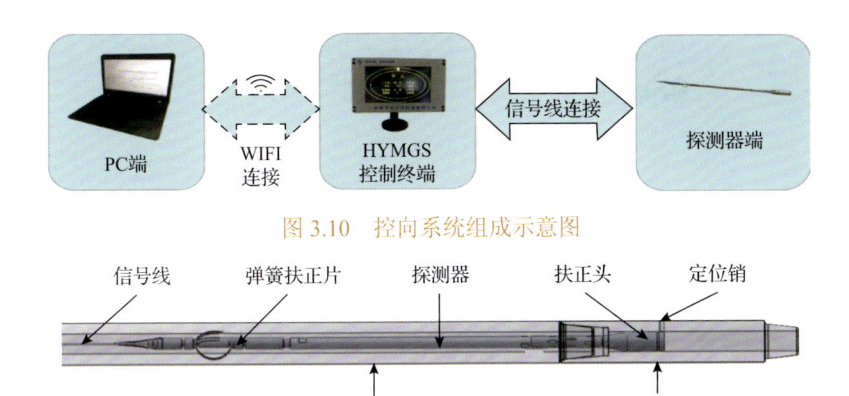

图 3.11　探测器安装固定示意图

计算机控向软件计算的导向孔轨迹数据主要为水平长度、深度、左右偏差等，这些参数是通过磁传感器和重力传感器检测大地磁场和重力场后，计算出钻头倾角和方位角，进而计算出导向孔轨迹数据等参数。由于导向孔钻进是逐根钻杆累加的过程，控向系统计算的钻进轨迹数据也是逐根累加的结果，所以每一根钻杆在下钻前应记录其长度，下钻完成后控向软件在上一根钻杆的基础上，将此钻杆在穿越中心线、断面和平面上的投影数据累加得到探测器此时的穿越位置。

计算机控向软件在计算完每根钻杆的位置数据后，以钻进轨迹的形式在显示界面呈现，随着近年来控向软件的迅速发展，其不仅能显示测量、计算出的钻进轨迹，还可将带有地质情况的设计穿越曲线导入控向软件中并形成底图。导向孔钻进时的钻进轨迹可呈现在导入的设计穿越曲线上，直观对比实际钻进轨迹与设计穿越曲线的差别，更好地对导向孔钻进进行实时控制。

2. 人工磁场定位

导向孔钻进时，控向系统对钻头的方位测量主要依赖于地磁场，而地磁场受到的干扰因素较多，如桥梁、管道、电缆、大型钢结构等都会造成控向系统采集的地磁参数失真，加上控向系统自身的精度和司钻、控向人员操作水平的影响，极容易出现偏差。

为了更好地确保导向孔钻进轨迹的精准，导向孔在钻进过程中每间隔一段距离采用人工磁场定位的方式对钻头位置进行复核测量，人工磁场可根据布置位置条件选择磁靶或线圈的形式进行定位测量。

以布设线圈的形式为例，如图 3.12 所示，人工磁场的设置方法是在穿越曲线上方地表布设一个线圈，常用的人工磁场线圈形状有圆形、矩形和方形。通常情况下，深度越深，需要的线圈直径越大，线圈匝数越多。

将线圈的三维坐标(与导向孔采用相同的坐标系)输入计算机中。当探测器进入线圈下方信号能够到达的范围后，给线圈通以一定的直流电，此时线圈产生磁场，探测器根据所测磁场大小、钻进里程和线圈坐标计算出此时探测器的里程和高程(图 3.13)，这就是人工磁场定位原理。由于高程和左右偏差值是根据通电线圈的磁场进行计算的，不受磁干扰源的影响，所以实测探测器钻进的高程和左右方位偏差值的精度很高。

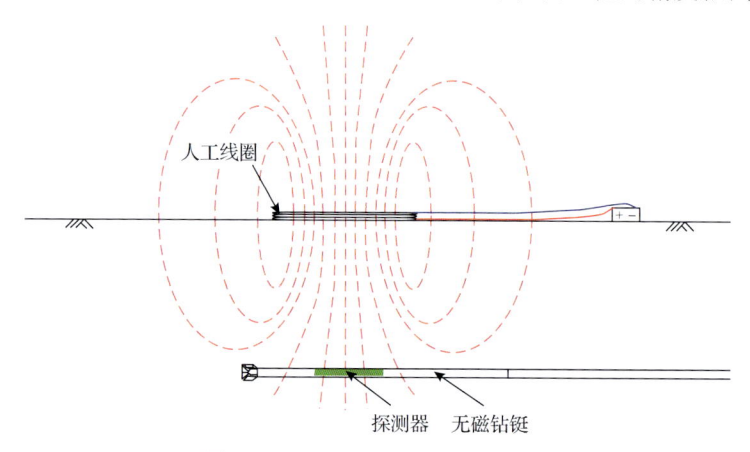

图 3.12 人工磁场定位原理示意图

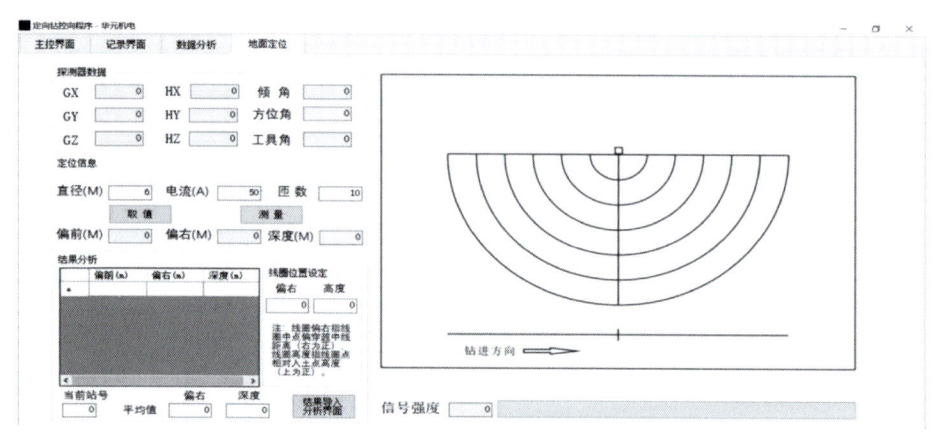

图 3.13 计算机控向软件定位计算示意图

在使用人工线圈磁场时，需要注意以下几个方面。
(1) 线圈布设时，线圈应拉紧。
(2) 线圈上任一点在里程、高程或左右方向上有变化时，应将该处设为一个转点。
(3) 电流大小要满足要求。

人工磁场引导可以和前述控制横向、纵向偏差值的方法配合使用。

3. 钻孔轨迹控制

在水平定向穿越施工导向孔的钻进中，尤其是在距离较长的定向穿越施工中，导向仪器自身精度、理论计算误差、测量准确程度、地表或地下干扰源的判别准确程度等都会造成钻头出土偏差。因此，在施工规范中，对横向偏差值的规定比对纵向偏差值要严格得多[1]。

钻头出土时在纵向上出现偏差，也就是控向软件在里程计算上出现了误差或在软地层钻杆整体下沉产生了误差。根据里程的计算公式可知，影响里程计算的因素有两种：

倾角和钻杆长度。

在导向孔钻进过程中，每钻完一根钻杆，都要将这一根钻杆的长度输入控向软件，若钻杆长度测量不准确，会影响计算结果，尽管在每一测量点的误差很小，但由于上一测量点的计算结果会影响下一测量点的计算结果，而且一条导向孔曲线由几十上百个测量点组成，所以最终的累积误差就会造成钻杆计算长度和实际长度的差别较大，影响钻孔精度。

在定向穿越中，探测器安装并固定在无磁钻铤中且与无磁钻铤的相对位置固定，为同心关系，如图 3.14 所示。当穿越地层的软硬不均匀时，每一根钻杆钻完后，在地质较软处因钻杆自身重量会造成下沉，导致无磁钻铤和探测器与设计的导向孔产生深度或角度误差。

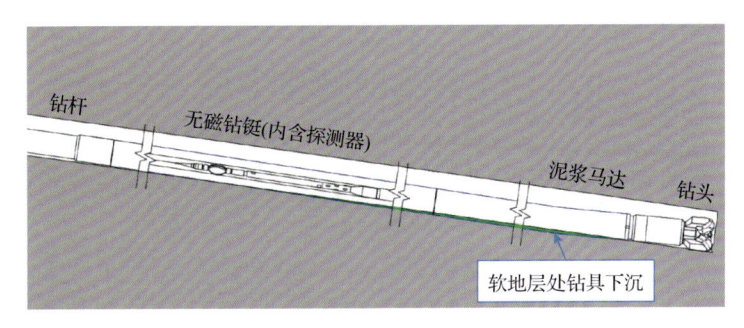

图 3.14 软硬不均地层中探测器与导向孔角度关系示意图

施工中控制钻头出土纵向偏差的方法主要有以下几种。

(1) 精确输入每一根钻杆长度。

(2) 调整测量方法。在相邻两测量点测量时，应分别在工具角为 0° 和工具角为 180° 时进行测量，这样做能够减小在高程上的计算误差。

(3) 使用地面辅助定位系统，修正钻头的横向偏差和深度。

(4) 在实际施工中，针对软地层可适当调整出土的提前量。

在实际施工时，司钻人员基于经验，根据以往导向孔施工的纵向偏差情况，可以较准确地估算出提前量，这样就能够较为准确地控制纵向上的出土误差。

导向孔的横向偏差一是受初始标定的磁方位角的影响，二是受磁场的干扰。穿越中心线磁方位角 AZ(图 3.15)作为初始值，是一个很重要的参数。在导向孔钻进过程中，它是衡量左右偏差的基准。如果该基准值错误，那么必然将导致钻头出土偏差。

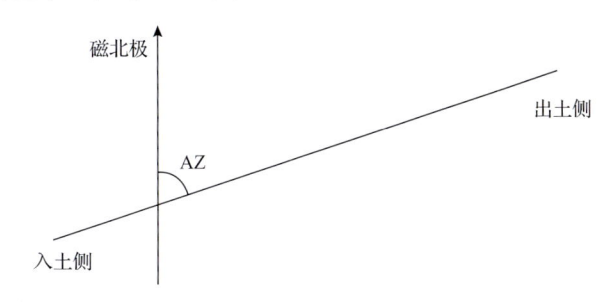

图 3.15 磁方位角 AZ 示意图

在开钻前，通常要准确测量穿越中心线的磁方位角，方法如下：将经纬仪固定在穿越中心线上，并与穿越中心线重合，调整无磁钻铤与穿越中心线重合，通过探测器、控制终端及计算机，按 0°、90°、180°、360°的工具角取平均值或特定角度（正反向测量）即可标定穿越中心线的磁方位角。

探测器中的三轴磁场传感器在正常条件下通过检测外界磁场矢量，控向软件再根据磁场矢量计算出磁方位角。在磁场无干扰的情况下，外界磁场矢量即为地球磁场矢量，控向软件计算出的磁方位角等于穿越中心线与地磁北极之间的夹角。在磁场有干扰的情况下，这会造成测量误差。例如，测量地点靠近高架公路、铁路桥、高压线、地下金属管道等，探测器测量的磁场是地球磁场与磁干扰源磁场的矢量和，控向软件计算的磁方位角并不能表示实际穿越中心线与地磁北极之间的夹角。

在钻进过程中，某些站点测出的磁方位角偏差较大，造成测量偏差的原因主要是探测器受到了磁干扰。如果出现测量偏差，在控向软件中，Htotal（地球磁场矢量）和 Dip（当地地球磁场矢量与水平面之间的夹角）会给出警示。当变化值超出正常范围时，说明计算的磁方位角有误，此时应对磁方位角进行人工修正。

控制钻头出土横向偏差的方法主要有以下几种。

(1) 准确确定穿越中心线磁方位角数值。

需要指出的是，在做这一项工作前，应采用全站仪或经纬仪进行验桩，确认各中心桩在穿越中心线上，从而减少在入出土点两侧因桩位不准确而造成的磁方位角测量偏差。

(2) 选择恰当的测量地点。

探测器中的三轴磁场传感器是磁敏元件，测量磁方位角时，测量地点应距离施工现场至少 30m，避免地锚、钻机、泥浆罐、钻杆对探测器产生磁干扰，同时也应避开高压线、大桥等。如果中心线附近的磁场干扰过大，还应考虑将探测器平移或以一定角度偏转至无干扰位置再进行磁方位角测量，此时减去偏转角后即为实际穿越方位角。

(3) 磁方位角测量在条件允许的情况下可在中心线上进行多点测量，以查清可能的干扰情况。

(4) 磁方位角测量完成后，应对这些数据进行分析。

首先保留数值相似的数据，舍去明显错误的数据，然后再分析保留的数据组，可将这些数据取平均值作为穿越中心线的磁方位角。

(5) 观察钻进过程中磁倾角的变化情况。

观察地球磁场矢量和地球重力场矢量与水平面之间夹角的变化。一旦这两项数值的变化幅度超过正常范围，即出现了磁干扰，此时测量的磁方位角数值是错误的，必须进行人工修正。人工修正可根据在同一地层中无磁干扰的情况下，通过钻杆钻进时磁方位角的数值来估计干扰状态下磁方位角的数值；在继续钻进时，只调节倾角，不调节磁方位角，而对磁方位角进行人工修正。等到探测器脱离磁干扰后，再调整磁方位角。

3.2.5　导向孔对穿工艺

当管道穿越的距离较长或因地质结构较为复杂时，在导向孔的钻进过程中，钻杆在推力作用下会产生较大变形,在已钻成的导向孔内会形成一个空间的螺旋曲线。当钻杆的长度和直径的比值较大时,钻杆在推力、扭矩的复合作用下会产生失稳破坏。采用传统的单钻侧导向孔施工方法,钻杆强度与稳定性无法满足长距离钻孔的要求,由此产生了导向孔对穿技术[1]。

1. 导向孔对穿原理

长距离导向孔钻进时,使用两台钻机分别从入土侧和出土侧向中间钻进(图 3.3),到达某一预定区域时开启钻头对接系统(图 3.16),探测两个钻头的相对位置,并实时调整钻进方向,使一侧的钻头进入另一侧的孔中,然后一侧的钻头后退,另一侧的钻头跟进,直到两个钻头从出土侧或入土侧出土,完成导向孔对穿施工。

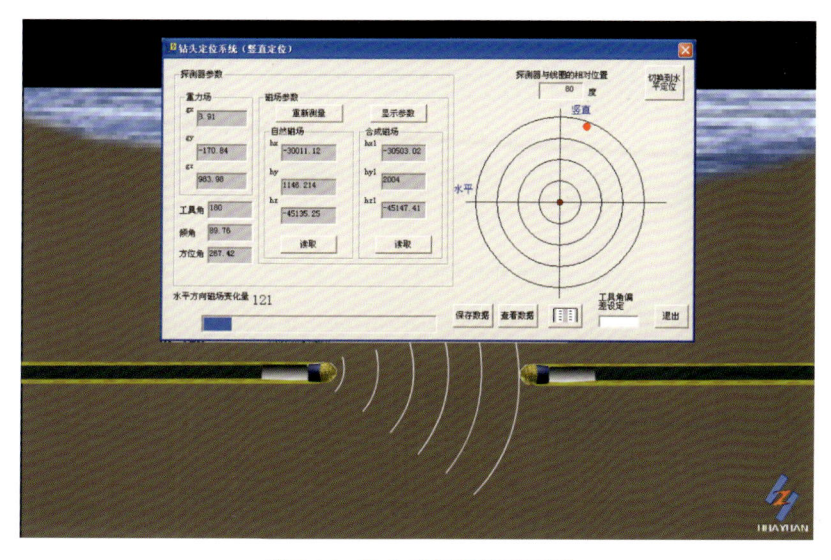

图 3.16 钻头对接系统示意图

对于一侧钻头无法沿另一侧导向孔钻出的情况,需要采用"钻头握手对接",如图 3.17 所示,在两个钻头精准对接后,通过钻头的咬合结构将两个钻头连接在一起,形成"握手"状态后,使用一侧钻头牵引另一侧钻头出土。

图 3.17 钻头握手对接示意图

2. 钻头对接方式

导向孔对穿施工工艺在钻头对接的方式上分为两种，一种是目标磁铁对接，另一种是信号源对接。

1）目标磁铁对接

采用目标磁铁对接方式时，两侧钻头到达预定对接位置后，回拔钻杆，将一侧的控向探测器更换为目标磁铁。下钻前，先在地面模拟对接穿越过程，将探测器放置在离目标磁铁的不同位置，测量探测器中心位置与目标磁铁中心位置重叠时的实际距离，并与电脑显示距离对比，比较误差值。若误差值超过 0.2m，应更换目标磁铁内的磁块，重新进行标定，直至误差值符合要求。

当两侧的钻机钻至对接区域时，仍要继续向前钻进，如图 3.18 所示，使一侧的探测器和另一侧的目标磁铁重叠[1]。

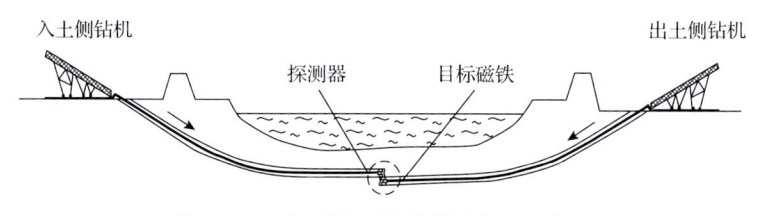

图 3.18 目标磁铁对接的钻进位置示意图

然后，装有探测器一侧的钻机停止钻进，探测器保持现有位置不动，将装有目标磁铁一侧的钻杆与目标磁铁回抽一定距离。在回抽过程中，每间隔一定距离都需要进行数据采集，记录目标磁铁完全经过探测器时的数据。计算机显示探测器与目标磁铁的相对位置，即目标磁铁相对于探测器的相对位置。

如图 3.19 所示，位置确定后，目标磁场后退，调整探测器一侧钻头工具面，实施调向钻进，使其逐步向目标磁铁靠近，直到与另一侧导向孔的轨迹吻合为止。

图 3.19 目标磁铁对接示意图

2）信号源对接

信号源对接方式是采用带有发射信号源的探测器，通过发射和接收电磁信号来计算钻头相对位置的对接方式。信号源对接与目标磁铁对接的原理大致相同，但信号源对接方式可将信号发射、接收装置安装在导向孔探测器中，对接前无须回拔更换探测器，当需要对接时，探测器切换至信号源模式即可。

如图 3.20 所示，信号源对接时，钻头无须钻至重叠位置，当两个钻头接近时，其中一个探测器发射信号，另一个探测器接收信号并计算，确定两个钻头在地下的三维坐标，再不断地逐渐逼近，最终使两钻头钻进到一起(图 3.21)，然后一侧钻头进入另一侧导向孔中并随另一侧钻头出土，从而完成导向孔对穿施工。

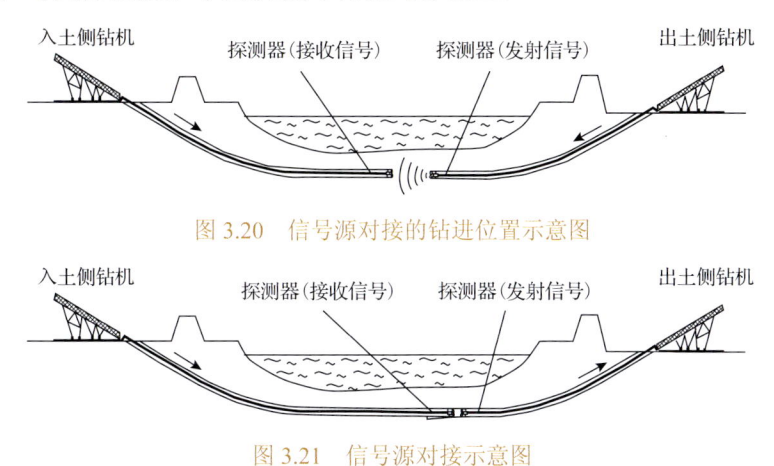

图 3.20 信号源对接的钻进位置示意图

图 3.21 信号源对接示意图

实施钻头对接时需尽可能避免大角度调向，使两侧导向孔轨迹平滑对接。在较硬地层中对接时，两钻头的空间角度、位置一定要准确，才能实现对接；位置合适，但角度误差较大时，也难以进入另一侧的导向孔(在岩石孔中会穿孔而过)。在较软地层对接，宜采用带有握手功能的钻头，使两侧钻头扣到一起，一侧钻头牵引另一侧钻头出土，以提高对接成功率。

对比两种钻头对接方式，第一种对接方式适用于地层比较稳定、成孔较好的条件，如果地层的稳定性差，更换目标磁铁时不易找到原孔，将造成对接失败；第二种对接方式克服了第一种对接方式的缺点，缩短了导向孔的施工周期，导向孔对接的成功率高。

3.3 扩孔施工

扩孔指的是采用扩孔器将直径较小的导向孔扩大，形成满足管道回拖孔径的稳定孔洞。扩孔施工也是水平定向钻施工中的关键技术环节之一，完成扩孔施工是管道回拖施工的基础，扩孔质量也直接关系到管道回拖施工的成败。

3.3.1 扩孔的方式及基本原理

扩孔工艺是在导向孔施工完成后，将钻头更换为尺寸更大的扩孔器，沿导向孔轨迹将孔洞直径扩大，达到管道回拖需求。

扩孔方式可分为牵引扩孔、正推扩孔和双钻机同步扩孔三种，根据不同的地质条件、钻孔长度、孔径和施工现场的具体条件等因素，选用合适的扩孔方式对扩孔施工的安全、成孔质量、效率和管道顺利回拖至关重要。

1. 牵引扩孔

牵引扩孔是最传统的扩孔方式，也是常规水平定向钻穿越施工中应用最广泛的扩孔方式。牵引扩孔又称为常规扩孔或回拉扩孔。如图 3.22 所示，钻头在出土侧出土后，将钻头更换为扩孔器，由钻机提供的拉力和扭矩使扩孔器在孔内螺旋式前进并对孔壁进行切削，从而使孔径增大，最终扩孔器在入土侧出土完成扩孔施工。为了避免丢孔，扩孔器后方也连接钻杆，使钻杆全程贯穿整个孔洞。

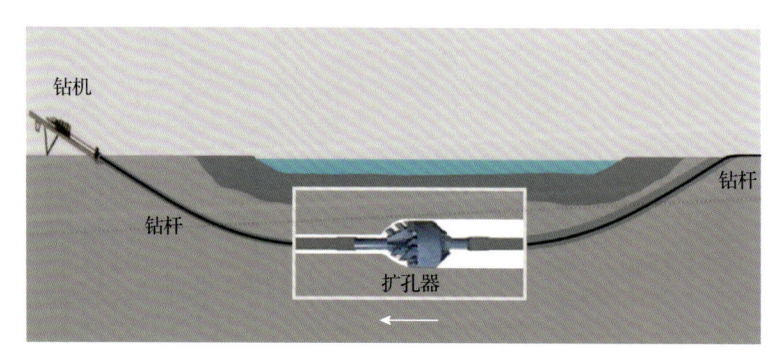

图 3.22 牵引扩孔示意图

牵引扩孔的钻具组合形式：钻机→钻杆→扶正器(用于大直径扩孔)→加重钻杆(选用)→扩孔器→旋转接头(选用)→钻杆→密封接头。

牵引扩孔施工时，扩孔器后的钻杆与扩孔器同步回转，由于扩孔施工时的钻杆为单向回转，会导致出土侧场地上与孔内连接好的钻杆向一侧偏移，过大的偏移折角会影响钻具连接施工、出土段孔洞质量和管道回拖入洞路由的判断，所以一般在出土点附近采用限位方式控制钻杆在地面上的自由度。除机械式限制钻杆偏移外，还常采取加装旋转接头的方式控制扩孔器后的钻杆旋转，即在扩孔器与其后方钻杆连接处安装一个旋转接头，扩孔器回转时由于旋转接头的作用，后方钻杆不随扩孔器同步回转，这种方式可减小钻杆的磨损，也方便出土侧场地内的钻杆连接作业。

扩孔施工中，根据泥浆回流阻力的情况，泥浆分别从入出土侧返回，作为主要施工场地的入土侧可有效处理返回的泥浆并循环使用，出土侧可配置简单的泥浆循环系统，如图 3.23 所示，当从出土侧返回的泥浆量较大时，在钻杆尾部安装旋转密封，泥浆泵通

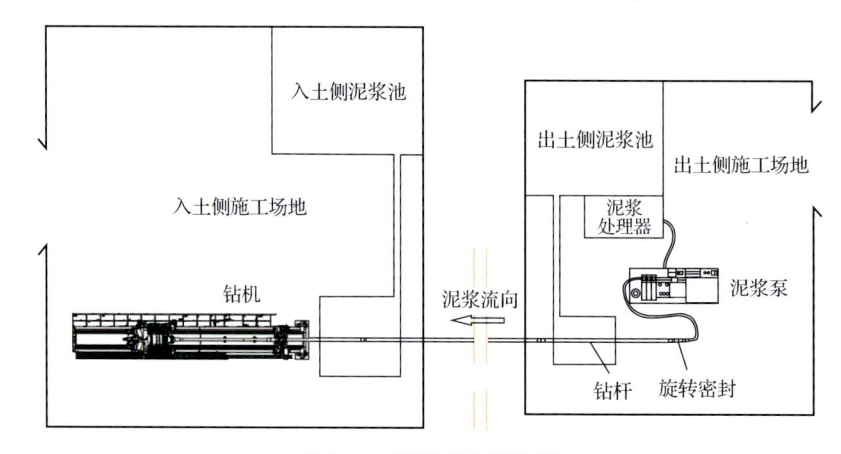

图 3.23 泥浆对注示意图

过旋转密封向钻杆内泵送泥浆从而实现两侧场地的泥浆对注，使施工中的泥浆充分实现循环使用。

牵引扩孔施工主要靠钻机通过钻杆牵引并驱动扩孔器回转来完成，所以钻机的扭矩和拉力是牵引扩孔施工中的关键参数，通过扭矩和拉力可以判断孔内的基本情况，从而合理制定扩孔计划，顺利完成扩孔施工。特别是在大直径的扩孔施工中，严格控制钻机扭矩和拉力是保证扩孔施工安全的重要措施。

2. 正推扩孔

正推扩孔是指采用泥浆马达驱动扩孔器或钻机直接驱动扩孔器，由入土侧向出土侧推进扩孔的施工工艺。

在岩石层水平定向钻穿越施工中，由于地层较硬，以钻机提供回转扭矩的牵引扩孔方式不仅效率低，对钻杆的磨损消耗也非常高，而正推扩孔是一种与导向孔钻进工艺类似的动力扩孔工艺。

正推扩孔时，高压泥浆驱动泥浆马达内的螺杆转动，从而带动扩孔器回转切削进行扩孔施工。动力扩孔器的高速平稳运转使孔洞内壁非常光滑，有效降低了回拖时管道防腐层破损的风险。正推动力扩孔器的扩孔效果见图 3.24。

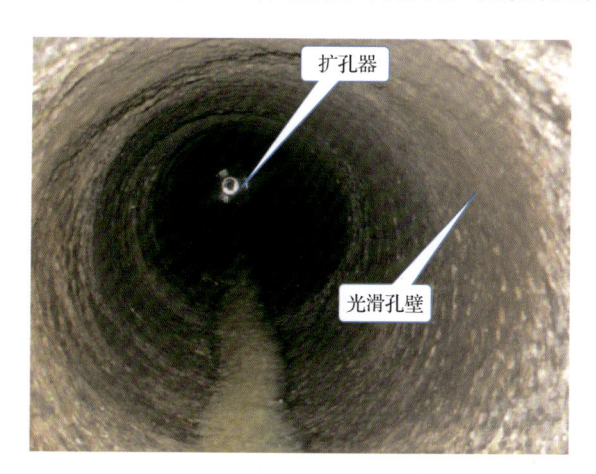

图 3.24　正推动力扩孔器扩孔效果图

正推扩孔与牵引扩孔的方向相反，导向孔完成后回拔钻杆，由于岩石孔的稳定性好，不会出现丢孔问题，在入土侧安装扩孔器，由入土侧向出土侧推进扩孔，如图 3.25 所示。

正推扩孔的钻具组合形式：钻机→钻杆→扶正器（用于大直径扩孔）→加重钻杆（选用）→泥浆马达→扩孔器。

正推扩孔施工时，施工作业全部在入土侧场地，可避免出土侧连接钻杆、处理泥浆等烦琐工作。根据现场条件，如图 3.26 所示，也可在出土侧安装钻机等施工设备，与入土侧同时进行正推扩孔，双向正推扩孔可极大地缩短工期，在长距离穿越施工中还可以通过缩短更换扩孔器时起下钻杆的时间，大幅提高扩孔效率。

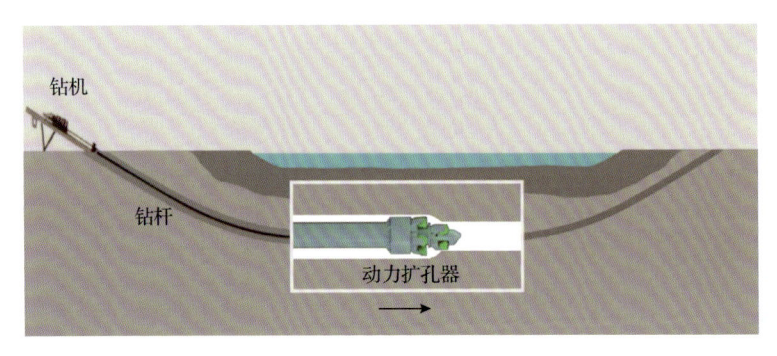

图 3.25　正推扩孔示意图

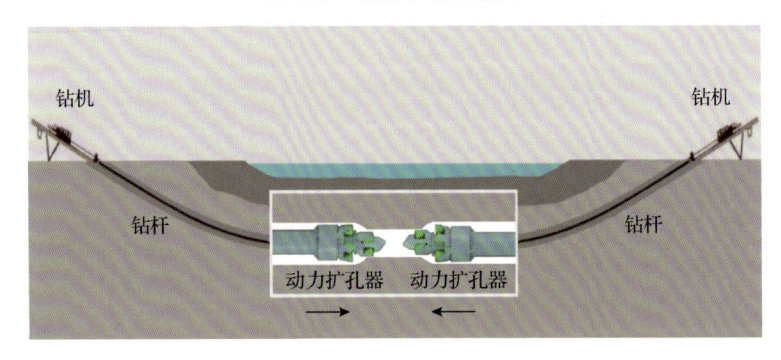

图 3.26　双向正推扩孔示意图

3. 双钻机扩孔

双钻机扩孔是采用两台钻机同时进行扩孔的施工工艺，双钻机扩孔根据不同的地质情况又分为双钻机同步扩孔和双钻机同步动力扩孔两种。如图 3.27 和图 3.28 所示，入出土侧分别安装钻机等施工设备，两台钻机同时连接钻杆并驱动扩孔器，同向同速回转，一进一退同步进行扩孔。在长距离、大直径的扩孔施工中，双钻机同步扩孔可降低钻杆扭矩，减少疲劳断裂的风险，而且一旦扩孔器遇卡，两侧钻机可以一起实施解卡，从而在很大程度上降低了解卡难度，提高解卡成功率。

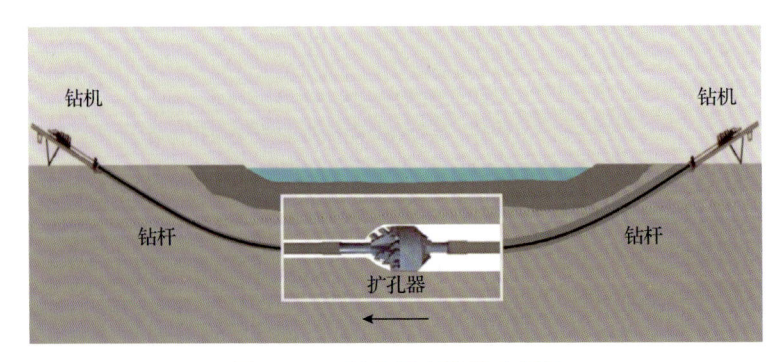

图 3.27　双钻机同步扩孔示意图

双钻机同步扩孔的钻具组合形式：钻机→钻杆→扶正器(用于大直径扩孔)→加重钻

杆(选用)→扩孔器—加重钻杆(选用)→钻杆→钻机。

随着动力扩孔器在水平定向钻穿越施工中的应用越来越成熟，双钻机同步动力扩孔也取得了技术突破和成功应用。在岩石地层中的大直径扩孔施工中，若采用正推扩孔，则对马达和钻杆的参数要求很高，由于扩孔器与钻杆直径相差较大，钻杆在孔洞中的径向自由空间很大，容易产生钻杆径向失稳的问题，使钻机推力很难有效地传递到扩孔器，所以在很大程度上增加了施工风险。若采用普通的双钻机同步扩孔，则在高硬度岩石层中的扩孔效率极低，甚至无法完成扩孔。而双钻机同步动力扩孔的应用则有效地降低了施工风险、提高了施工效率。如图 3.28 所示，双钻机同步动力扩孔由一侧通过钻杆牵引动力扩孔器，另一侧安装扩孔器和泥浆马达推进扩孔，两侧钻机在扩孔中保持同步进退。

双钻机同步动力扩孔的钻具组合形式：钻机→钻杆→扶正器(用于大直径扩孔)→加重钻杆(选用)→扩孔器(刀盘式)→泥浆马达→加重钻杆(选用)→钻杆→钻机。

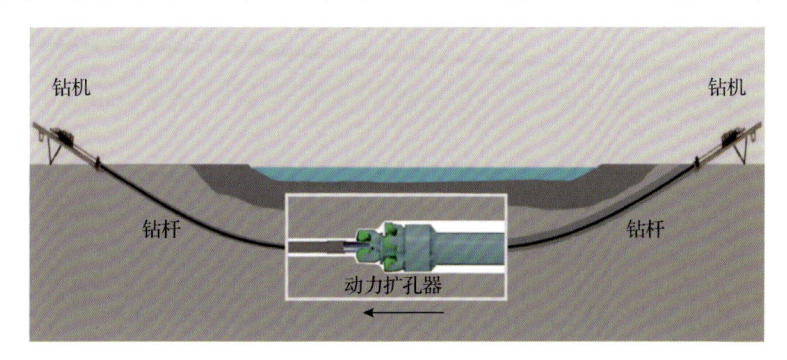

图 3.28 双钻机同步动力扩孔示意图

3.3.2 扩孔施工的钻具选型

如前面所述，扩孔施工的主要方式有牵引扩孔、正推扩孔和双钻机扩孔三种，主要使用的钻具有钻杆、扩孔器、泥浆马达、扶正器和旋转接头等，施工时应结合工程规模和地质等情况选用合适的钻具，以确保施工安全和施工效率。钻具的详细介绍见 4.4 节。

1. 钻杆

钻杆是钻具组合的关键部件，钻机通过钻杆为扩孔器提供回拉力(或推力)、回转扭矩，同时钻杆也为钻头和扩孔器提供泥浆的通道[2]。因此，它应具有高强度、高弹性、耐高压等基本特性。

在扩孔时，钻杆承受较大的推拉力与扭矩，在非常复杂的应力状态下工作，因此需合理选择钻杆的材质、热处理及加工工艺，以提高钻杆刚度、韧性、耐疲劳等性能。用于中长距离的穿越施工钻杆，单根长度一般为 9.6m 左右，外径根据钻进所需的推拉力和扭矩来确定，直径一般为 127～194mm，对于超大规模的水平定向钻施工可采用直径为 254mm 的超大钻杆。

2. 扩孔器

长输油气管道水平定向钻施工中常用的扩孔器有板式扩孔器、桶式扩孔器、板桶式扩孔器、牙轮扩孔器等[3]。

穿越淤泥土等松软地层时，选择板式、桶式或板桶式扩孔器较为适宜。当地层较硬时，选择牙轮组合式扩孔器。一般要求选择的最大扩孔器尺寸为敷设管径的 1.2~1.5 倍，这样才能保持泥浆流动通畅，使管道安全顺利地拖入洞中。此外，在扩孔器上还装有若干个喷嘴，用于辅助切削土层和清洗扩孔器。扩孔器四周用特殊的耐磨材料补强，有助于切削土层和减小扩孔器本体的磨损[2]。

3. 泥浆马达

泥浆马达是钻导向孔和动力扩孔的重要钻具，常用的泥浆马达结构按其内部螺杆转子和定子有 5/6 头[①]和 7/8 头两种，泥浆马达尺寸有 165~286mm 多种，动力扩孔时可根据需求选择。动力扩孔时应注意泥浆马达的使用寿命，更换扩孔器时应检查泥浆马达的参数，判断泥浆马达的使用情况，超负荷使用泥浆马达会造成其内部结构损坏，影响施工安全。

4. 扶正器

在大口径管道穿越施工中，扩孔直径较大，钻杆与扩孔器之间容易产生过大折角，导致钻杆与扩孔器连接位置的应力过大，增加断钻的风险。此时需安装扶正器，扶正器一般设计成桶形，尺寸比上一级扩孔直径略小。采用牵引式扩孔时，扶正器安装在扩孔器前端；采用正推式扩孔时，扶正器安装在扩孔器后端。

5. 旋转接头

旋转接头通常也叫分动器，主要用于管道回拖过程中，也常在牵引扩孔施工中选用，连接在扩孔器之后和回拉钻杆之前，它的作用是在牵引扩孔时，实现扩孔器旋转，而连接在旋转接头后面的钻杆不旋转[2]。牵引扩孔施工中根据工程实际情况也可以不安装旋转接头，钻杆与扩孔器直接相连。这虽然增加了钻机的扭矩，但一旦发生卡钻，可通过扩孔器后方的钻杆转动扩孔器，将扩孔器从出土点拉出，提高扩孔施工的安全性。

3.3.3 扩孔施工的控制措施

扩孔施工是决定最终成孔质量的关键工序，尤其是在大管径的水平定向钻穿越施工中，孔洞质量控制难、扩孔时间长、施工风险大。所以，在扩孔施工中应根据工程情况选用合适的钻具、扩孔孔径、级差、扩孔速度、洗孔、测孔与修孔等，保证扩孔施工的安全，为管道回拖奠定良好的基础。

1. 选用合适的钻具

在较软地层一般选用桶式或板式扩孔器，可以提高扩孔效率。在扩较大直径孔时，

---

① 转子为 5 头，定子为 6 头，类似的表达同样理解。

一般选用板桶式扩孔器，可以减少因地层较软产生的下沉。较软地层通常采用牵引式扩孔，不适合正推扩孔。

在较硬地层或岩石扩孔，一般选用牙轮扩孔器，较硬地层可以选用铣齿牙轮扩孔器，岩石地层可以选用镶齿牙轮扩孔器，有条件的可选用泥浆马达正推扩孔。扩较大直径的岩石孔，扩孔器宜加装扶正器，以防止钻杆疲劳折断。

当孔径较大或距离较长时，应选择直径较大、材质较好的钻杆；应认真检查每根钻杆接头的磨损、磕碰、螺纹、台肩和杆体，降低钻杆断裂的风险。在有条件的砂质和岩石地层可选择杆体和接头直径相近的钻杆，接头直径过大，泥浆漏失时岩屑在接头处将形成挡墙，使牵引阻力增大，甚至卡死钻杆。

2. 选择合适的扩孔孔径与级差

扩孔孔径通常是回拖管道直径的 1.2~1.5 倍，较大回拖管道的扩孔直径通常增大 300mm，扩孔器的级差可根据钻机、钻杆的性能进行选择。地层较软，级差相对较大；地层较硬，扩孔速度慢，可适当降低扩孔级差，以保证钻机能够稳定推进。合适的扩孔孔径与级差可以极大地提高扩孔效率和成孔质量。扩孔孔径与级差选取详见本书的2.3节。

3. 控制扩孔速度

在较软地层扩孔时，在扭矩允许的前提下，尽量降低回转转速、提高牵引速度，以防止扩孔器被淤泥包裹，以利于清洁扩孔器、提高扩孔效率、防止孔洞下沉。禁止原地旋转，增大牵引力和扭矩，造成恶性循环，最终导致扩孔器被抱死，无法拉动。

在较硬地层扩孔时，扩孔扭矩和扩孔速度要根据钻机的性能和钻杆的强度进行适当调整并至最佳，确保钻机有一定的行走速度，适当调整扩孔器级差，以防止钻进推力和扭矩在断续撞击的状态下运行。扩孔行走速度尽量控制在 0.1m/min 以上，以便司钻能够较稳定地操作钻机的行走速度，防止断钻、卡钻。

岩石扩孔最好选用动力扩孔器正推扩孔，这样既可以提高扩孔速度，同时成孔的质量也较好，可减小钻杆的磨损。较长距离、较大直径的岩石扩孔可选用牵引式动力扩孔器，两端供给泥浆，可有效提高扩孔速度。

4. 洗孔

钻扩孔产生的钻屑在孔洞中易形成堆积，导致孔内泥浆回流阻力增大、钻扩孔阻力增大、卡钻、管道回拖阻力增大等众多施工风险，因此洗孔也是定向钻施工中的一个关键工序。

洗孔工序一般在导向孔、各级扩孔后分别进行，但施工时应根据钻机参数、泥浆情况决定是否洗孔及洗孔次数。若钻机空转扭矩超过安全值或扩孔不顺畅，宜进行洗孔作业；洗孔结束后，再继续进行钻扩孔，钻扩孔结束后，如发现扭矩、拉力仍较大，可再次进行洗孔作业。

5. 测孔与修孔

测孔是在扩孔完成后，通过测孔器对实际孔洞曲线进行测量，从而保证孔洞曲率符合回拖要求，测孔一般可随洗孔或最后一级扩孔同步进行。如图3.29所示，测孔时在两根钻杆中间安装测孔器短节，测孔器短节内安装探测器进行测孔。

岩石扩孔一定要修孔，确保孔洞顺畅并符合设计曲率的要求。

图 3.29　测孔示意图

测孔器由传感器、数据处理、存储和电池舱组成，可在施工的任何阶段对孔的参数（倾角、方位角）进行测量，探测器出土后与计算机进行数据通信，由计算机分析测孔数据，并对钻孔进行评定。

若测孔结果显示有不满足规范及管道回拖的曲率要求，应根据测孔数据针对有问题的部位进行修孔，直到满足回拖曲率的要求。

修孔是近年来应用越来越广泛的一种提升孔洞质量的施工措施，可解决孔洞曲线角度超调的问题，使孔洞曲线更加平顺。特别是在岩石扩孔施工中，修孔尤为重要，不仅能修正曲线角度的问题，还能使岩石孔洞更加光滑，保证回拖时管道防腐层的质量。以正推扩孔为例，如图3.30所示。修孔时的钻具连接：钻机→钻杆→修孔器。

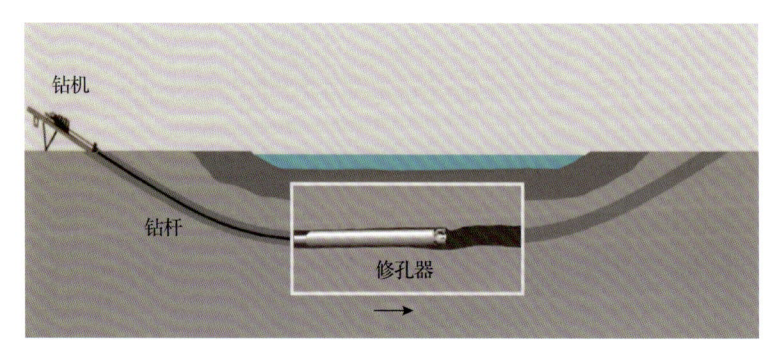

图 3.30　修孔示意图

修孔器由切削头和与回拖管道直径相同的管道连接组成，连接方式有软连接和硬连接两种，可根据实际施工情况进行选择。修孔器长度以孔洞实际偏差角度进行调整，并满足$1500D$的曲率半径要求，修孔器切削头的直径应大于回拖管道的直径。根据施工经验，修孔器长度、切削头直径的经验计算公式为

$$l = 70D \sim 90D \tag{3.2}$$

$$D_{修} = 1.1D \sim 1.2D \tag{3.3}$$

式中，l 为修孔器长度，m；$D_{修}$ 为修孔器切削头直径，m。

3.4 管 道 回 拖

管道回拖是由钻机将预制好的管道牵引至扩好的孔洞内，是水平定向钻穿越施工中的最后一道工序，也是实现管道敷设作业目标的最后一步，一般应在扩孔、洗孔、修孔后立即进行。

3.4.1 管道回拖前的准备

管道回拖需连续不间断进行，管道在洞中长时间停滞会使回拖阻力增大，甚至造成回拖失败，所以在回拖前应充分做好设备、钻具、管道等各方面的准备，回拖前的准备工作包括但不限于以下内容。

(1)在管道正式回拖前，对钻机、发电机、泥浆泵、泥浆处理器、推管机等参与回拖的机械设备进行一次检修保养，确保其工作状态良好。

(2)检查钻机的基础情况，保证其可承受最大回拖力。

(3)对回拖所用的钻杆进行检测，确保钻杆合格，尽量选取检测结果最优的钻杆用于回拖。

(4)因回拖过程中还需要泥浆继续携带钻屑，润滑孔洞，所以在回拖前要仔细检查扩孔器的各通道及泥浆喷嘴是否畅通，泥浆性能是否符合定向钻回拖的润滑性能要求。

(5)由于洞中泥浆随管道回拖进程不断地从入土侧返回，所以需确保泥浆池、泥浆处理系统和泥浆运输设备有足够的处理裕量。

(6)用滚轮或发送水沟支撑待回拖的管道，以保护防腐层，减少回拖阻力。

(7)调整好管道的入洞角度，并与出土角保持一致，避免因管线弯曲造成应力过大而使回拖困难。

(8)为了使管道平滑入洞，回拖前宜在出土点向回拖方向开挖一段距离的引沟，并控制引沟内的泥浆液位，使洞口露出。

(9)检查管道防腐层，确保防腐层完好，并在入洞前的位置设置防腐层检查点，对管道防腐层进行连续的电火花检测，如果存在问题立即进行修复。

(10)在回拖钻机控制室内记录并分析每一根钻杆回拖时的各项参数。

(11)做好回拖出现异常情况时的应急预案。

3.4.2 管道回拖的钻具组合

管道回拖时的钻具组合通常为钻机→钻杆→加重钻杆→回拖扩孔器→旋转接头→U形环→回拖封头→管道，如图3.31所示。

选用合适的回拖钻具对管道回拖非常重要，回拖钻具的抗拉强度应大于钻机的最大回拖力，以避免管道回拖阻力异常增大时钻具断裂。回拖扩孔器一般选择与最后一级扩孔同类型的扩孔器，根据施工经验，回拖扩孔器的直径宜为回拖管道直径的1.2～1.3倍。

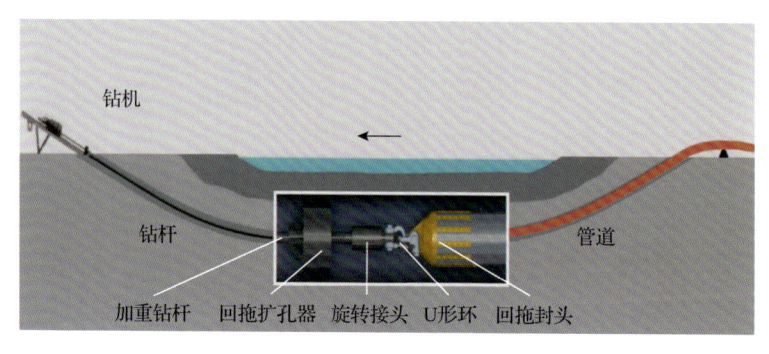

图 3.31 管道回拖示意图

3.4.3 管道回拖控制措施

管道回拖阻力的大小直接关系到工程的成败，不能仅通过增加设备的回拖能力来提高成功率，而应设法减小回拖阻力。减小回拖阻力的方法包括但不限于以下内容[4]。

(1) 提高成孔质量。
(2) 回拖前保证孔洞平顺。
(3) 根据地质情况适当调整扩孔系数。
(4) 提高泥浆性能，保持孔洞稳定与清洁。
(5) 根据工程情况可适当采用助推设备(推管机、夯管锤等)。

另外，还要注意防止管道回拖过程中因泥浆回流中断而引起的液压锁现象，即泥浆在牵引管线外面流动，但却被阻挡而不能被排出孔洞，使管子外面和前面产生压力。该压力甚至可能大于钻机的回拖力，随着泵入泥浆总量的增加，压力也随之增加，使管道无法活动，这就是液压锁现象。液压锁发生的明显迹象有泥浆压力明显增大、泥浆回流中断等。液压锁现象还会造成回拖路径上的地面隆起或地层破裂、地表冒浆。防止液压锁的主要方法如下。

(1) 根据地层状况，使用有针对性的泥浆配比，控制泵入的泥浆流量，保证泥浆正常回流。
(2) 控制泥浆压力，压力呈大幅增长趋势时适当降低回拖速度，待泥浆压力降低后再调整回拖速度。
(3) 选择合适的回拖扩孔器，保证扩孔器的泥浆喷嘴通畅。

目前，理论公式和经验公式基本上都是针对管壁摩擦力来计算的。但除管壁摩擦力外，孔洞弯曲也是形成管道回拖阻力增大的一个主要因素。对于刚性管道而言，如果孔洞不够平顺，由孔洞弯曲所造成的回拖阻力将占主导因素，远大于管壁摩擦力，其计算方法较为复杂，针对这种情况，除增大扩孔系数外，采用有针对性的修孔措施是很好的解决方案。

当钻机施加到管道上的轴向拉力大于管壁与孔壁之间的摩擦力时，回拖即能顺利进行，当钻机施加到管道上的轴向拉力小于管壁与孔壁之间的摩擦力时，可在出土侧采用顶推装置辅助回拖，一般常用的辅助顶推装置包括推管机和夯管锤。

当采用推管机助力回拖时，示意图如图 3.32 所示，入土侧为钻机正常回拖，出土侧采用推管机推动管道，减小钻杆的拉力，这种方式实际上并未减小管道在洞内的阻力，只是提高了设备克服回拖阻力的能力。夯管锤的助力原理也类似，即通过在管道尾部对管道施加夯击力来帮助设备克服回拖阻力。

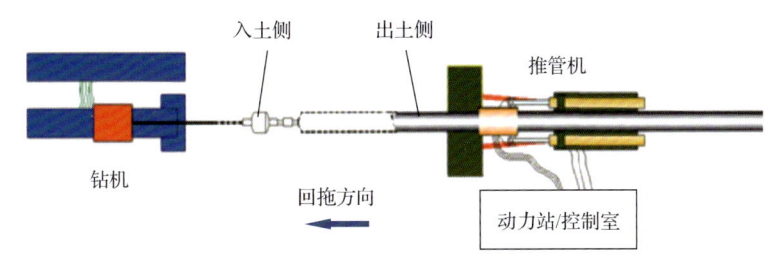

图 3.32 推管机助力回拖示意图

3.4.4 管道回拖降浮的措施

大管径穿越回拖时最不利的因素就是巨大的回拖阻力。回拖时阻力越大，风险就越大。在回拖工程中，随着穿越管径增大而使回拖力增大的因素主要有两个：一是泥浆对管道表面的黏滞阻力；二是管道与孔壁之间的摩擦阻力。

水平定向钻穿越回拖管道所受的净浮力是指管道自重不能够全部抵消泥浆浮力而剩余的浮力，称为未平衡浮力。随着穿越管径的增大，这种未平衡浮力也逐渐增大，特别是在大管径穿越中，巨大的浮力对穿越回拖产生了非常不利的影响。泥浆密度一般为 $(1.1\sim1.2)\times10^3\mathrm{kg/m^3}$，取 $1.2\times10^3\mathrm{kg/m^3}$ 进行计算，选取长输油气管道水平定向钻施工中常用的管道规格计算其自重、浮力和未平衡浮力，不同规格的管道受力对比见表 3.2[5]。

表 3.2 不同规格管道受力对比表

序号	管道规格(外径×壁厚)/mm	管道自重/(kg/m)	泥浆浮力/(kg/m)	未平衡浮力/(kg/m)
1	508×9.5	116.8	233.1	116.3
2	610×12.7	187.1	336.1	149.0
3	711×15.9	272.6	456.6	184.0
4	813×20.6	402.6	597.0	194.4
5	1016×23.8	582.4	932.3	349.9
6	1219×25.4	747.7	1342.1	594.4
7	1422×30.2	1036.6	1826.4	789.8

通过对表 3.2 的计算数据进行对比分析，管径的变化对浮力具有很大影响。回拖时管道与孔壁的摩擦阻力主要是由未平衡浮力的存在而产生的。根据定向钻施工规范，以规格为 $\Phi1219\mathrm{mm}\times25.4\mathrm{mm}$ 的管道为例，孔壁与管道的摩擦系数通常取 0.3(因地层不同而有一定差异，管道长度按 500m 计算)，忽略穿越入土角和出土角对部分浮力的分解作用，即孔壁受到的正压力等于未平衡浮力，粗略计算出增加的回拖力约为 98.6t。

通过调整泥浆性能参数降低回拖阻力的效果十分有限，可行的方法是通过减小未平衡浮力来降低回拖阻力。

浮力控制的最终目的就是让管道在回拖时处于一种理想的悬浮状态，减少管道与孔壁的接触和摩擦。浮力控制的基本原理就是通过在管道内增加其他介质，让其重力抵消未平衡浮力，消除因不平衡浮力而产生的各种不利影响，一般宜选用水作为平衡介质注入管道内。

为了让水均匀分布在管道内，在管道内部置入一根或多根 PE 管，常用的管道注水降浮方式有内注水和外注水两种，即在 PE 管内部或外部注水，通过理论计算得到需要注入的水量和需要置入的 PE 管根数和规格。

注水时为了不让水从管道中溢出，需要根据管道回拖速度控制注水量，保持注水水面与地面基本持平；采用 PE 管内注水时，也可预先将水注满整个 PE 管，将两头全部封住，但需要考虑管线的发送方式。大管径管道的发送方式主要有漂管发送法、滚轮架发送或吊管机发送，可提前将整个 PE 管全部注满水，但回拖时会增加滚轮架或吊管机的负荷，所以有可能造成滚轮架损坏或吊管机倾翻，因此需要综合评估管道入洞方案。

在实际施工中，需要根据穿越的具体情况考虑工程是否需要采取浮力控制措施。特别是对于大管径的水平定向钻穿越，为了保证回拖成功率，一般需要采取降浮措施。对于穿越管径在 1016mm 以下的管道，根据经验通常无须降浮。在岩石地层，为了保护管道防腐层，可适当采取降浮措施，以减轻管道与孔壁间的摩擦；穿越管径为 1219mm 及以上的管道则必须采取降浮措施，以消除未平衡浮力产生的附加回拖阻力，从而降低管道回拖的风险。

3.4.5　管道多接一回拖

若水平定向钻穿越出土侧预制场地的长度不足，而孔洞相对稳定，可采用多接一的回拖方式，但在回拖过程中需要停顿进行管道焊接、NDT 或 AUT 检测、防腐等工作。管道多接一回拖的形式主要有两种，一种是长管段多接一回拖，另一种是短管段多接一回拖。

长管段多接一回拖是指出土侧有一定长度的管道作业带，是施工中常遇到的多接一回拖方式，如图 3.33 所示，每段预制管段按出土角入洞后，能按 $1200D \sim 1500D$ 的曲率半径向下敷设使管尾留在地面并具有一定长度的水平段，可在水平段实施管段连头焊接、NDT 或 AUT 检测，以及防腐补口等工作。

短管段多接一回拖是指出土侧管道预制作业带的长度严重不足，如图 3.34 所示，每段预制管段按出土角入洞后，管尾无法敷设至地面或满足水平连头的高度。该方式适用于地层稳定的穿越施工，不推荐用于易发生塌孔、缩孔等问题的地层。

短管段多接一回拖中，根据场地情况和吊装的安全、便捷性确定每段长度，回拖时将第一段管道吊至出土侧回拖支架上，由入土侧钻机牵引回拖，回拖至出土侧后方的连头焊接位置后停止回拖，将第二段管道吊至出土侧回拖支架上与第一段管道进行组对、焊接、NDT 或 AUT 检测、防腐补口，检测合格后继续回拖，依次重复以上步骤直至回拖完成。

第 3 章　水平定向钻穿越施工工艺

图 3.33　长管段多接一回拖现场图

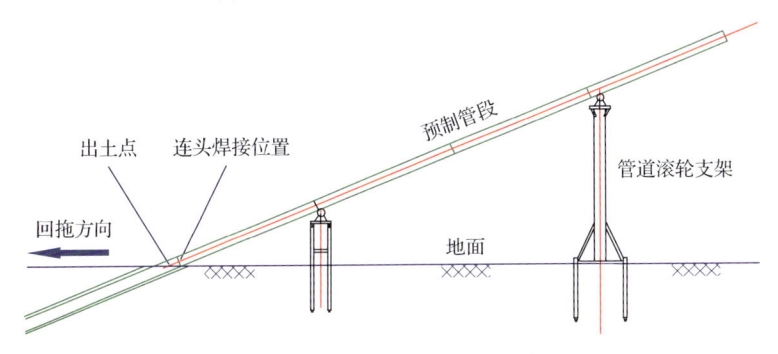

图 3.34　短管段多接一回拖示意图

短管段多接一回拖作为多接一回拖的一种特殊形式，还可解决单端场地极度受限，没有足够摆放钻机等回拖设备的情况，如图 3.35 和图 3.36 所示。这时，可在一侧焊接预制管段，并在同一侧进行管道推进工作，最终将管道全部敷设到洞内。

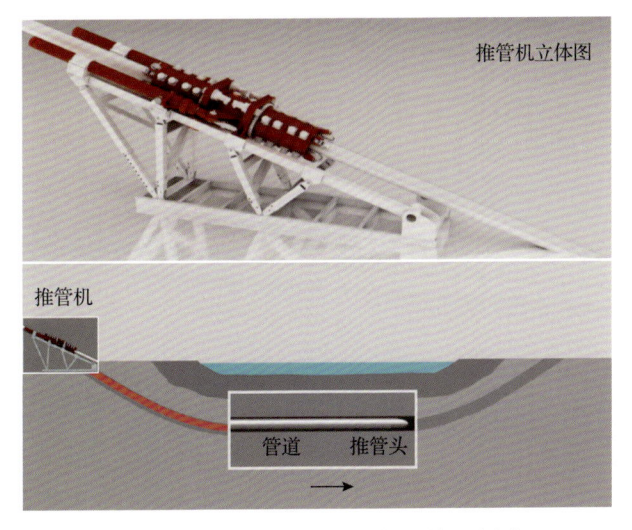

图 3.35　短管段多接一推管安装示意图

图 3.36　短管段多接一推管安装示意图

短管段多接一回拖的成功应用解决了很多因管道预制作业带长度严重不足而导致无法实施水平定向钻施工的问题,从而扩大了水平定向钻施工的应用领域。

参 考 文 献

[1] 续理. 非开挖管道定向穿越施工指南. 北京: 石油工业出版社, 2009.
[2] 胡远彪, 王贵和, 马孝春. 非开挖施工技术. 北京: 中国建筑工业出版社, 2014.
[3] 舒彪, 马保松, 孙平贺. 岩石水平定向钻工程. 长沙: 中南大学出版社, 2021.
[4] 马保松. 非开挖工程学. 北京: 人民交通出版社. 2008.
[5] 贾伟波, 王勇光, 刘敏强. 大管径水平定向钻穿越的浮力控制. 建筑机械化, 2008, (10): 65-67.

第 4 章　水平定向钻穿越施工设备及钻具

长输油气管道定向钻穿越施工的主要施工设备包括水平定向钻机(以下简称钻机)、控向系统、泥浆设备及推管机、夯管锤等其他辅助设备。主要施工钻具包括钻杆、无磁钻铤、泥浆马达(螺杆钻具)、钻头、扩孔器及其他辅助工具等。

4.1　水平定向钻机

钻机是水平定向钻穿越施工中钻孔、扩孔、管道回拖等工序的主体设备，集机械、液压、自动控制于一体，具有人性化、人机安全、节能环保等特点。在施工过程中，钻机的主要功能是在钻(扩)孔时为钻头(扩孔器)提供推拉和旋转的动力，在管道回拖时提供回拖力。因此，推拉力和回转扭矩是评判一台钻机性能的主要参数。本节重点介绍钻机的分类、典型钻机的组成、钻机参数等内容。

4.1.1　钻机的分类

目前，水平定向钻机可以按结构、动力方式、扭矩等级等多种标准划分类型。

常见的小型钻机多以履带形式出现，具有体积小、重量轻、方便运输、场地内移动便捷等优点，但也局限于其扭矩小、无法长距离施工等缺点，所以常用于市区内的管网系统施工。

在施工环境恶劣、人烟相对稀少、大型管道工程施工条件下，宜选用拖车式或履带式钻机，且以柴油发动机作为动力的液压系统，此时可为钻机提供较大的输出功率，大扭矩和大推拉力适合长距离水平定向钻穿越、大口径管道施工作业。目前此类钻机的应用最为广泛，性能良好，技术成熟，但液压系统的制造维修成本较高。对于噪声和环保要求较严格的施工场所，宜选用电动动力系统钻机。

当场地空间受限时，也可选用模块式钻机。电动模块式钻机优于柴油发动机液压动力系统的钻机，其制造维修成本低，运行可靠，环保等级高，同时也能提供较大的功率、扭矩、推拉力，自动化程度较高，此类钻机或将成为未来市场的主力机型。

1. 按结构形式分类

钻机按照结构形式可以分为拖车式、履带式、模块式，即钻机底盘分别为轮式拖车底盘、履带式底盘、模块组合安装式底座。

1) 拖车式钻机

拖车式钻机的优点是借助汽车牵引即可在道路上行驶，进场、转场运输比较方便，无须借助其他运输设备;缺点是进场时对道路条件的要求较高,需保证进场道路的路面具有一定的承载力和宽度,如图 4.1 所示。

图 4.1 拖车式钻机

2) 履带式钻机

履带式钻机的优点是对施工现场的适应力强,对进场道路的要求不高。尤其是对于承载力低、地下水位高的水网地区进场、转场的优势明显;缺点是不便在公路上通行,需借助拖车运输,如图 4.2 所示。

图 4.2 履带式钻机

3) 模块式钻机

模块式钻机的优点是可适应各类特殊施工场地,如在狭小的施工场地可将钻机各模块分别吊装就位进行组装,这在很大程度上解决了水平定向钻施工受限于施工场地的问题;缺点是模块式钻机进出场的现场安装、拆卸时间相对较长,如图 4.3 所示。

2. 按动力类型分类

钻机按照动力类型可划分为柴油机驱动的液压式钻机、电机驱动的液压式钻机、电机直驱式钻机(纯电动钻机)。

1) 柴油机驱动的液压式钻机

柴油机驱动的液压式钻机的动力源为柴油机,钻机的动力传动依靠液压实现,运行可靠、操作便捷,但在维修方面需要专业的技术人员。该类型钻机的噪声较大,发生故障时易造成环境污染。

图4.3 模块式钻机

2)电机驱动的液压式钻机

电机驱动的液压式钻机的动力源为电机,动力传动方式与柴油机驱动的液压式钻机相同,该结构是在柴油机驱动的液压式钻机结构的基础上将柴油机替换为电机,具有噪声小、节能环保、故障率低等优点。但需要额外用发电机或市电来提供电力。

3)电机直驱式钻机

电机直驱式钻机是电机直接驱动的结构形式,该结构直接将电机安装在钻机推拉和回转的驱动机体上,免去了中间液压传动回路,结构简单,控制灵活,可实现钻机行走的高低速控制,而且噪声小,维护量小,几乎零污染,制造成本低,控制运行比较方便,但也需要大功率发电机或市电提供动力。此类型钻机凭借众多优点或将成为未来水平定向钻穿越领域一颗耀眼的新星。

4.1.2 钻机的组成(以模块式钻机为例)

常规钻机的组成主要包括底座、支承梁、驱动系统、液压钳组、动力系统、控制系统六个部分组成,如图4.4所示。

1. 底座

钻机底座分为履带式、拖车式和组合安装式,施工前需将底座通过基础装置固定在地面上,其固定强度直接影响钻机的推拉力和工作的稳定性。底座上设有角度调节油缸和支架,调整支承梁的角度以符合穿越施工的要求(图 4.5)。

图 4.4　钻机的组成

图 4.5　底座

2. 支承梁

钻机支承梁相当于钻机的机体,回转行走动力箱、液压钳组、钻机的泥浆管路及相关系统都安装在支承梁上,支承梁两侧设有滑道和齿条,为驱动系统提供行走滑道。支承梁与底座固定连接,常见的钻机支承梁结构示意图如图 4.6 所示。

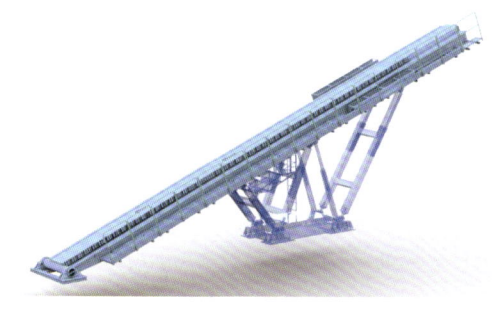

图 4.6　支承梁结构示意图

3. 驱动系统

驱动系统的主要功能是为钻杆提供推拉力、扭矩，并为高压泥浆提供通道，驱动系统主要包括驱动座机体、主轴、行走机构、旋转机构、泥浆管路等(图 4.7)。

(a) 液压式 　　　　　　　　　　　　(b) 电机直驱式

图 4.7　驱动系统

柴油机驱动和电机驱动的液压式钻机均由回转液压马达经行星减速器减速后带动主轴旋转，行走液压马达经行星减速器减速后通过齿轮齿条传动实现驱动装置的直线往复运动，通过对液压系统的压力和流量控制可以产生不同的推拉力、扭矩和速度。

电机直驱式钻机则用电机代替了液压马达，通过变频调速实现电机转速的调节，利用电磁离合器实现高低速切换功能。

4. 液压钳组

液压钳组是水平定向钻机的重要组成部分，位于钻机支承梁的前部，由活动钳、固定钳组成，常用的液压钳组结构示意图如图 4.8 所示。钻机液压钳组的主要功能是对钻杆接头部位施加扭矩以辅助钻杆上扣和卸扣，活动钳、固定钳都可由夹紧油缸径向推动卡瓦来夹持钻杆，且活动钳可在上卸扣油缸的作用下与固定钳发生相对旋转，前后配合钻杆拆卸。同时，液压钳组也可控制钻杆上卸扣的扭矩大小、预紧等。

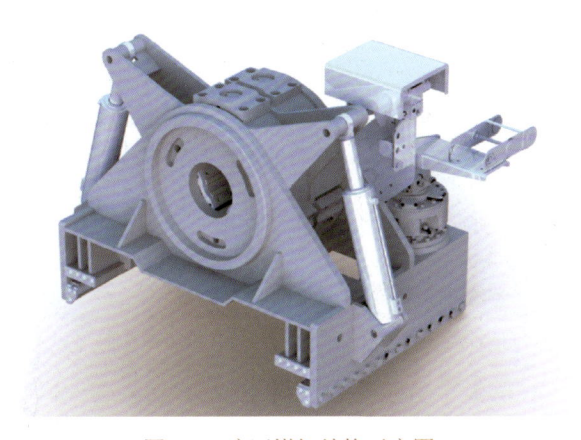

图 4.8　液压钳组结构示意图

5. 动力系统

钻机动力系统主要分为柴油机驱动液压式、电机驱动液压式、电机直驱式三种形式。

柴油机驱动液压式和电机驱动液压式均直接与液压泵相连,通过液压系统分别控制多个行走液压马达和旋转液压马达实现驱动系统的行走和旋转。二者的区别在于原动机不同,分别为柴油机和电机。

电机直驱式是直接将电机安装在钻机驱动机体上,免去了柴油发动机、电机动力源、液压泵、液压马达和液压传动系统等中间环节,结构简单,控制灵活,并且有非常宽的调节范围(图4.9)。

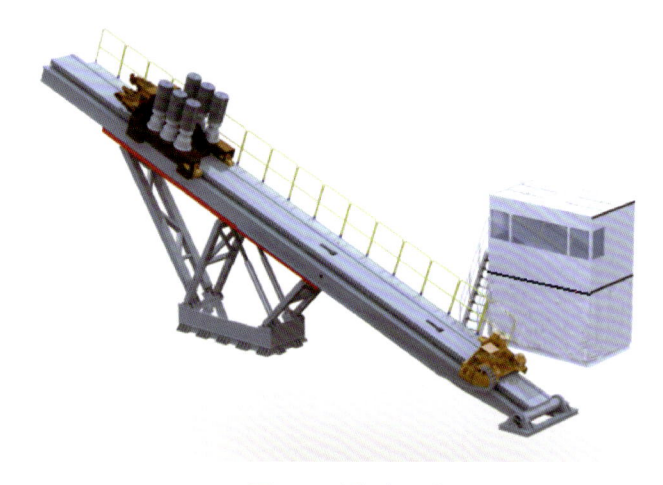

图4.9 电机直驱式

6. 控制系统

控制系统主要由控制室、控制台(图4.10)、伺服机构、控制电路、传感器等组成,操作者可通过控制系统对钻机动力系统、驱动系统、液压钳组进行控制。

(a) 座椅式钻机控制台　　　　　(b) 桌式钻机控制台

图4.10 大型钻机控制室操作台

中小型定向钻机的控制系统一般与钻机集成于一体,以便于运输,操作比较集中,工作强度较大，舒适性较差。大型定向钻机的控制系统一般设置独立的控制室，操作空间较大，舒适性较好，操作人员不易疲劳，操作安全性高。

司钻操作控制台的手柄和按键通过传感器控制钻机动力系统实现对钻机的操控，随着钻机的不断升级，钻机控制也越来越智能化，代替了繁杂的就地人工操作，提高了系统的可靠性。

4.1.3 钻机性能参数

随着水平定向钻穿越施工市场的不断发展，钻机的回拖力需求已经从最初的几十吨发展到上千吨。据了解，市场上最大的钻机回拖力可达2000t。从工程规模、管道许用拉力等方面对钻机回拖力的需求来看，2000t的回拖力暂时还无法在工程施工中充分发挥作用，但足以体现出钻机制造水平的发展。以HY系列钻机为例，钻机的主要参数表见表4.1，国内其他厂家主流机型的参数大致相同。

表4.1 HY系列水平定向钻机的主要参数列表

型号	回拖力/t	扭矩/(10^4N·m)	推拉速度/(m/min)	回转速度/(r/m)	适用钻杆直径/mm	工作角度/(°)	发动机功率/kW	型式
HY-1300	142	5.8	0~27	0~39	127~168	8~18	280	轮式拖车
HY-2000	210	7.5	0~33	0~56	127~168	8~18	370	轮式拖车
HY-3000	320	10.96	0~23	0~37	127~216	8~18	560	轮式拖车
HY-4000	400	13.7	0~21	0~35	127~216	8~18	550	轮式拖车
HY-6000	600	15	0~35	0~57	140~216	8~20	550×2	轮式拖车
HY-6000ZH	600	36.7	0~35	0~57	140~254	8~20	315×4	组合式
HY-9800	1000	24	0~33	0~35	140~254	8~20	550×2	轮式拖车

4.2 导向系统

导向系统是水平定向钻施工的重要组成部分，其作用是通过传感器检测钻头在地下的姿态和方位，并将其传输到地面的计算机系统，操作人员根据测得的参数调整穿越轨迹，并按照预定轨迹完成导向孔施工，导向系统可以实现对钻头的定位、穿越轨迹的计算、穿越曲线的分析和控制、导向数据的存储等。

水平定向钻导向系统一般分为有线导向系统和无线导向系统。无线导向系统一般跟踪钻头定位，可充分体现其使用便捷、灵活等特点，适用于穿越深度较浅的城市电缆、光缆、燃气管道、输水管道等较小管径的水平定向钻穿越施工。而有线导向系统一般应用于穿越深度较大、距离较长、管道直径较大的水平定向钻施工，具有技术成熟、稳定、精度高等特点[1]，也是长输油气管道穿越施工中常用的导向系统。

4.2.1 导向系统的原理

1. 导向参数的定义

导向系统中的探测器在由地下反馈到控制终端的参数主要有倾角、方位角、工具角数据,控向应用程序根据探测器反馈的参数和钻杆长度计算穿越距离、深度、左右偏离量等并显示参数,指导司钻进行下一步钻进操作。

1) 倾角 θ

倾角指的是探测器的倾斜程度,由于水平定向钻技术是借鉴石油钻井技术发展而来的,所以水平定向钻倾角的含义仍需参照石油钻井中的定义,即探测器与竖直方向的夹角。探测器头部指向正下时倾角为 0°,探测器头部指向正上时倾角为 180°,探测器头部水平时倾角为 90°。探测器头部在竖直向下到竖直向上的变化过程中,倾角从 0°变化到 180°,倾角示意图见图 4.11 和图 4.12。

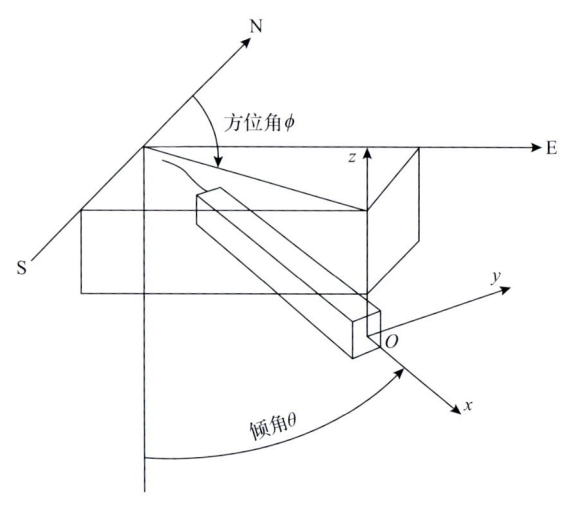

图 4.11 探测器的右手坐标系

2) 工具角 α

工具角指的是探测器绕自身轴线旋转过的角度,探测器绕轴线顺时针(自探测器尾向探测器头看)旋转一周,工具角的变化范围是 0°~360°,工具角平面图和示意图见图 4.13 和图 4.14。

3) 方位角 ϕ

方位角指的是探测器头部的水平朝向,是探测器在水平面上的投影与地磁北极之间的夹角。对于大多数导向系统,当探测器头部指向正北时,方位角为 0°;当探测器头部指向正南时,方位角为 180°;当探测器头部指向正东时,方位角为 90°;当探测器头部指向正西时,方位角为 270°。观察者俯视探测器时(探测器头部指向正北),探测器顺时针旋转,由此确定的方位角自 0°~360°变化,方位角示意图见图 4.15。

图 4.12　倾角示意图

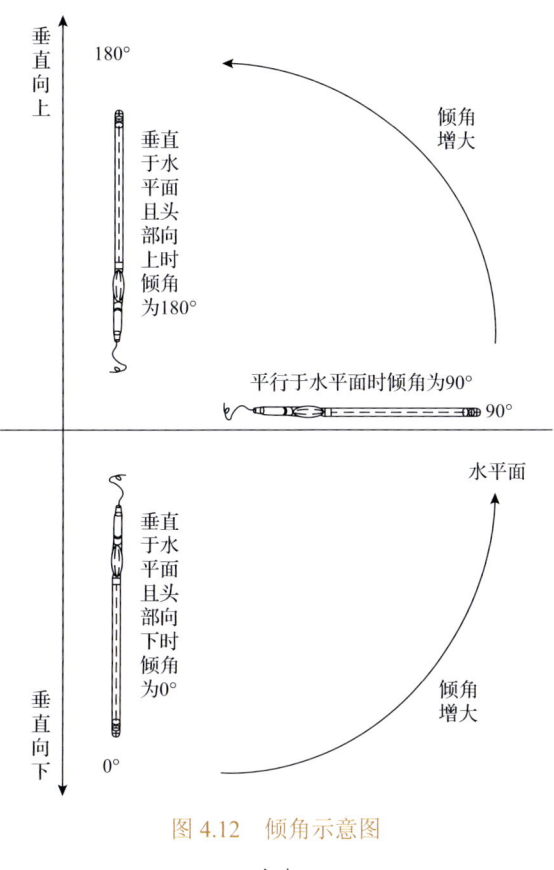

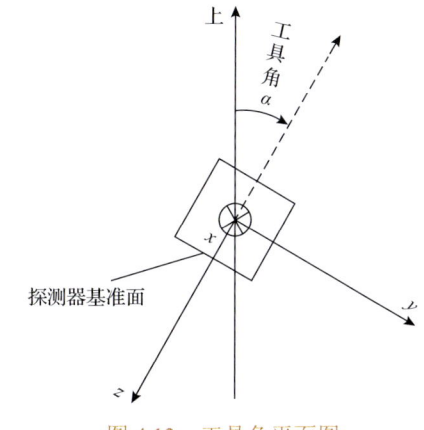

图 4.13　工具角平面图

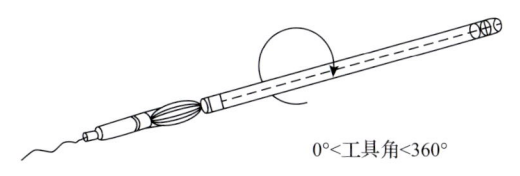

0°<工具角<360°

图 4.14　工具角示意图

方位角：0°或360°　　　　　　方位角：90°

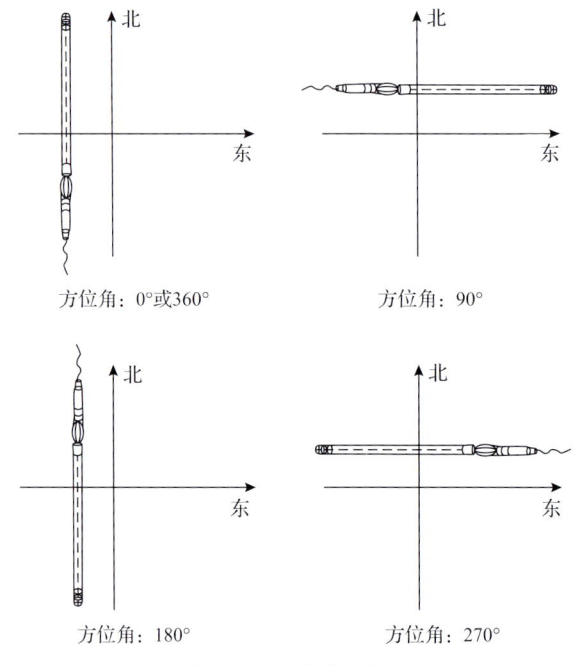

方位角：180°　　　　　　方位角：270°

图 4.15　方位角示意图

2. 控向参数的测量及原理

控向参数的测量由探测器内的磁场传感器和加速度传感器完成，加速度传感器通过测量地球的重力场获得探测器的倾角和工具角，磁场传感器主要通过测量地球磁场再结合重力场计算出探测器的方位角。

探测器由三个加速度传感器 G_x、G_y、G_z 和三个磁感应传感器 H_x、H_y、H_z 组成。以探测器导向管轴线方向为 x 轴，以世界坐标系（右手系）为参考坐标系，探测器导向系统的坐标如图 4.16 所示，世界地理坐标系与探测器导向系统坐标的关系示意图如图 4.17 所示。

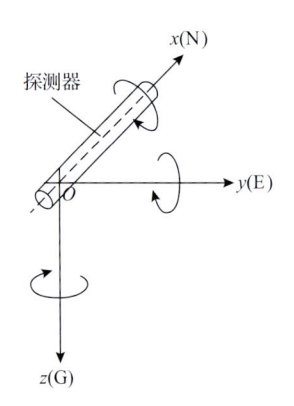

图 4.16　探测器导向系统坐标

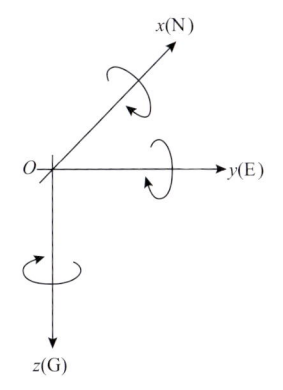

图 4.17 世界地理坐标系与探测器导向系统坐标关系示意图(N-北、E-东、G-重力场方向)

地理坐标系下，各方向的重力加速度有如下关系式：

$$G_x = 0, \ G_y = 0, \ G_z = G_0$$

磁力线从磁南极到磁北极，所以，x 轴以此为基准，各方向的磁感应强度 H 有

$$H_N = H_x, \ H_E = H_y = 0, \ H_G = H_z$$

将坐标系绕 x、y、z 轴进行三次旋转，如图 4.18～图 4.20 所示，旋转角度分别为 α、θ、ϕ，对应的变换矩阵分别为 $\boldsymbol{R}_x$、$\boldsymbol{R}_y$、$\boldsymbol{R}_z$。

注：关于欧拉角的推导一般采用两种方式：内旋和外旋。内旋探测器以自身三个轴旋转，顺序为 $z \to y \to x$，采用右旋方式；外旋以参照系三轴进行旋转，顺序为 $x \to y \to z$，采用左旋方式。本次推导根据地理坐标参照系的特点，采用外旋方式。

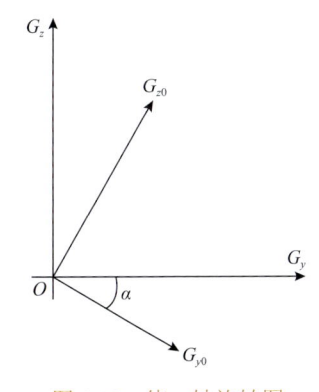

图 4.18 绕 x 轴旋转图

$G_x = 1$，绕 x 轴左旋，由图 4.18 可得

$$G_y = G_{y0} \cos\alpha + G_{z0} \sin\alpha \tag{4.1}$$

$$G_z = -G_{y0} \sin\alpha + G_{z0} \cos\alpha \tag{4.2}$$

$G_y = 1$，绕 y 轴左旋，由图 4.19 可得

$$G_x = G_{x0}\cos\theta - G_{z0}\sin\theta \tag{4.3}$$

$$G_z = G_{x0}\sin\theta + G_{z0}\cos\theta \tag{4.4}$$

$G_z = 1$，绕 z 轴左旋，由图 4.20 可得

$$G_x = G_{x0}\cos\phi + G_{y0}\sin\phi \tag{4.5}$$

$$G_y = -G_{x0}\sin\phi + G_{y0}\cos\phi \tag{4.6}$$

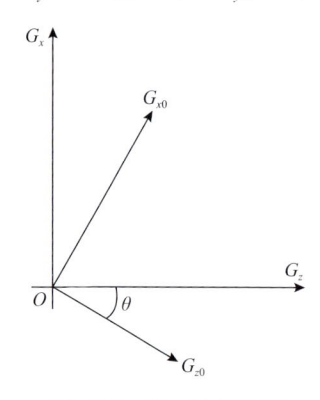

图 4.19　绕 y 轴旋转图

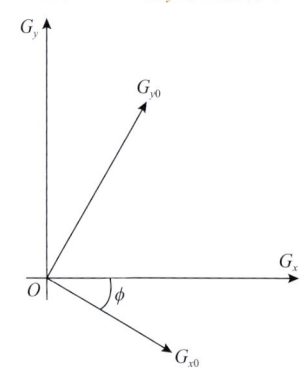

图 4.20　绕 z 轴旋转图

三个变换矩阵为

$$\boldsymbol{R}_x = \begin{bmatrix} 1 & 0 & 0 \\ 0 & \cos\alpha & \sin\alpha \\ 0 & -\sin\alpha & \cos\alpha \end{bmatrix}$$

$$\boldsymbol{R}_y = \begin{bmatrix} \cos\theta & 0 & -\sin\theta \\ 0 & 1 & 0 \\ \sin\theta & 0 & \cos\theta \end{bmatrix}$$

$$\boldsymbol{R}_z = \begin{bmatrix} \cos\phi & \sin\phi & 0 \\ -\sin\phi & \cos\phi & 0 \\ 0 & 0 & 1 \end{bmatrix}$$

注：为了便于求解探测器与地理坐标系的欧拉角度，利用探测器测得参数和地球重力场与磁场的特点、求解探测器的滚动角度(工具角)、探测器的倾斜角度(倾角)和探测器的方向角度(方位角)均以磁北极为基准。

则变换矩阵 $\boldsymbol{R}$ 为

$$\boldsymbol{R} = \boldsymbol{R}_x \boldsymbol{R}_y \boldsymbol{R}_z = \begin{bmatrix} 1 & 0 & 0 \\ 0 & \cos\alpha & \sin\alpha \\ 0 & -\sin\alpha & \cos\alpha \end{bmatrix} \begin{bmatrix} \cos\theta & 0 & -\sin\theta \\ 0 & 1 & 0 \\ \sin\theta & 0 & \cos\theta \end{bmatrix} \begin{bmatrix} \cos\phi & \sin\phi & 0 \\ -\sin\phi & \cos\phi & 0 \\ 0 & 0 & 1 \end{bmatrix}$$

即

$$\boldsymbol{R} = \begin{bmatrix} \cos\theta\cos\phi & \cos\theta\sin\phi & -\sin\theta \\ \sin\alpha\sin\theta\cos\phi - \cos\alpha\sin\phi & \sin\alpha\sin\theta\sin\phi + \cos\alpha\cos\phi & \sin\alpha\cos\theta \\ \cos\alpha\sin\theta\cos\phi + \sin\alpha\sin\phi & \cos\alpha\sin\theta\sin\phi - \sin\alpha\cos\phi & \cos\alpha\cos\theta \end{bmatrix}$$

则有

$$\begin{bmatrix} G_x \\ G_y \\ G_z \end{bmatrix} = \begin{bmatrix} \cos\theta\cos\phi & \cos\theta\sin\phi & -\sin\theta \\ \sin\alpha\sin\theta\cos\phi - \cos\alpha\sin\phi & \sin\alpha\sin\theta\sin\phi + \cos\alpha\cos\phi & \sin\alpha\cos\theta \\ \cos\alpha\sin\theta\cos\phi + \sin\alpha\sin\phi & \cos\alpha\sin\theta\sin\phi - \sin\alpha\cos\phi & \cos\alpha\cos\theta \end{bmatrix} \begin{bmatrix} G_{x0} \\ G_{y0} \\ G_{z0} \end{bmatrix}$$

由于 $G_{x0} = G_{y0} = 0$, $G_{z0} = G_0$，则

$$\begin{bmatrix} G_x \\ G_y \\ G_z \end{bmatrix} = \begin{bmatrix} \cos\theta\cos\phi & \cos\theta\sin\phi & -\sin\theta \\ \sin\alpha\sin\theta\cos\phi - \cos\alpha\sin\phi & \sin\alpha\sin\theta\sin\phi + \cos\alpha\cos\phi & \sin\alpha\cos\theta \\ \cos\alpha\sin\theta\cos\phi + \sin\alpha\sin\phi & \cos\alpha\sin\theta\sin\phi - \sin\alpha\cos\phi & \cos\alpha\cos\theta \end{bmatrix} \begin{bmatrix} 0 \\ 0 \\ G_0 \end{bmatrix}$$

即

$$\begin{bmatrix} G_x \\ G_y \\ G_z \end{bmatrix} = \begin{bmatrix} -\sin\theta \\ \sin\alpha\cos\theta \\ \cos\alpha\cos\theta \end{bmatrix} G_0$$

可得

$$\tan\alpha = \frac{G_y}{G_z} \tag{4.7}$$

$$\sin\theta = -\frac{G_x}{G_0} \tag{4.8}$$

由于 $G_y^2 + G_z^2 = G_0^2 \cos^2\theta$，即 $\sqrt{G_y^2 + G_z^2} = G_0 \cos\theta$，可得

$$\cos\theta = \frac{\sqrt{G_y^2 + G_z^2}}{G_0} \tag{4.9}$$

$$\tan\theta = \frac{-G_x}{\sqrt{G_y^2 + G_z^2}} \tag{4.10}$$

$$\sin\alpha = \frac{G_y}{\sqrt{G_y^2 + G_z^2}} \tag{4.11}$$

$$\cos\alpha = \frac{G_z}{\sqrt{G_y^2 + G_z^2}} \tag{4.12}$$

同理，有

$$\begin{bmatrix} H_x \\ H_y \\ H_z \end{bmatrix} = \begin{bmatrix} \cos\theta\cos\phi & \cos\theta\sin\phi & -\sin\theta \\ \sin\alpha\sin\theta\cos\phi - \cos\alpha\sin\phi & \sin\alpha\sin\theta\sin\phi + \cos\alpha\cos\phi & \sin\alpha\cos\theta \\ \cos\alpha\sin\theta\cos\phi + \sin\alpha\sin\phi & \cos\alpha\sin\theta\sin\phi - \sin\alpha\cos\phi & \cos\alpha\cos\theta \end{bmatrix} \begin{bmatrix} H_{x0} \\ 0 \\ H_{z0} \end{bmatrix}$$

可得

$$H_x = \cos\theta\cos\phi H_{x0} - \sin\theta H_{z0} \tag{4.13}$$

$$H_y = (\sin\alpha\sin\theta\cos\phi - \cos\alpha\sin\phi)H_{x0} + \sin\alpha\cos\theta H_{z0} \tag{4.14}$$

$$H_z = (\cos\alpha\sin\theta\cos\phi + \sin\alpha\sin\phi)H_{x0} + \cos\alpha\cos\theta H_{z0} \tag{4.15}$$

经计算，有

$$H_{x0} = \frac{H_z \sin\alpha - H_y \cos\alpha}{\sin\phi} \tag{4.16}$$

$$H_{z0} = \frac{\cos\theta\cot\phi(H_z\sin\alpha - H_y\cos\alpha) - H_x}{\sin\theta} \tag{4.17}$$

解得

$$\tan\phi = \frac{G_0(H_z G_y - H_y G_z)}{H_x(G_y^2 + G_z^2) - G_x(H_y G_y + H_z G_z)} \tag{4.18}$$

得出

$$\phi = \arctan\left[\frac{G_0(H_z G_y - H_y G_z)}{H_x(G_y^2 + G_z^2) - G_x(H_y G_y + H_z G_z)}\right] \tag{4.19}$$

地磁倾角 ψ 的计算如下：

$$\tan\psi = \frac{H_{z0}}{H_{x0}} \tag{4.20}$$

由式(4.16)和式(4.17)经化简得出：

$$\tan\psi = \sqrt{\frac{(H_xG_x + H_yG_y + H_zG_z)^2(G_y^2 + G_z^2)}{[H_x(G_y^2 + G_z^2) - G_x(H_yG_y + H_zG_z)]^2 + G_0^2(H_yG_z - H_zG_y)^2}} \tag{4.21}$$

4.2.2 导向系统的组成

导向系统主要由探测器、控制终端、应用程序三部分组成，探测器与控制终端通过有线连接，计算机与控制终端连接，如图4.21所示。

控制终端

图4.21 导向系统组成示意图

1. 探测器

导向系统的探测器包括探棒、定位头、扶正架三部分，如图4.22所示。

探棒部分是探测器的核心，探棒通过内部传感器获取其所在位置的地球磁场信息和重力场信息，对信息进行处理并计算后，将探测器的姿态与位置参数传输给控制终端。

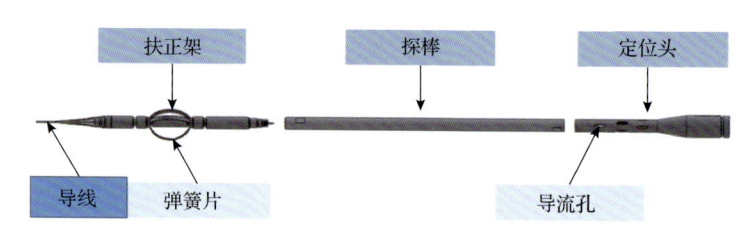

图 4.22 探测器组成示意图

定位头与探棒前端连接，再通过顶丝固定在无磁短节中，它的主要作用是固定探棒，避免探棒与钻铤产生相对运动而影响探测精度。为保证泥浆的输送，定位头上设有导流孔，泥浆可通过导流孔输送到泥浆马达或钻头。

扶正架前端与探棒后端相连，导线连接于扶正架后端，通过扶正架内部连通探棒，完成电流和信号的传输。为了保证探棒与钻铤同轴心，扶正架上设有扶正弹簧片，弹簧片不仅起到扶正的作用，还可起到减震的作用，从而降低探测器的故障率，延长探棒的使用寿命。

2. 控制终端

控制终端是导向系统的中心控制装置，控制探测器电源的开关，接收来自探测器的数据后处理并发送给计算机。控制终端显示屏可显示探测器状态信息（工具角、方位角、倾角、工作电流等）和数据连接状态。

以 HYMGS 导向系统为例，控制终端由主机体、显示屏、电源接口、电源适配器、探测器电源开关、传输端口、支架、磁力底座组成（图 4.23）。

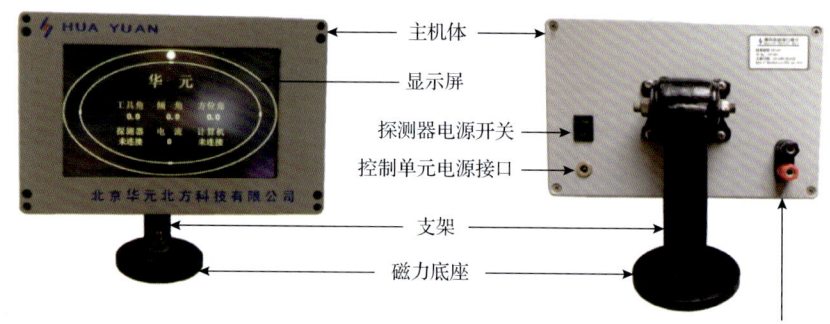

图 4.23 控制终端

3. 应用程序

导向系统应用程序安装在控向计算机内，控向工程师通过控向程序对控制终端接收的数据做进一步处理，指导司钻进行钻进作业。

导向应用程序一般具有数据存储、查看、计算、修改、导出等功能，通过数据线或 WIFI 连接控制终端，将从控制终端获取的数据（距离、深度、左右偏离量、倾角、方位

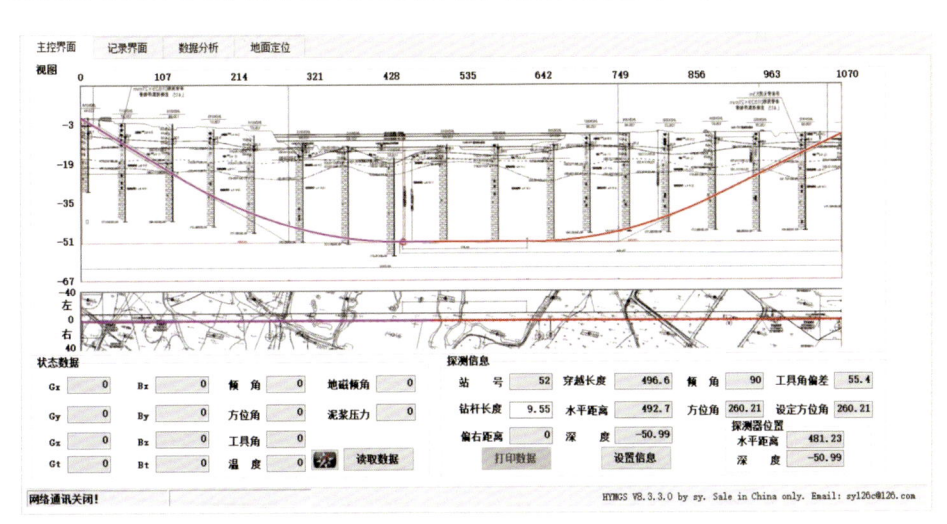

角、工具角等具体参数)显示出来并呈现出实时的穿越模拟曲线(图 4.24)。

图 4.24　控向应用程序界面

4.2.3　磁场辅助定位装置

磁场辅助定位技术(图 4.25)常用于长距离水平定向钻施工中,配合导向系统对钻头位置进行校核测量,以确保穿越曲线的精度。

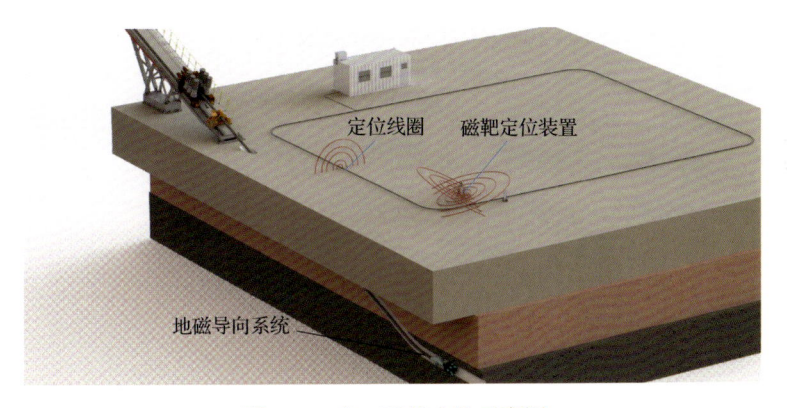

图 4.25　人工磁场定位示意图

穿越施工中,导向系统依靠磁场测定钻头方位,但地磁场易受穿越附近的磁性物质(如高压线、已建管道等)的干扰,进而使导向系统测定的方位角出现偏差。针对这一问题通常采用的有效控制方法是在穿越中心线上方布设人工磁场,导向系统可根据人工磁场对钻头方位和深度进行标定,从而实现对钻头的精准定位,保证穿越精度。

磁场辅助定位装置的常用形式有直流线圈(图 4.26)和交流磁靶(图 4.27)两种,直流线圈可根据布置位置的地形情况采用方形线圈、矩形线圈或圆形线圈。HY 系列导向辅助定位线圈规格见表 4.2。

图 4.26　直流线圈人工磁场定位现场

图 4.27　交流磁靶人工磁场定位现场

表 4.2　辅助定位线圈与测量深度表

辅助定位深度/m	线径/mm²	线框长度/m	线框宽度/m	匝数	用线总长及质量
50	2.5	1.5	1	30	导线总长 150m，质量 3kg
60	4	3	2	15	导线总长 150m，质量 4.5kg
80	6	3	2	20	导线总长 200m，质量 12kg

4.2.4　钻头对接导向系统

对接系统是水平定向钻穿越采用对穿工艺施工时引导两端钻头的穿越轨迹在指定位置平滑对接的系统。在穿越距离较长、穿越两端有金属套管或地质条件不适合单穿的定向钻穿越工程中，使用对接系统对穿导向孔可满足工程施工的要求。

对接系统的探测装置由信号发射装置和信号接收装置两部分组成，分别安装在入土侧和出土侧对穿钻头的后方，施工时可根据现场施工情况决定信号发射和接收装置安装在哪一侧。两侧钻头到达预定对接位置时实施对接工序，信号发射端发出磁信号，信号接收端接收磁感应信号并计算其相对位置，然后根据相对位置调整钻进方向，从而实现钻头对接。常用的对接系统有两种，分别是旋转磁铁对接系统和探测器发射磁信号对接系统。

旋转磁铁对接系统是在钻头后方交叉安装旋转磁铁，利用磁信号引导对面的导向探测器进行钻进。为了使用旋转磁铁，需要在钻完部分导向孔后将钻头从洞内拔出，更换为旋转磁铁对接系统进行对接。而探测器发射磁信号对接系统集成在导向系统内，磁场线圈不通电时不产生磁场信号，对导向钻进探测器没有影响，可作为导向探测器使用；需要对接时可通过地面指令切换到对接工作模式，磁场线圈通电并发射磁场对接信号，进行导向对接工作。对接系统的操作界面见图4.28。

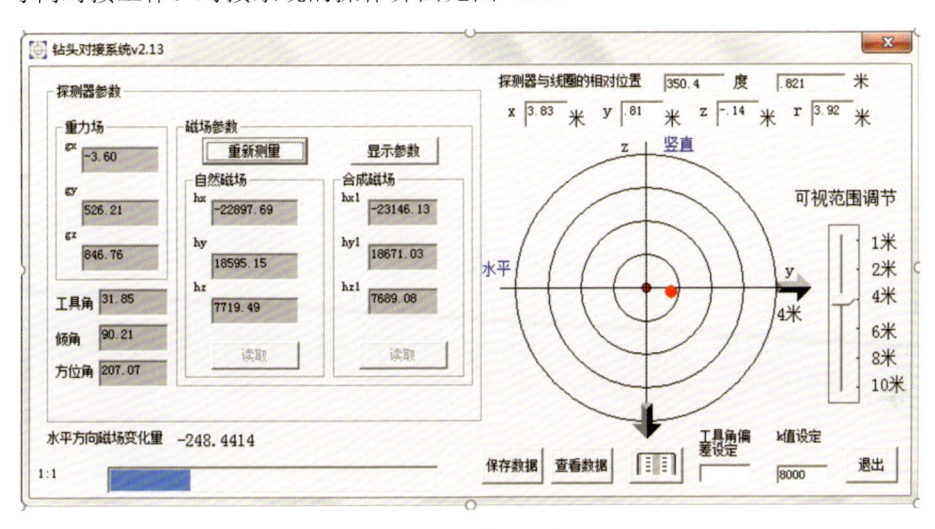

图 4.28　对接系统操作界面

4.2.5　水平定向钻无线导向系统简介

在进行深度大、距离长、施工条件复杂的定向钻施工中，现阶段采用较多的都是以有线导向设备进行施工(对于陆上定向钻穿越深度较浅且便于测量的，无线导向系统更为便捷)，无线传输地磁导向系统采用无线电磁传输方式与地面进行通信，并将地磁导向仪利用地球重力场和地磁场测量并计算的钻孔轨迹数据传送到地面。系统采用地面人工磁场引导钻进方向即可方便地定位安装在地下钻具内的地磁导向仪的位置和深度。系统采用电池供电方式，专用电池工作时间长，施工操作简便，同时也极大地提高了施工时效。

目前，主流的水平定向钻进定位无线导向方法是行走跟踪式无线定位方法。行走跟踪式定位系统是目前水平定向钻进领域应用最广泛的定位系统，一般由4部分组成：随钻测量探管、地下磁偶极子发射天线、手持式地面跟踪仪、远程同步监视器，图4.29是典型的行走跟踪式定位系统的工作示意图。随钻测量探管和地下磁偶极子发射天线安装在钻具中，将探管测量的钻具姿态等信息调制到甚低频磁偶极子发射天线上，并以电磁波的方式发射到地面接收仪。手持式地面跟踪仪除了接收随钻测量数据，还可以根据磁偶极子发射的电磁波信号强度和方向信息对钻头进行定深，最终得到钻头的具体位置，同时将这些信息以高频无线通信的方式发送到远程同步监视器，为操作人员提供具体参数以对钻进进行调整[2]。

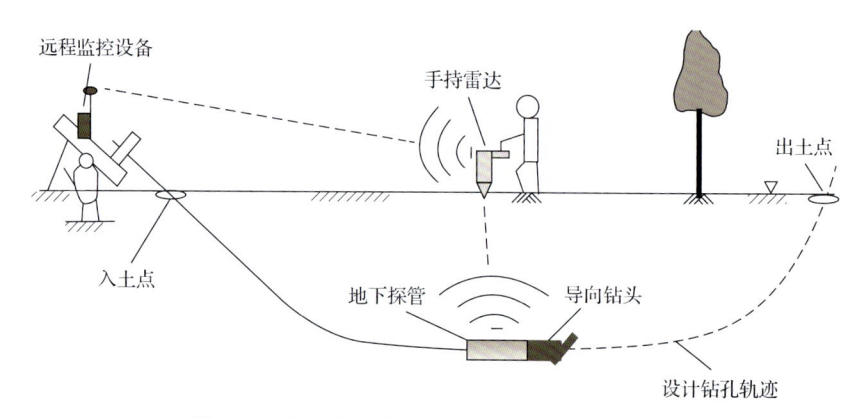

图 4.29　典型的行走跟踪式定位系统工作示意图

目前，国外水平定向钻进导向系统的生产商都在不断提高导向仪的精度并丰富其功能。无线导向仪均采用双频段甚至三频段的工作方式，以期提高系统的抗噪能力，导向系统除了可以显示钻进的姿态和钻具位置，还可以实时显示钻进的状态，包括钻具转角、电池状态和温度等信息，并具有钻进记录的功能。表 4.3 是国外水平定向钻进无线导向仪的性能和参数[2]。

表 4.3　国外水平定向钻进无线导向仪的性能和参数

制造商	产品型号	定位深度/m	精度/%	显示参数				重量/lb
				面向角	顶角	电池状态	温度	
Radiodetection	iTrack	35	±5	12 等分	有	有	有	8
Ditch Witch	Subsite750T	30	±3	12 等分	有	有	有	7.7
DCI	Eclipse	15	±2	12 等分	有	有	有	8
UTILX	Flow Cator	14	±2	8 等分	有	无	无	10
McLaughlin	Spot.D.Tek	10	±5	16 等分	有	有	有	9.5
Golden Land	GL750	35	±5	12 等分	有	有	有	10

注：1lb=0.453592kg。

4.3　泥　浆　设　备

泥浆在水平定向钻穿越施工中具有非常重要的作用，泥浆能否正常循环直接影响了水平定向钻施工的效率和成果。泥浆设备包括泥浆配制设备、泥浆泵、泥浆处理设备等，泥浆设备通过管路连接，组成稳定运行的泥浆循环系统，为水平定向钻穿越施工提供可靠保障。泥浆循环系统示意图见图 4.30。

4.3.1　泥浆配制设备

泥浆配制指的是将水、膨润土、泥浆添加剂等按一定比例混合配制成性能符合施工要求的泥浆。各个施工阶段对泥浆的性能要求不尽相同，所以配制出合适的泥浆是泥浆配置设备的主要任务。

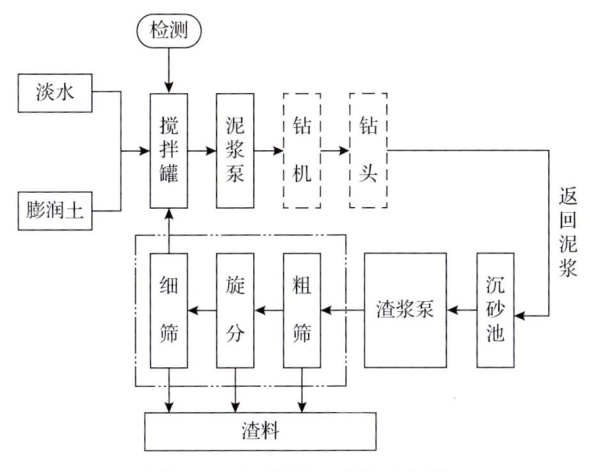

图 4.30 泥浆循环系统示意图

一种泥浆配制方式是将膨润土、水和泥浆添加剂直接加入泥浆混合罐，再通过机械搅拌使其充分混合。

另一种泥浆配制方式是通过由混浆罐、混浆泵、文丘里射流管、下料斗等部分组成泥浆配制系统(图 4.31)。膨润土经过下料斗依靠重力落入射流管的负压口，混浆泵将混浆罐中的泥浆(或水)以高速状态经射流口喷射到射流管内，使射流管内的膨润土充分混合，并返回混浆罐，从而达到泥浆配制的目的。

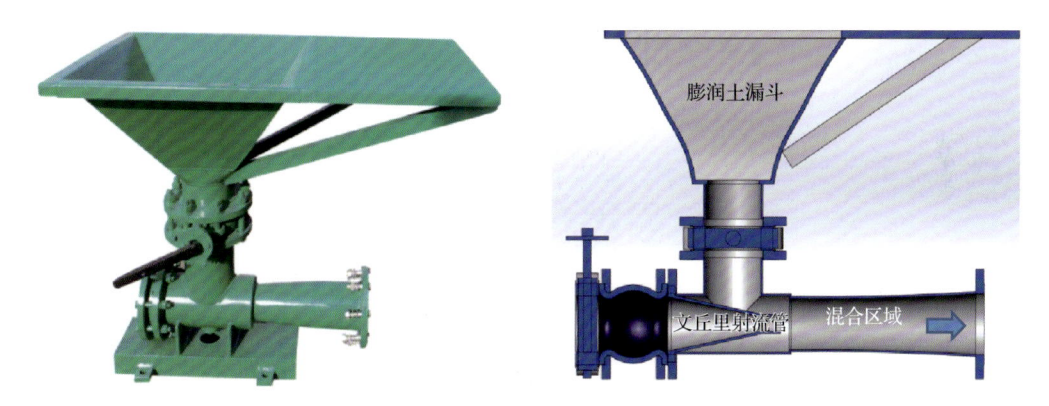

图 4.31 泥浆配制设备及结构

混浆罐内设有搅拌器，罐顶的电机带动搅拌器不断搅拌罐内泥浆，使膨润土和添加剂与水充分混合，避免沉淀至罐底，保证泥浆性能，泥浆搅拌设备及结构见图 4.32。

4.3.2 泥浆泵

泥浆泵的作用是为钻进施工提供高压泥浆，泥浆泵将在地面配制好的泥浆以高压形式经钻机、钻杆泵送至钻头，对钻头进行冷却、清洗，对钻进切削面和孔壁进行清洗，并将钻屑从孔内携带出来。在采用泥浆马达(螺杆钻具)钻进施工中，泥浆泵泵送的高压泥浆作为驱动泥浆马达(螺杆钻具)的动力。

图 4.32 泥浆搅拌设备

泥浆泵作为石油钻井的重要施工设备,这项技术已经非常成熟,自水平定向钻技术发展以来,传统的泥浆泵也成功被借鉴、引用,成为水平定向钻施工的可靠保障。但由于水平定向钻和石油钻井在施工等方面的差异,泥浆泵在水平定向钻施工领域得到了针对性的改进和发展。

长输管道水平定向钻施工中常使用的传统泥浆泵为撬装三缸柱塞式泥浆泵(图 4.33),主要由拖橇、柴油机、变速器、传动箱、卧式三缸单作用柱塞泵、控制系统、润滑系统及高低压管线等组成。该系统具有动力大、压力高等优点,但在水平定向钻施工中的故障率较高,密封组件消耗高,使用维护成本较高。

图 4.33 撬装三缸柱塞式泥浆泵

为了适应一些施工条件苛刻的场地及对环境要求高的水平定向钻施工,华元针对定向钻施工的特点研发了体积小、重量轻、噪声低的电动活塞泥浆泵(图 4.34)。电动活塞泥浆泵主要由变频电机、行星齿轮减速器、卧式三缸单作用活塞、控制系统、润滑系统及高低压管线等组成。采用电动机驱动、变频调速,可有效降低泥浆泵运行时的噪声。用电动机代替柴油机,大幅缩小了泥浆泵的尺寸,减轻了泥浆泵的重量,更好地适应了狭小的施工作业场地。电动活塞泥浆泵采用皮碗活塞代替柱塞,虽然在最大工作压力上有所降低,但足以满足水平定向钻施工的需求,而且电动活塞泥浆泵制造简易、寿命长、维护量小、运行维护成本低。

图4.34 NJB-2000/10(F)型泥浆泵

1. 泥浆泵的工作原理

水平定向钻施工中使用的泥浆泵是一种往复式泵，常用的有柱塞式泥浆泵和活塞式泥浆泵，泥浆泵通过曲柄连杆机构将旋转运动转换为往复直线运动，将低压的泥浆加压成高压泥浆。

泥浆泵泵体一般分为动力端和液力端两大部分，以活塞泵为例，动力端由曲柄、偏心轮、连杆、十字头等组成；液力端由缸筒、活塞、吸入阀、排出阀、吸入管、排出管等组成。泥浆泵工作时，动力源带动泥浆泵曲轴旋转，曲轴从水平位置沿逆时针方向旋转直到活塞移至最右端(下止点)到曲轴转过180°为止，这个过程称为泵的吸入过程。然后，活塞又开始向左运动，液缸内的液体受到挤压，压力升高，吸入阀关闭，排出阀被推开，液体被活塞挤出，直到活塞移至最右端(上止点)液体全部排出，这一过程称为泵的排出过程。曲轴不断旋转，泵的吸入过程和排出过程就不断地重复进行[3]。

泥浆泵在定向钻施工中需要输送的泥浆量比较大，泥浆本身的黏度较大，并含有一定泥沙，输送压力也比较高，泥浆本身还具有一定的腐蚀性，在泥浆循环过程中很容易导致泥浆泵的缸套磨损，致使泥浆泵出现失效问题。因此，在定向钻施工过程中，要不断对泥浆循环系统进行强化管理，才能有效延长泥浆泵的使用寿命。

2. 泥浆泵结构组成

泥浆泵由动力端、液力端和辅助部件等构成，基本结构及液力端图解如图4.35所示，以活塞泵为例，各部分的组成如下。

(1)动力端：泵体、小齿轮轴总成、大齿轮轴总成、曲轴连杆、十字头总成。

(2)液力端：吸入阀、排出阀、缸套、活塞、活塞杆、吸入管、吸入空气包(减轻水击现象)、排出管、排出滤网总成、排出空气包、安全阀、缸盖、阀盖、喷淋泵总成。

(3)辅助部件：润滑机构、齿轮和轴承润滑、缸套冷却润滑、安全阀(当泥浆压力超过泵的设定压力时，能够迅速剪断安全柱销，旁通管线打开，泥浆泵泄压，从而起到保护泵体的作用)。

柱塞泵与活塞泵都属于往复式泵，主要区别在于密封形式不同，活塞依靠皮碗(密封圈)与缸体紧密配合达到密封效果，柱塞依靠其自身很高的加工精度与缸体上的密封组件紧密配合达到密封效果。柱塞泵的输出压力相对较大，但由于柱塞加工精度的要求高，

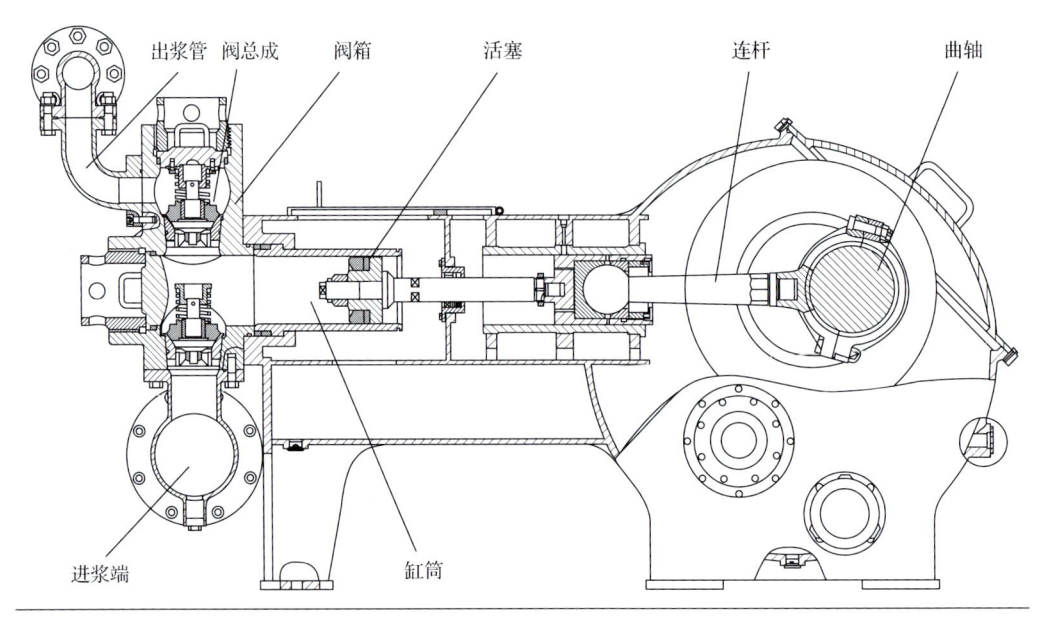

图 4.35 泥浆泵结构原理图

所以制造、使用维护成本也相对较高,密封组件磨损严重,润滑成本高。虽然,活塞泵的输出压力低于柱塞泵,但它能满足大多数水平定向钻施工中对泥浆压力的需求,而且制造、使用维护成本很低,与柱塞泵相比有很大的优越性。

3. 泥浆泵的基本性能及参数

泥浆泵性能的两个主要参数是流量和压力。流量一般以每分钟排出若干升计算,施工时所需泥浆流量的调整与钻孔、扩孔直径及返浆速度有关,即孔径越大,所需流量越大,并且泥浆的返回速度能够把孔洞中的钻屑充分地携带到洞外。泥浆泵的压力取决于钻(扩)孔长度、深度、孔径和泥浆黏度等因素,钻孔越长、深度越深、孔径越小、泥浆黏度越大,泥浆回流阻力就越大,需要的压力也就越大。

随着控制集成化的发展,泥浆泵的控制和运行参数的监控已集成至钻机控制室内,操作人员可在控制室内实现泥浆泵的单机或多机联合操作,并根据钻机施工状态及时控制泥浆泵的启停和参数。

施工时应根据施工情况及时调整泥浆泵排量,控制泥浆泵压力。为了准确掌握泵的压力和排量的变化,泥浆泵上通常安装有流量和压力传感器,操作人员可随时了解泵的工作参数和运转情况。常用三缸泥浆泵的性能参数见表 4.4。

表 4.4 常用三缸泥浆泵性能参数表

缸径/mm	冲程/mm	最高压力/MPa	最大排量/[(L/min)]	功率/kW
100	100	10	1200	88
125	150	15	1500	190
140	200	15	2500	350
170	200	15	2800	410

4.3.3 泥浆处理系统

泥浆处理系统的作用是处理孔洞中返回的泥浆,去除泥浆携带的钻屑,再将处理后的泥浆循环使用。在穿越施工中所需的泥浆量非常大,距离越长、管径越大的穿越施工需要的泥浆量也就越大,采用泥浆处理器对孔洞中返回的泥浆进行处理并循环利用,可减少泥浆使用量,降低施工成本,减少对废弃泥浆的处理,有利于环境保护。

泥浆处理系统主要由振动筛、除砂器、除泥器、离心机(选用)、渣浆循环泵、处理器罐体组成,筛孔为 40~120 目,除砂、除泥采用旋流式分离器,泥浆处理系统的工作循环过程如图 4.36 所示。泥浆处理系统的结构示意图如图 4.37 所示。

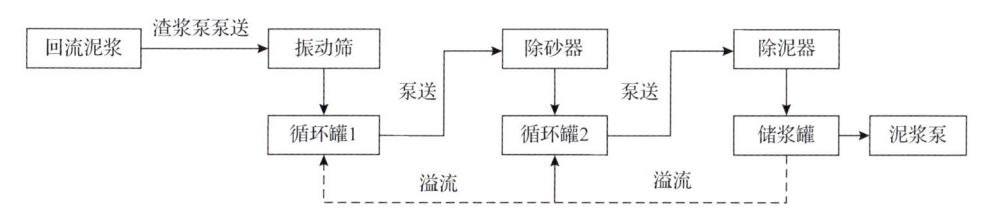

图 4.36 泥浆处理系统的工作循环示意图

图 4.37 泥浆处理系统结构示意图

4.4 钻 具

水平定向钻施工中常用的钻具主要包括钻头、扩孔器、泥浆马达、钻杆、无磁钻铤、旋转接头、扶正器等。施工前需根据不同的穿越长度、成孔直径、地层条件等确定合适的钻具组合形式,以确保施工的安全及效率。

4.4.1 钻头

钻头是水平定向钻穿越的重要器具,其工作性能将直接影响钻孔质量、不同地层条件下的钻进能力、钻进成本、钻进效率等。导向孔钻进时,钻头不断地切削岩土,使导向孔不断地向前延伸。

水平定向钻施工中用到的钻头有牙轮钻头、斜板钻头、聚晶金刚石复合片(PDC)钻头、刮刀钻头等，长输管道水平定向钻施工中，使用最广泛的是牙轮钻头，本节主要介绍牙轮钻头。

1. 牙轮钻头

牙轮钻头在旋转时具有冲击、压碎和剪切破碎地层岩土的作用，切削齿交替接触岩土，具有与岩土接触面积小、破岩扭矩小、比压高、易吃入地层、工作刃总长度大等特点，因而可以相对减少磨损。牙轮钻头能够适应从软到硬的多种地层。按牙轮数量可分为单牙轮钻头、三牙轮钻头和组装多牙轮钻头，目前国内外水平定向钻施工中最常用的是三牙轮钻头[4]。按切削材质可分为铣齿(钢齿)(图 4.38)和镶齿牙轮钻头(图 4.39)，铣齿牙轮钻头常用于低抗压强度、高可钻性的软地层，钻头尺寸有 6in(152.4mm)～17 1/2in(444.5mm)多种规格；镶齿牙轮钻头常用于高抗压强度的坚硬地层，钻头尺寸有 6in(152.4mm)～12 1/4in(311mm)多种规格。

图 4.38 三牙轮铣齿钻头

图 4.39 三牙轮镶齿牙轮钻头

三牙轮钻头的主要结构特点[4]。

(1)采用浮动轴承结构，浮动元件由具有高强度、高弹性、高耐温性、高耐磨性的材料制成,可有效提高钻压或高转速钻孔工艺条件下的轴承寿命和轴承可靠性。

(2) 采用高精度的金属密封。金属密封由一副金属密封环作为轴承的轴向动密封,两个高弹性的橡胶供能圈分别位于牙掌和牙轮密封区域内作为静密封,优化的密封压缩量确保了两个金属环密封表面始终保持良好接触。

(3) 钢球锁紧牙轮,适应高转速,确保牙轮不与轴脱离。

(4) 采用压力平衡的全橡胶储油囊,防止泥浆进入牙轮的润滑系统,为轴承系统提供了良好的润滑条件。

(5) 采用可耐 250℃高温、抗磨损的新型润滑脂。

(6) 镶齿钻头采用高强度、高韧性硬质合金齿,优化设计的齿排数、齿数、露齿高度和独特的合金齿外形充分发挥了镶齿钻头的高耐磨性和优异的切削能力。镶齿钻头齿面敷焊新型耐磨材料,在保持镶齿钻头高机械钻速的同时提高了钻头切削齿的寿命。

牙轮钻头在水平定向钻施工中已被广泛应用,钻头性能的显著改进直接降低了施工成本,尤其是近年来牙轮钻头的使用寿命和钻速两个性能指标得到了很大提升。很长时间以来,人们对切削结构的改进主要集中在主切削齿结构,如在硬质合金齿结构方面,人们先后发明了楔形齿、勺形齿、偏顶勺形齿等磨损齿。但近年来人们逐渐认识到在水平定向钻施工中保径结构也对钻头钻速和寿命有较大影响,许多新型保径结构被研究开发并应用到牙轮钻头,取得了良好的效果。

2. 其他钻头

1) 斜板钻头

斜板钻头(图 4.40)具有造斜能力强的特点,可以通过选择不同的导向板,使其具备与地层相适应的造斜和钻进性能,也可在板面上增加合金齿以增强其切削能力。斜板钻头一般适用于软土层的水平定向钻施工。

图 4.40 斜板钻头

2) 刮刀钻头

刮刀钻头(图 4.41)是回转钻进中使用最早的一种钻头,刮刀钻头的结构简单,在带内螺纹的椭圆柱形壳体上焊有侧向工作刀翼,刀翼上焊有薄片状硬质合金切削刃,在刀翼保径板、径向工作表面焊有薄片状、圆柱状硬质合金切削具并堆焊粒状硬质合金[5]。刮刀钻头的样式多种多样，按刀翼数量有双翼、三翼、四翼之分(也出现过多达十几翼的刮刀钻头)，最常用的是三翼刮刀钻头[6]。刮刀钻头适合较软地层，目前在水平定向钻施工中已基本被三牙轮钻头取代，现在已极少使用。

图 4.41　三翼刮刀钻头

3) PDC 钻头

PDC 钻头(图 4.42)是以 PDC 材料为切削刃的一种钻头，PDC 钻头的主要优势在于能够适应研磨性较高、地质较硬的地层，切割性能也比较优良，在高速钻探方面具有非常显著的优势。PDC 钻头因热稳定性和抗冲击性较差等，在水平定向钻施工中未得到普遍应用。

图 4.42　PDC 钻头

4.4.2 扩孔器

水平定向钻施工中导向孔的孔径较小,为满足管道回拖对孔径的要求,需采用扩孔器沿导向孔曲线将孔径扩大,扩孔器也是水平定向钻施工中必不可少的钻具之一。水平定向钻施工常用的扩孔器按结构形式可分为板式扩孔器、桶式扩孔器、板桶式扩孔器、牙轮扩孔器、滚刀扩孔器等,按适用地质条件可分为普通地层扩孔器和岩石地层扩孔器。本节主要按适用地质条件分类介绍常用的扩孔器。

1. 软土地层扩孔器

软土地层对扩孔器的要求较低,而且对扩孔器的磨损较轻,成本也较低。此类扩孔器的扩孔方式采用回拉扩孔,即入土侧钻机通过钻杆将扩孔器从出土点牵引至入土点。

一般情况,较软地层推荐采用桶式扩孔器(图 4.43),桶式扩孔器又称挤扩式扩孔器,桶式扩孔器前端设有切削刀头用来切削土体,后端为桶状,在孔洞中受泥浆浮力的作用,桶式扩孔器在洞内重量较轻,根据扩孔器直径设计对应体积的桶腔可使扩孔器在扩孔时适当挤压孔壁,起到护壁的作用。

图 4.43 桶式扩孔器

较硬地层推荐使用板式扩孔器(图 4.44),板式扩孔器的切削能力较桶式扩孔器更强。板式扩孔器由翼板组成,翼板上安装切削头进行切削,泥浆可从翼板中间回流,回流空间较大,可降低切削阻力。

图 4.44 板式扩孔器

板桶式扩孔器(图 4.45)适用于较大孔径扩孔,可保证扩孔效率,同时也可避免塌孔。

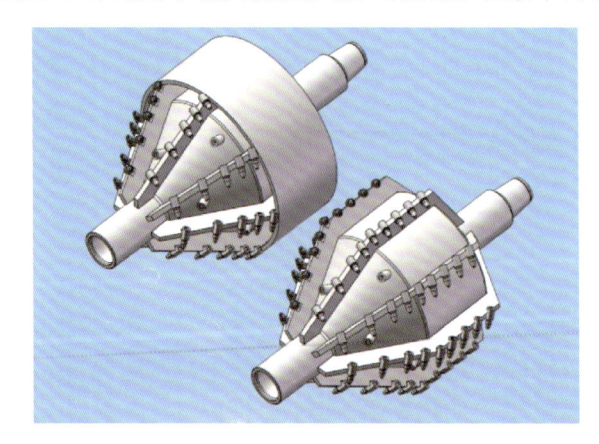

图 4.45　板桶式扩孔器

2. 岩石地层扩孔器

岩石地层相比普通地层具有更高的硬度,对扩孔器的磨损、消耗也非常大,采用普通扩孔器无法完成坚硬岩石地层的扩孔,为了完成坚硬岩石地层的水平定向钻施工,岩石扩孔器应运而生。常用的岩石扩孔器有牙轮式扩孔器和滚刀式扩孔器。

对于岩石地层的水平定向钻穿越,应用最广的是牙轮扩孔器(图 4.46),牙轮扩孔器可适应目前水平定向钻工程中各种硬度的岩石地层。牙轮扩孔器由扩孔器本体和牙块单元组焊而成,扩孔器磨损后可单独更换牙块单元。牙轮扩孔器的牙轮直径、牙轮数量、牙轮角度、切削齿齿型等都对扩孔效率有较大影响,扩孔前应根据地层硬度和扩孔直径选择合适的牙轮扩孔器。

图 4.46　牙轮扩孔器

滚刀扩孔器(图 4.47)由中心轴、滚刀托架和滚刀盘等组成。该类型扩孔器是最早设计的岩石扩孔器,特点是结构强度高,滚刀盘磨损后方便更换,且同一扩孔器本体可通过更换不同直径的滚刀盘以适应不同直径扩孔的需要。缺点是自重大,在软岩层扩孔时易形成椭圆形孔;如在扩孔期间需更换滚刀盘,扩孔器在孔内的退出困难较大;同时,由于其自身结构的特点,尤其是直径 30in(762mm)以上的扩孔器所需钻机的扭矩很大。其适用地层为软岩—中硬岩(硬度在 80MPa 以下)。

岩石层的硬度是选择岩石扩孔器的尺寸和型式的重要因素,软岩地层扩孔时可适当增大相邻两级的扩孔级差,减少扩孔次数,硬岩地层则需缩小相邻两级的扩孔器级差以

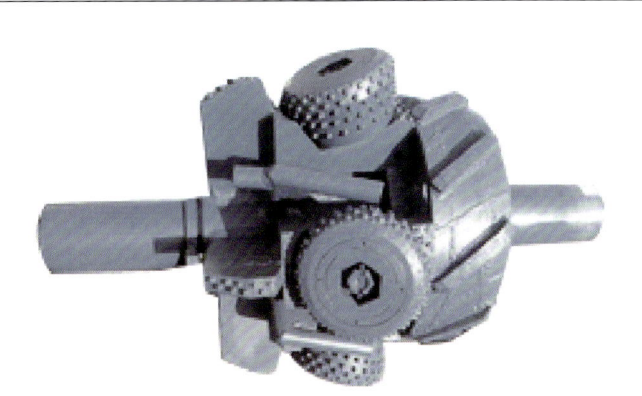

图 4.47 滚刀扩孔器

保证扩孔效率、提高扩孔安全性。

岩石扩孔器选择的另一个重要因素是扩孔器的使用寿命。影响岩石扩孔器使用寿命的因素包括两个方面,一是牙轮和滚刀盘的结构强度和耐磨性;二是牙轮轴承的使用寿命。轴承在多数情况下是岩石扩孔器最薄弱的一个环节,而且一旦出现轴承损坏,极易造成牙轮或滚刀盘脱落而留在孔内,使后续的扩孔无法继续进行,甚至导致工程失败。轴承的形式主要有开放式轴承和密封式轴承两类。开放式轴承工作时处于对含研磨性颗粒起润滑和冷却作用的泥浆中,损坏较快,这类轴承的使用寿命与其转速、破碎岩石所需的钻压及泥浆中的固体颗粒含量密切相关。密封式轴承工作时完全被润滑油脂填充和密封,泥浆不能浸入其中,这类轴承的使用寿命比开放式的使用寿命高出 2～3 倍,但同时其占用的空间较大。

水平定向钻穿越是一项高风险的行业,稍有不慎,随时都会影响工程。为了满足单次扩孔时中途更换扩孔器或卡钻时解卡的需要,岩石扩孔器的本体设计有时还应考虑具备反向退出钻孔的功能。扩孔的主要目的是清除孔洞内的钻屑,而不仅是切下钻屑,因此在选择扩孔器时,扩孔器要留有一定的泥浆返回通道,使悬浮的钻屑能够顺利排到洞外[7]。

3. 动力扩孔器

动力扩孔器常用于岩石扩孔施工,采用泥浆作为动力传输的介质,泥浆马达将具有一定压力和流量的泥浆转化为机械功,从而带动扩孔器切削盘旋转,并对岩石进行切削,达到高效扩孔的目的。

常规的岩石扩孔采用回拉或正推的方式,都是由钻机驱动钻杆提供的拉力或推力和扭矩作为切削动力,对较硬岩石层的扩孔效率较低,而且扩孔距离越长,扩孔器的钻压、扭矩、转速的稳定及孔径的质量都很难保证,钻杆和扩孔器的使用寿命相对较低。动力扩孔方法由于改变了扩孔器的驱动方式,钻杆以很低的速度旋转或无须旋转,扩孔器运转速度高且运行平稳,孔壁光滑,从而提高了工作效率,与常规的扩孔方法相比,在岩石层中的扩孔效率可提高 3 倍以上。同时,由于孔壁光滑,减小了孔壁对回拖管道防腐层的损伤。使用动力扩孔器在很大程度上减小了钻杆的磨损和旋转产生的疲劳应力,提高了钻杆的安全使用时限,确保扩孔施工作业安全。

常用的动力扩孔形式有单钻机正推动力扩孔器(图 4.48)和双钻机同步动力扩孔器(图 4.49),两种方式相比较,单钻机正推动力扩孔在效率、经济方面更具优势,双钻机同步动力扩孔更适于长距离、大直径扩孔,可防止钻杆失稳和卡钻,扩孔施工更安全。两种方式均已在实际施工中成熟应用,而且取得了良好的效果,为长距离岩石管道穿越提供了技术上的保障。

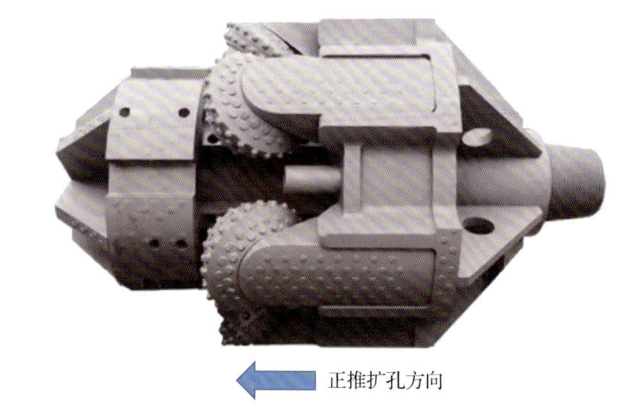

图 4.48　正推动力扩孔器

图 4.49　双钻机同步动力扩孔器

4.4.3　泥浆马达

泥浆马达又称螺杆钻具,是一种以泥浆为动力,把液体压力能转换为机械能的容积式动力钻具。泥浆马达的选择需根据施工阶段、钻头或扩孔器尺寸等因素决定。钻导向孔时应选择带弯头的泥浆马达,常用泥浆马达的弯曲角度为 1.5°~2°,动力扩孔时应选择直杆泥浆马达。水平定向钻施工中常用的泥浆马达转子和定子主要有 5/6 头和 7/8 头的螺杆,泥浆马达有 165~286mm 多种尺寸,一些厂家为适应大直径扩孔也相继生产出更大尺寸的泥浆马达,施工时可根据钻头和扩孔器的尺寸选择合适的泥浆马达。根据近年来的施工案例,7LZ286 型泥浆马达可成功驱动 ϕ1110mm 的正推扩孔器完成岩石扩孔施工,但这种大直径钻具组合在施工中稍有不慎就容易造成扩孔事故,需严格控制、准确判断泥浆马达和扩孔器的施工状态,对施工单位的经验要求很高。

泥浆马达的工作原理:泥浆泵泵出的高压泥浆流经钻杆进入马达,在马达的进出口形成一定的压力差,推动转子绕定子的轴线旋转,并将转速和扭矩通过万向轴和传动轴传递给钻头或扩孔器，从而实现钻孔或扩孔作业。

泥浆马达主要由过渡接头、螺杆马达、万向轴和传动轴等四大总成组成。泥浆马达的性能参数主要取决于螺杆马达，螺杆马达由定子和转子组成（图 4.50），定子是在钢管内壁上压注橡胶衬套，转子是一根镀有硬层的螺杆。带有螺旋线的转子与定子相互啮合，用两者的导程差形成螺旋密封腔，以完成能量转换。马达转子的螺旋线有单头和多头之分，转子一般为单数，定子一般为双数。转子的头数越少，转速越高，扭矩越小；头数越多，转速越低，扭矩越大。在施工中，泥浆压力和流量决定了泥浆马达的工作性能，也可反映扩孔的能力[8]。

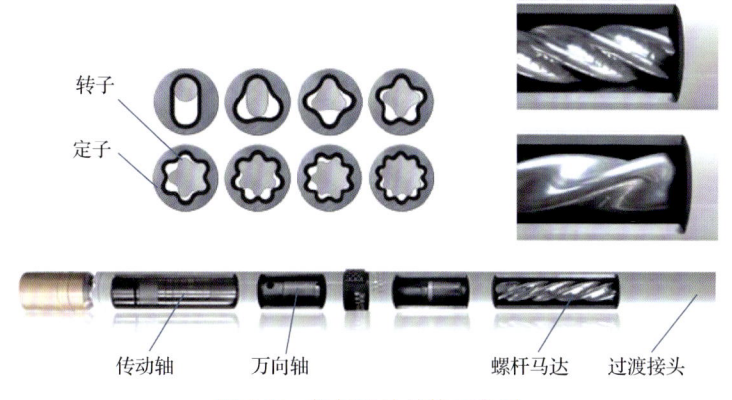

图 4.50 螺杆马达结构示意图

使用泥浆马达时的注意事项。

在使用泥浆马达钻进的过程中，如果停泵速度快，容易在马达位置形成负压，导致孔底钻屑返流进入钻头喷嘴和泥浆马达内，造成喷嘴堵塞和马达卡死、脱扣等情况，所以使用泥浆马达时应注意以下几点。

(1)保证泥浆回流通畅，泥浆回流阻力大会造成孔内压力升高，必要时停止钻进，进行洗孔，排净岩屑，减小摩阻，保持合适的钻压，防止过压或抱钻。

(2)向泥浆马达泵送的泥浆一定要保证清洁，及时调整泥浆配比，含砂量大将使马达定子橡胶急剧磨损而失效。

(3)控制泥浆泵压力。超载运行将导致螺杆磨损加剧，提前失效。

(4)回拔泥浆马达时一定要保持泥浆供给。

(5)泥浆马达上卸扣时严禁夹持螺纹部位。

(6)泥浆马达使用完成后用清水冲洗，长时间存放时禁止暴晒。

(7)使用后动力不足的泥浆马达需及时进行维修或报废，严禁使用不合格的泥浆马达。

4.4.4 钻杆

钻杆（图 4.51）是水平定向钻施工钻具组成中的主要部分，多根钻杆通过螺纹互相连接组成钻杆柱，地面钻机通过钻柱连接孔内钻头或扩孔器，传递推拉力和扭矩，钻杆也是泥浆泵向孔内泵送泥浆的输送通道[3]。钻杆分为普通钻杆和加重钻杆。加重钻杆类似普通钻杆，但单根重量比普通钻杆重，强度高达普通钻杆的2~3倍，加重钻杆的作用是防止普通钻杆与扩孔器直连而造成应力过大,发生疲劳断裂。加重钻杆两端分别与普通钻杆和扩孔器相连,可减小普通钻杆与扩孔器的连接应力,起到缓冲的作用。(注:普通钻杆以下称为钻杆。)

图 4.51　钻杆

1. 钻杆结构、类型

钻杆是两端为接头,中间为管体的结构型式,管体一般采用无缝钢管,两端镦粗,进行热处理后通过摩擦焊与接头连接。管体经历焊接热处理和焊接最终处理,以消除焊接残余应力。杆体和常用接头如图 4.52 所示。

(a) 墩粗的杆体　　　　　　　　(b) 摩擦焊之前的钻杆接头

图 4.52　杆体和常用接头

按接头与管体连接处的结构分为直台肩钻杆(图 4.53)、斜台肩钻杆(图 4.54)。在水平定向钻施工中斜台肩钻杆比直台肩钻杆在减小钻屑堆积、防止抱钻方面更有优势,故较为常见。

图 4.53 直台肩钻杆

图 4.54 斜台肩钻杆

按加厚形式可分为内加厚钻杆(IU)、外加厚钻杆(EU)和内外加厚钻杆(IEU)。加厚方式采用镦粗工艺,一般长输管道水平定向钻施工中常用的钻杆为内外加厚和外加厚的形式[9]。由于钻杆接头的外径一般大于管体外径,在施工过程中与孔壁或套管不断地接触摩擦,产生磨损,所以为了避免接头磨损造成断钻杆、脱扣等施工事故,通常采用耐磨材料在钻杆接头上增设耐磨带(图 4.55)。

图 4.55 耐磨带

按接头螺纹扣型可分为内平型(IF)、贯眼型(FH)、正规型(REG)和数字型(NC),扣型的选择取决于杆体加厚方式,加厚方式不同,对应的接头螺纹扣型也不同。上述四种类型接头均采用 V 形螺纹,但扣型、扣距、锥度及尺寸等都有很大差别[9]。

1) 内平型

内平型螺纹接头主要用于外加厚或内外加厚钻杆,特点是钻杆接头内径、管体加厚内径与管体内径相等或近似,泥浆流动阻力小,但外径较大,容易磨损。

此扣型有 2 3/8IF、2 7/8IF、3 1/2IF、4IF、4 1/2IF、5 1/2IF,共计 6 种,所有规格螺纹均采用 V-0.065 平顶平底三角形牙型,这种牙型为平牙底,牙顶宽度为 0.065in(1.651mm)。除 5 1/2IF 外,其他规格螺纹因结构尺寸与相应的数字型螺纹完全相同,故具有互换性。该型螺纹因其牙型结构易导致应力集中,美国石油协会(API)已将其淘汰,其中包括 4 1/2IF 和 4IF,它们就是曾经在油田被大量使用的 410、411 和 4A10、4A11,取而代之的是 NC50 和 NC46 数字型螺纹。

2) 贯眼型

贯眼型螺纹接头主要用于内外加厚钻杆,特点是钻杆接头内径和加厚端内径相等,且均小于钻杆管体内径,泥浆流动阻力大于内平型螺纹接头,外径小于正规型螺纹接头。

此扣型有 3 1/2FH、4FH、4 1/2FH、5 1/2FH、6 5/8FH，共计 5 种，螺纹的规格虽然不多，但却使用了 V-0.065[平顶平底三角形牙型，牙顶宽度为 0.065in(1.651mm)]、V-0.050(牙底为圆弧，牙顶宽度为 0.050in，1.27mm)和 V-0.040[牙底为圆弧，牙顶宽度为 0.040in(1.02mm)]三种牙型，曾被广泛用于水龙头、方钻杆、钻杆、钻铤和钻头。现在除 5 1/2FH 和 6 5/8FH 两种使用 V-0.050 牙型、1∶6 锥度的大规格螺纹外，其余均在 API 淘汰螺纹之列。其中，唯一使用 V-0.065 牙型的 4FH 与内平型螺纹一样被数字型螺纹 NC40 取代。

3) 正规型

正规型螺纹接头主要用于内加厚钻杆，特点是钻杆接头内径小于加厚内径，而钻杆加厚端内径又小于管体内径，泥浆流动阻力大，但外径最小，强度较大。

API 设计正规型螺纹的主要目的是将其应用于钻头连接，有 2 3/8REG、2 7/8REG、3 1/2REG、4 1/2REG、5 1/2REG、6 5/8REG、7 5/8REG、8 5/8REG，共计 8 种，由于钻头位于钻杆最前端，所以这里螺纹牙底应力集中现象的存在与否对施工安全、效率的影响很小，因而 API 将其所有规格全数保留下来，该型使用 V-0.050 和 V-0.040 牙型。

4) 数字型

数字型系列接头是美国国家标准粗牙螺纹系列，现已被 API 采纳为国际标准，有 NC23、NC26、NC31、NC35、NC38、NC40、NC44、NC46、NC50、NC56、NC61、NC70、NC77，共计 13 种。NC 螺纹也为 V 形螺纹，有些 NC 型接头与旧 API 标准接头有相同的节圆直径、锥度、螺距和螺纹长度，可以互换使用。

此扣型以螺纹基面中径英寸和 1/10 英寸的数字值表示，所有规格螺纹采用 V-0.038R 平顶圆底三角形牙型，这种牙型的特点是圆形牙底半径为 0.038in(0.965mm)，数字型螺纹是 API 推荐优先使用的螺纹，该型螺纹还有 1∶6 和 1∶4 两种型式，可应用于方钻杆、钻杆、钻铤、扶正器等钻具，一些油田钻井 NC50 螺纹还用在钻头上。

2. 常用钻杆的规格参数

钻杆钢级是钻杆的一个重要指标参数，由钻杆钢材的屈服强度决定。钻杆钢级越高，管材的屈服强度越大，钻杆的各种强度也越大。在钻柱的强度设计中，推荐采用提高钢级的方法来提高钻柱的强度，而不采用增加壁厚的方法。常用的钻杆钢级有 E75 级、X95 级、G105 级、S135 级，某些特殊项目也用到了 Z140 级、V150 级的加强钢级钻杆。

钻杆在尺寸方面从小到大也非常全面，长输管道定向钻穿越施工中已经很少使用尺寸较小的钻杆了，经常用到的钻杆尺寸有 5in(127mm)、5 1/2in(140mm)、6 5/8in(168mm)、7 5/8in(194mm)、8 5/8in(219mm)，在某些超大型项目上也用到了 10in(254mm) 钻杆。以 S135 钢级钻杆为例，各尺寸钻杆参数见表 4.5 和表 4.6。

4.4.5　无磁钻铤

无磁钻铤是一种以低碳合金钢为材料，经过严格的化学成分配比精炼而成，是一种具有低磁导率、高强度和良好的机械性能的钻具，相对磁导率 $\mu_r \leqslant 1.01$，沿内孔任意

表 4.5 钻杆杆体参数表

公称直径/mm	名义重量/(kg/m)	壁厚/mm	内径/mm	抗扭强度/(N·m)	抗拉强度/kN	耐压/MPa	接头螺纹规格
127	29.0	9.2	108.6	102450	3165	118	NC50
127	29.0	9.2	108.6	102450	3165	118	NC50 DS
127	38.1	12.7	101.6	130050	4242	163	NC-50 DS
140	32.6	9.2	121.4	126200	3498	107	5 1/2 FH DS
140	36.8	10.5	118.6	140790	3978	123	5 1/2 FH
168	41.2	9.2	149.9	189870	4274	89	6 5/8 FH
168	43.8	10.9	146.4	218580	5022	106	6 5/8 FH DS
168	49.1	12.7	142.9	246090	5774	123	6 5/8 FH DS
168	65.3	15.9	136.5	290340	7070	154	6 5/8 FH DS
168	76.8	19.1	130.2	328910	8307	184	6 5/8 FH DS
194	50.2	10.9	171.8	297170	5833	100	6 5/8 FH DS
194	58.0	12.7	168.3	336000	6695	107	HYDS70
219	65.5	12.7	193.7	440010	7695	94	HYDS70
254	75.9	12.7	228.6	605970	8955	81	HYDS77

表 4.6 钻杆接头参数表

接头螺纹规格	接头外径/mm	接头内径/mm	公接头长度/mm	母接头长度/mm	上扣扭矩/(N·m)	抗扭强度/(N·m)	抗拉强度/kN
NC50	168	69.9	229	305	52590	87660	3131
NC50 DS	168	82.6	229	305	59890	99820	2522
NC50 DS	168	69.9	229	305	76870	128020	3093
5 1/2 FH DS	184	88.9	254	305	94390	156900	3539
5 1/2 FH	191	76.2	254	305	71970	120750	3885
6 5/8 FH	216	108	254	330	89880	151010	4241
6 5/8 FH DS	216	108	254	330	140580	234310	4595
6 5/8 FH DS	203	120.7	254	330	102950	171590	3668
6 5/8 FH DS	216	108	254	330	131070	218440	4192
6 5/8 FH DS	216	120.7	330	381	104610	174350	3668
6 5/8 FH DS	222	101.6	330	381	158720	264630	5020
HYDS70	229	101.6	406	483	230240	268570	5851
HYDS77	260	114.3	584	508	253420	422370	7134

相距100mm的磁感强度梯度≤0.05μT。无磁钻铤为光滑的厚壁圆管，两端加工连接螺纹，用于导向孔施工阶段。无磁钻铤需符合《钻铤》(SY/T 5144—2013)C型钻铤标准的要求。

由于水平定向钻导向系统的探测器属于磁性测量仪器，但在通过磁场定位方位角时，感应的是大地磁场，因而探测器所处位置必须是一个纯净且没有额外干扰的地磁环境，外界干扰将导致测量偏差。然而在水平定向钻施工过程中，钻具通常具有磁性并影响周围的地磁场矢量，进而影响真实的地磁测量，不能得到正确的测量信息数据。利用无磁钻铤可避免探测器受到磁干扰，将探测器安装在无磁钻铤中保证了探测器测得的数据为真实的大地磁场信息，并且无磁钻铤的刚度大，能保证与其内部探测器的角度准确。常用的无磁钻铤规格型号见表 4.7。

表 4.7 定向钻常用无磁钻铤规格型号表

连接螺纹规格	外径/mm	内径/mm	长度/m
4 1/2 REG	165.1	71.4	9.14 或 9.45
NC50	177.8	71.4	9.14 或 9.45
6 5/8 REG	203.2	71.4	9.14 或 9.45
7 5/8 REG	241.3	76.2	9.14 或 9.45

水平定向钻施工是一项严谨的工程技术，无磁钻铤的正确使用是保证施工质量的重要条件之一，为了保证施工安全和导向孔的精度，使用无磁钻铤需注意以下几点。

(1) 使用后应清除泥污，检查各零件的安全性，然后涂油防护，并存放于干燥通风处。
(2) 现场检查，依据情况应修理或回收报废。
(3) 为了确保探测器测量结果的准确，必须合理选择无磁钻铤的长度。

4.4.6 旋转接头

旋转接头又称万向节或分动器，是回拖时钻具组合的重要组成部分，旋转接头用于连接回拖扩孔器与回拖管道(图 4.56)。使用旋转接头可使回拖钻具与管道径向呈相对自由状态，回拖时钻具旋转，管道则直线运动不旋转，这样既保证了回拖过程中钻具的旋转需求，也避免了管道跟随扩孔器旋转而造成的管道防腐层磨损、管道扭矩过大等风险[4]。

图 4.56 旋转接头及其现场应用

旋转接头的选择一般由管道回拖力决定，并配套相应的 U 形连接环，市场上旋转接头的规格型号齐全，最大拉力载荷已达 800t。

4.4.7 扶正器

在大口径管道穿越施工中,扩孔直径较大,钻杆与扩孔器之间容易产生过大折角,从而导致钻杆与扩孔器连接位置的应力过大,增加折断钻杆的风险,此时需安装扶正器。扶正器(图 4.57)一般设计成桶形,尺寸比上一级扩孔直径略小,正推扩孔安装在扩孔器后端,回拉扩孔安装在扩孔器前端。

图 4.57 扶正器

4.4.8 打捞钻具

在水平定向钻施工中,由于地层条件复杂、操作失当或其他突发原因可造成抱钻、钻杆折断、钻具金属物脱落等事故,因此打捞钻具在事故处理中是必不可少的。本节主要介绍用于常见事故处理的一些打捞钻具。

1. 打捞锥

打捞锥是用于孔内钻杆或其他杆管类物体打捞的专用工具,对于杆管类落物打捞的成功率很高,打捞锥分为打捞公锥(图 4.58)和打捞母锥(图 4.59)两种。

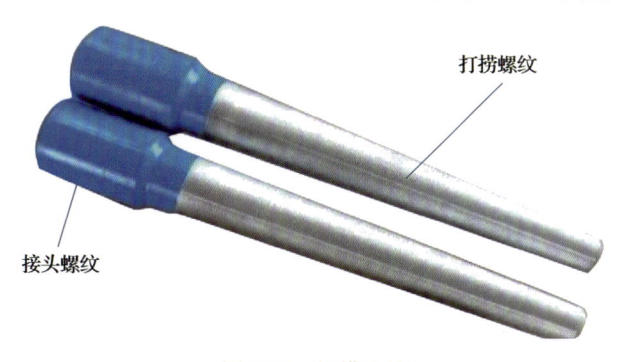

图 4.58 打捞公锥

打捞公锥是通过打捞螺纹与掉落物内部咬合,从而实现打捞的目的。当公锥进入落物内孔后,加适当的钻压,并转动钻具,迫使打捞锥的螺纹挤压落物内壁产生螺纹副。

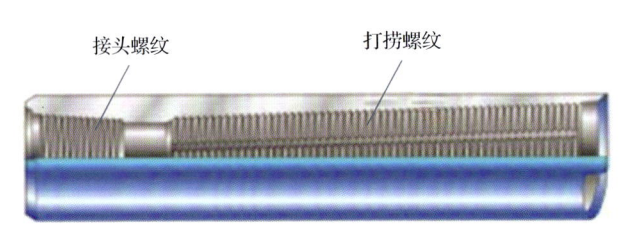

图 4.59　打捞母锥

当螺纹副能够承受一定的拉力和扭矩时，采用回拉和旋转的方法将落物从孔内捞出[10]。

打捞公锥一般按螺纹类型分为正扣正螺纹型、正扣反螺纹型、反扣正螺纹型、反扣反螺纹型。参考《打捞公锥及母锥》(SY/T 5114—2008)给出打捞公锥基本参数表，见表 4.8。

表 4.8　打捞公锥基本参数表

接头螺纹规格	接头外径(±0.8)/mm	推荐打捞管柱内径/mm
NC26	86	43～55
NC31	105	48～60
NC38	121	60～77
NC50	168	89～103
5 1/2 FH	178	89～103
6 5/8 REG	197	89～160
7 5/8 REG	230	103～220

打捞母锥是长筒形整体结构，由接头与内锥面上有打捞螺纹的本体构成，母锥采用高强度合金钢锻件制造。为了便于造扣，打捞螺纹上开有切削槽。打捞母锥的基本参数见表 4.9。

表 4.9　打捞母锥基本参数表

接头螺纹规格	接头外径(±0.8)/mm	推荐打捞钻柱直径/mm
NC26	86	63
NC31	105	89
NC38	121	102
NC46	152	114
NC50	168	127
5 1/2FH	178	141
6 5/8REG	203	178
7 5/8REG	230	194

在水平定向钻施工中，打捞公锥和打捞母锥均不能在大直径钻孔中单独使用进行打捞作业，因为在大直径钻孔中，打捞锥直接接触钻杆折断位置的可能很小，需要根据钻杆折断位置，借助不同规格的扶正器、引导锥帽等引导打捞锥与钻杆折断位置连接后才

能进行打捞作业。

2. 可退式打捞筒

可退式打捞筒(图 4.60)是从外部打捞钻铤、钻杆及其他杆类钻具的专用打捞工具。可退式打捞筒的外筒由上接头、筒体、引鞋组成，内部装有打捞卡瓦、盘根和铣鞋或控制环(卡)。当抓住断钻杆而不能捞出时，该产品可从断钻杆上退出，拔回地面。该工具抓住落物后能进行高压泥浆循环，还带有铣鞋，能有效地修理断钻杆的裂口飞边，以便于断裂的钻杆头顺利进入捞筒。

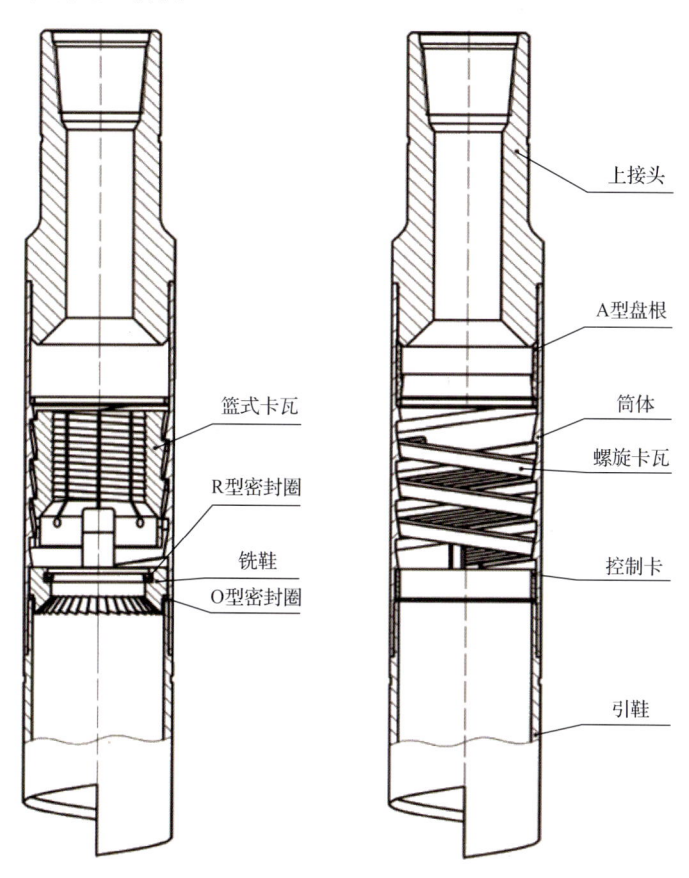

图 4.60　可退式打捞筒
来源：《LT-T 型可退式卡瓦打捞筒使用说明书》

打捞筒的抓捞零部件是打捞卡瓦，打捞卡瓦分为螺旋卡瓦和篮式卡瓦两类，其外部的宽锯齿螺纹和内面的抓捞牙均是左旋螺纹，与筒体相配合的间隙较大，这样就能使卡瓦在筒体内有一定行程可胀大或缩小。

与螺旋卡瓦相比，相同外径的打捞筒，篮式卡瓦体积较大，只能打捞较小的落物，而螺旋卡瓦体积较小，可以打捞较大的落物；篮式卡瓦的密封性能优于螺旋卡瓦，在需要建立泥浆循环的场合，优先选用篮式卡瓦；篮式卡瓦的控制环下可以安装铣鞋，铣去落物顶的毛刺，而螺旋卡瓦则不能。

当断钻杆头被引入捞筒后,只要施加一轴向压力,卡瓦在筒体内后移并胀大,随后断钻杆头进入卡瓦内。回拨钻具时,卡瓦外锥面螺纹开始与筒体内锥面螺纹吻合,随着拉力的加大,筒体内锥面迫使卡瓦收缩而紧紧咬住断钻杆头。当需要释放孔内断钻杆退出工具时,钻杆向前顶推冲击,使卡瓦解除夹紧力,冲击之后缓慢右旋并回拨工具即可退出杆状落物。

如果需要增大抓捞面积则可连接加大引鞋,断钻杆头偏倚孔壁时可使用壁钩,抓捞部位距断钻杆头太远可增接加长短节。可退式打捞筒常用配件如图 4.61 所示。

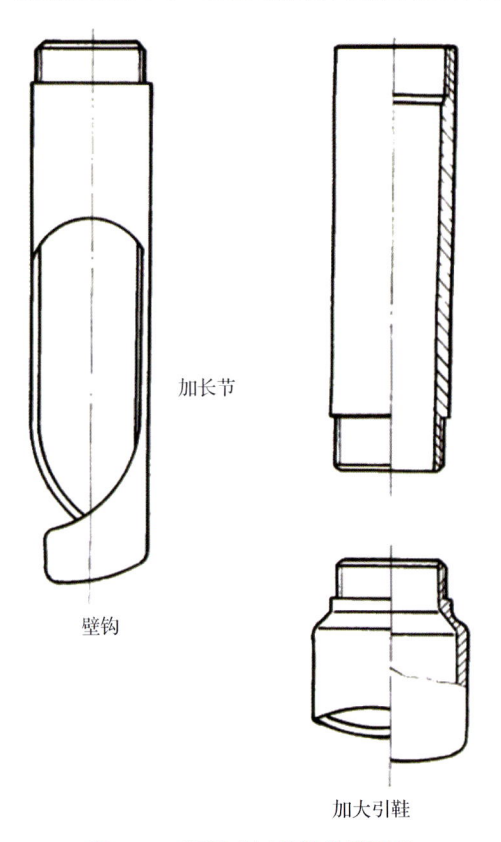

图 4.61　可退式打捞筒常用配件

可退式打捞筒选用高强度优质钢材经过特殊的热处理和精加工,具有极大的抗拉能力和高扭矩。它结构简单,使用灵活,操作方便。其规格是根据钻铤、钻杆等外径尺寸设计的,根据不同需求,有多种尺寸的打捞卡瓦,进行打捞时,可选用一种适合杆状落物外径的卡瓦装入筒体内。考虑管子的磨损,每个卡瓦的抓捞尺寸在标准打捞尺寸以下 3mm 的范围。常用的可退式打捞筒规格参数见表 4.10。

3. 可退式打捞矛

可退式打捞矛与可退式打捞筒的作用相同,是打捞钻铤、钻杆及其他杆状落物的专用打捞工具,不同的是其打捞方式是内部打捞,类似于打捞公锥,但打捞矛不需要加工

第4章 水平定向钻穿越施工设备及钻具

表 4.10 常用可退式打捞筒规格参数表

规格型号	螺旋卡瓦 最大打捞尺寸/mm (in)*	螺旋卡瓦 抗拉屈服载荷/10kN (t)	篮式卡瓦 最大打捞尺寸/mm (in)	篮式卡瓦 抗拉屈服载荷/10kN (t) 有台肩	篮式卡瓦 抗拉屈服载荷/10kN (t) 无台肩	本体外径/mm (in)	连接内螺纹	主机重量/kg
LT-T143	121 (4 3/4)	132.3 (135)	108 (4 1/8)	114.7 (117)	82.3 (84)	143 (5 5/8)	NC38 (3 1/2IF)	62
LT-T152	127 (5)	167.2 (170)	111 (4 3/8)	156.8 (160)	112.7 (115)	152 (6)	NC38 (3 1/2IF)	69
LT-T168	140 (5 1/2)	193.2 (197)	121 (4 3/4)	180.4 (184)	157.7 (161)	168 (6 5/8)	NC50 (4 1/2IF)	88
LT-T178	146 (5 3/4)	203.7 (208)	127 (4 3/4)	188 (192)	163.4 (166.7)	178 (7)	NC50 (4 1/2IF)	113
LT-T194	159 (6 1/4)	205 (209)	140 (5 1/2)	199.9 (204)	170.1 (173.5)	194 (7 5/8)	NC50 (4 1/2IF)	120
LT-T200	159 (6 1/4)	288 (294)	140 (5 1/2)	250 (225)	185 (189)	200 (7 7/8)	NC50 (4 1/2IF)	126
LT-T206	178 (7)	192 (196)	162 (6 3/8)	176 (180)	138 (141)	206 (8 1/8)	NC50 (4 1/2IF)	130
LT-T219	178 (7)	292 (298)	159 (6 1/4)	240 (245)	190 (194)	219 (8 5/8)	NC50 (4 1/2IF)	141
LT-T232	203 (8)	192 (196)	187 (7 3/8)	106.8 (109)	133 (136)	232 (9 1/8)	6 5/8REG	156
LT-T244	206 (8 1/8)	188 (192)	187 (7 3/8)	199.9 (204)	136 (139)	244 (9 5/8)	6 5/8REG	167
LT-T260	219 (8 5/8)	250 (255)	200 (8)	231 (236)	202 (206)	260 (10 1/4)	6 5/8REG	184
LT-T273	241 (9 1/2)	272 (278)	225 (8 7/8)	240 (245)	190 (194)	273 (10 5/8)	6 5/8REG	198
LT-T286	245 (9 5/8)	292 (298)	210 (8 1/4)	256 (261)	206 (210)	286 (11 1/4)	6 5/8REG	238
LT-T298	257.1 (10 1/8)	368.5 (376)	238.1 (9 3/8)	247.9 (253)	330.3 (337)	LT-T298 (11 3/4)	6 5/8REG	270
LT-T340	286 (11 1/4)	343 (350)	254 (10)	280 (286)	230 (235)	340 (13 3/8)	6 5/8REG	498

注：摘自天合石油集团股份有限公司《LT-T型可退式卡瓦打捞筒使用说明书》。
*括号内的单位为该列括号内数据的单位，余同。

螺纹，在不能成功捞起滑脱钻具时还可退出打捞矛。根据具体情况，可与内割刀、震击器等工具配合使用。

可退式打捞矛(图4.62)由接头、芯轴、卡瓦、释放环和引锥组成。自由状态下卡瓦外径略大于落物内径，当工具进入断裂位置的轴腔时，卡瓦被压缩，产生一定的外胀力，使卡瓦贴紧落物内壁。随着芯轴回拔和拉力的逐渐增加，芯轴、卡瓦上的锯齿形螺纹互相啮合，卡瓦产生径向力使其咬住杆状落物而实现打捞。

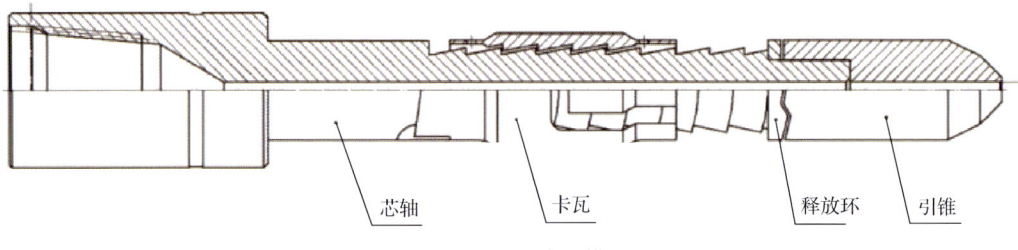

图 4.62 可退式打捞矛

标注：芯轴、卡瓦、释放环、引锥

一种可退式打捞矛只能针对打捞一种内径的钻具，在现场使用时应根据实际情况，选择合适的打捞工具。常用的可退式打捞矛规格参数见表 4.11。

表 4.11 常用可退式打捞矛规格参数表

规格	卡瓦外径/mm(in)	断裂位置内径/mm(in)	许用拉力/kN(t)	引锥直径/mm(in)	接头扣型
LM-2 7/8	64(2.25)	62(2.44)	490(50)	59(2.32)	230
LM-3 1/2	63.5(2.50)	61.97(2.44)	588(60)	59(2.32)	310
	67(2.64)	66.09(2.60)			
	70(2.76)	68.26(2.69)			
LM-3 1/2	72(2.83)	70.9(2.97)	588(60)	70	210
	75.5(2.97)	73.5(2.89)			
	77(3.03)	75(2.95)			
LM-4 1/2	83(3.27)	79.37(3.12)	980(100)	78(3.07)	410
	86(3.39)	82.55(3.25)			
	89(3.50)	85.73(3.38)			
	92(3.62)	90(3.54)			
	95.5(3.76)	93.7(3.69)			
LM-5	111(4.37)	108.6(4.28)	1470(150)	102(4.02)	410
	115(4.53)	112(4.41)			
	117(4.61)	114.1(4.49)			
	119(4.69)	115.8(4.56)			
LM-5 1/2					
LM-7	154(6.06)	150.37(5.92)	2450(250)	144(5.67)	520
	156(6.14)	152.5(6.09)			
	158.5(6.24)	154.79(6.09)			
	160.5(6.32)	157.07(6.18)			
	163(6.42)	159.41(6.28)			
	165(6.50)	161.7(6.37)			410
	167.5(6.59)	163.98(6.46)			
	169(6.65)	166.09(6.54)			
	204.5(8.05)	190.8(7.51～198.8～7.83)			

续表

规格	卡瓦外径/mm(in)	断裂位置内径/mm(in)	许用拉力/kN(t)	引锥直径/mm(in)	接头扣型
LM-9 5/8	208.5(8.21)	197.5(7.78～204～8.03)	5880(588)	185(7.28)	630 520
	211.5(8.33)	197.5(7.78～205.7～8.1)			
	216.5(8.52)	204(8.03～210.6～8.29)			
LM-13 3/8	319(12.56)	313.6(12.35)	6000(600)	208(8.19)	630
	320.5(12.62)	315.3(12.41)			
	323(12.72)	317.9(12.52)			
	325.5(12.81)	320.4(12.61)			
	327(12.87)	322.9(12.71)			

4. 螺旋打捞筒

螺旋打捞筒按结构形式可分为内螺旋打捞筒和外螺旋打捞筒。

1) 内螺旋打捞筒

在高硬度岩石地层穿越施工时，钻具的磨损非常严重，时常发生钻具部件(如牙轮、弧板等)脱落的情况，脱落物在孔内存留会导致无法正常施工，须将其打捞出。内螺旋打捞筒是专门为水平定向钻施工研制的打捞工具，内螺旋打捞筒(图 4.63)由钻杆短节、加强筋板、后封板、筒体、内螺旋板和内贴强力磁钢组成。

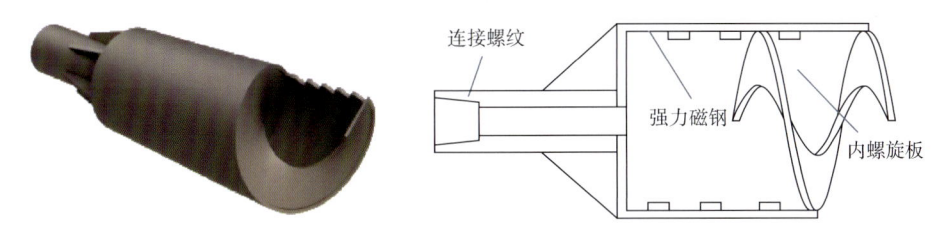

图 4.63 内螺旋打捞筒

打捞作业时，内螺旋打捞筒的连接螺纹与钻进设备的钻杆连接，起到传递扭矩和推拉力的作用；加强筋板用以保证锥筒的整体强度；有孔后封板支撑锥筒外壳的同时还可以通过孔洞回流泥浆，锥形的外壳设计保证了打捞筒端部紧贴在孔道内壁而不因尾部有异物挡垫而翘起；内部的内螺旋板在旋转打捞孔内异物过程中，可收集孔道内所有异物而不因打捞器退回时致使异物从筒内脱出；筒体上的长孔可方便小颗粒石子、钻屑和泥沙从筒内排出，同时在内贴强力磁钢的吸附下，钢铁碎屑被牢牢地吸附在磁钢上；锥筒外壳的头部设有加强锯齿结构，此结构在旋转前进的过程中可有效地将镶嵌在孔道内壁上的异物抠出，被剥落的异物随即进入打捞筒内完成收集，这是为了打捞出残留在孔道内的金属异物而设计的，目的在于保证扩孔及回拖过程中，金属异物不损坏扩孔钻头或管道防腐层。打捞成果见图 4.64。

(a) 小尺寸杂物打捞成果　　　　(b) 中等尺寸杂物打捞成果　　　　(c) 大尺寸杂物打捞成果

图 4.64　打捞成果

2) 外螺旋打捞筒

外螺旋打捞筒(图 4.65)由焊接在芯轴上的螺旋和能够在芯轴上转动并随芯轴前后移动的收纳筒组成,芯轴两端是与钻杆连接的螺纹。这种打捞筒适合打捞大直径异物,尤其适合双钻机打捞,由于打捞筒两端都有钻机连接,打捞筒的螺旋可正转、可反转,收纳桶可前进、可后退,一旦打捞遇阻,可快速退出打捞筒,防止发生次生事故。

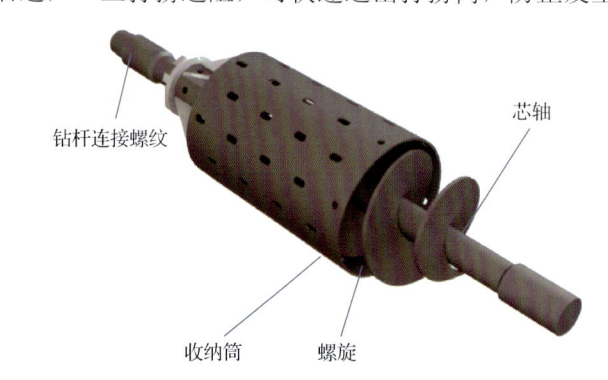

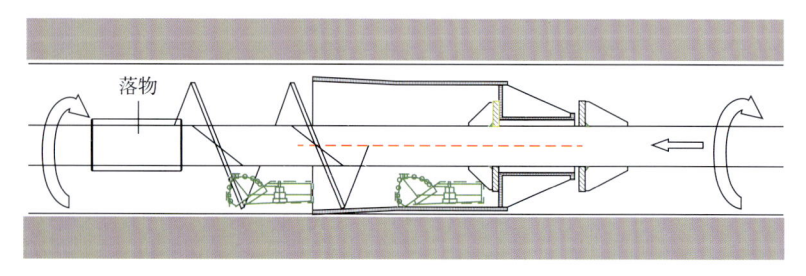

图 4.65　外螺旋打捞筒

螺旋打捞筒应针对孔径、打捞物、地质情况等进行有针对性的设计,基于螺旋打捞+筒体收集,可对螺旋打捞筒进行不断改进,以确保打捞效果。

4.5　夯　管　锤

夯管锤(图 4.66)是水平定向钻施工中经常用到的设备之一,常用在套管安装、管道应急回拖、反回拖等需要冲击力的工序中。夯管锤对钢管的冲击和振动作用,能使钢管周围的土体液化(潮湿土)。夯套管时,对于绝大部分土层,套管内的土心均能随钢管进入地层并进入管道内,这样既减小了夯管时的管端阻力,也不会对穿越处的地面产生隆起破坏。同时,振动作用也使钢管周围的土层产生了一定程度的液化,并与地层间产生一定缝隙,从而极大地减小了钢管与地层之间的摩擦力[11]。

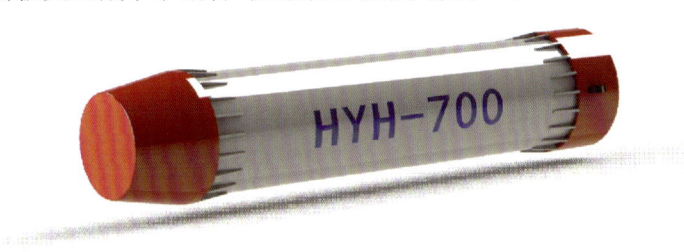

图 4.66　气动夯管锤

4.5.1　夯管锤结构和原理

夯管锤由缸体、冲锤和配气阀等组成,缸体内部有两个腔,缸体外锥与排土锥和调节锥套的内锥相配,以便装卸。夯管锤的结构简图如图 4.67 所示。

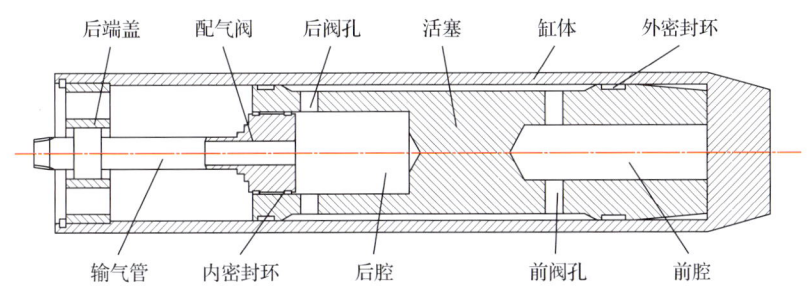

图 4.67　夯管锤结构简图

夯管锤采用后腔始终通高压空气的活塞式配气机构,依靠密封环形成配气通路,在活塞的运动过程中,通过活塞后阀孔的开启和关闭来配气,冲程时,前腔随活塞的运动依次处于和大气相通、封闭及和后腔相通,由于前腔压力低,活塞在前后腔压力差的作用下,加速运动并以很高的速度撞击缸体做功,完成冲程动作。返程时,随着活塞撞击缸体的速度降到零,此时前腔压力基本和后腔压力相等。由于前腔承压面积大于后腔承压面积,活塞做反向的加速运动,当后阀孔越过内密封环后,前腔和后腔被隔离,前腔压力逐渐降低,当压力低于某一值后,前腔作用力小于后腔作用力,活塞开始做减速运动,直到速度为零,完成一次循环。此时后腔作用力大于前腔,活塞开始第二次循环,如此往复,实现夯击的作用[12]。

气动夯管锤以压缩空气为动力,气源可以是大型供气系统,也可以是现场的空压机。驱动气动夯管锤的空压机一般为低压空压机,压力为 0.5~0.7MPa,排量根据不同型号夯管锤的耗气量而定。

夯管锤与气源连接的管路系统上设有注油器,注油器利用压缩空气将润滑油连续不断地带入夯管锤中,润滑夯管锤中的运动零件。注油器的注油量可调,调节范围为0.005～0.05L/min。

4.5.2 夯管锤的选用及参数

应根据施工内容、地层情况、夯管长度、夯管管径等计算所需冲击力,选择合适的夯管锤。常用的夯管锤(以廊坊百威钻具制造有限公司为例)参数见表4.12。

表 4.12 气动夯管锤性能参数表

型号	主机外径/mm	主机长度/mm	主机重量/kg	耗气量/(m³/min)	空气压力/MPa	瞬间最大冲击力/kN	适用敷设管道直径/mm	标准配置敷设管道直径/mm
BH510	510/520	3200	3400	12～28	0.4～0.7	12000	426～1500	630, 720, 820
BH610	610/620	3400	5100	20～40	0.4～0.7	20000	529～1800	820, 920, 1020
BH650	620/650	3600	5500	20～50	0.4～0.9	24000	529～2200	820, 920, 1020
BH700	700/710	3680	7100	28～60	0.4～0.7	28000	630～2500	1020, 1120, 1220
BH750	700/740	3870	8000	28～70	0.4～0.9	32000	630～2800	1020, 1120, 1220
BH850	800/850	4640	12000	35～96	0.4～0.9	45000	720～3200	1220, 1320, 1420

4.6 推 管 机

推管机是在管道回拖时为降低钻机回拖力、减小钻杆受力而在出土侧安装使用的一种管道助推设备,常用于大管径、长距离的定向钻穿越施工(图4.68)。

图 4.68 推管机结构示意图

4.6.1 推管机结构和原理

推管机的功能结构可分为三大模块:驱动底座、抱管器、动力及控制装置。

根据推管机的结构可分为多种类型,但原理基本一致,都是通过抱管器将管道抱紧,再通过动力推动抱管器实现管道助推。以油缸驱动的推管机为例,推管机助力时,首先使用预紧油缸使推管机抱瓦抱紧管道外壁,然后推管机主油缸推动抱瓦运动,并根据回拖力调整油缸压力,控制推进速度使推管机的油缸推进速度与钻机回拖的速度吻合,同时发力完成管道回拖,油缸行程达到顶点时停止管道回拖,收回预紧油缸,收回主油缸,使抱瓦回到起始位置，重新开始下一次助力，如此往复，最终完成推管。

1. 驱动底座

由于推管机应用于长距离、大管径的水平定向钻穿越工程，因此推管机需具备大的推力。根据驱动方式的不同，底座的设计也有所不同，目前推管机驱动方式有液压油缸式和齿轮齿条式。

1) 液压油缸式驱动底座

液压油缸式驱动底座(图 4.69)是最早的推管机底座形式，此形式的底座通过液压油缸给予抱管器强大的驱动力，支撑底座两侧各有一个大型顶推油缸，通过调节液压油对油缸两侧腔室供油以达到控制顶推和回拉的动作。这种驱动模式要求底座的支撑桁架呈对称分布，通常单侧油缸与支撑桁架进行铰接，同时在顶推油缸的前侧设置一个垂直方向上连接底座与顶推油缸的变角小油缸，可起到调节顶推油缸和抱管器角度的作用，以适应现场的场地和管道的入洞角度。

图 4.69 液压油缸式驱动底座

2) 齿条式驱动底座

齿条式驱动底座(图 4.70)是通过齿轮齿条传动的形式为抱管器提供推拉力，传动动力可根据行走马达(或电机)的数量进行调整。此形式底座与模块式钻机的支承梁结构相似，根据现场情况也可直接采用钻机支承梁作为推管机的底座，此种形式的推管机驱动方式主要用于管道入洞角度大，需要分段预制回拖的大型定向钻穿越项目。

采用液压油缸式驱动底座的推管机单次行程受油缸行程的限制，所以回拖钻机在回拔一根钻杆时需要启停 2~3 次，而齿条式驱动底座的推管行程可与钻杆长度相匹配，与回拖钻机形成更好的配合。

2. 抱管器

抱管器是推管过程中对管道进行夹持固定的设备，是推管机的重要组成部分。推管机的驱动底座通过抱管器将顶推力作用到管道上从而实现管道推送的目的。抱管器内侧设有抱瓦，为了避免夹持管道时对管道防腐层造成损伤，抱瓦内侧安装橡胶垫层。抱管

图 4.70 齿条式驱动底座

器主要有三种类型,分别为油缸抱紧式、油缸抱紧开口式、自锁抱紧式。

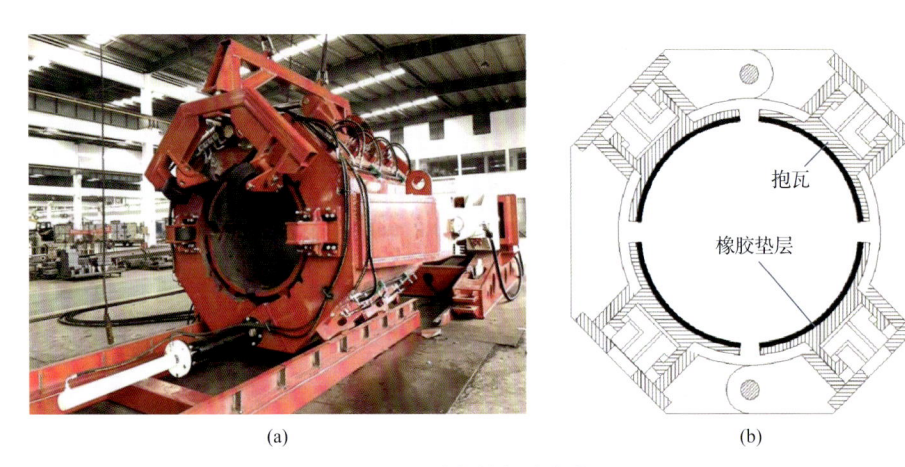

1) 油缸抱紧式抱管器

油缸抱紧式抱管器(图 4.71)中间呈圆柱形通孔,抱管器本体有开合式和封闭式。抱管器内侧设有弧形抱瓦,抱瓦上贴有橡胶垫层,抱瓦与抱管器本体通过圆周方向的 4 个油缸连接,通过油缸伸缩控制抱管器的夹紧与松开。

(a) (b)

图 4.71 油缸抱紧式抱管器

(a)图摘自 http://www.ttmagazine.cn/display.php?id=129

2) 油缸抱紧开口式抱管器

油缸抱紧开口式抱管器(图 4.72)采用敞口三段式抱瓦,通过下抱紧油缸对管道施加抱紧力,一般与齿条式驱动底座相适用,其特点是开合方便、快捷,方便管道进入抱管器内。

抱管器主要由左右抱瓦、下抱瓦、下托架、开合油缸、插销油缸、锁紧销、连接销轴、导向杆、瓦片橡胶垫组成。下托架的中间导向轴和下抱瓦的导向套构成抱紧油缸,插销油缸与左右抱瓦的连接耳板通过螺栓连接在一起,开合油缸上端通过上连接销轴与

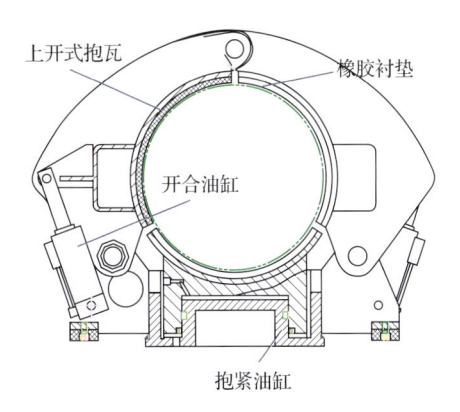

图 4.72　油缸抱紧开口式抱管器

左右抱瓦连接在一起,开合油缸下端通过下连接销轴与下托架连接在一起。

管道置于抱管器内控制抱紧油缸动作,顶紧抱瓦,使瓦片橡胶垫与管壁紧密接触,产生摩擦阻力。

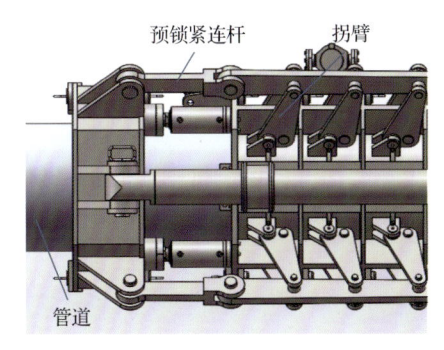

3) 自锁抱紧式抱管器

自锁抱紧式抱管器(图 4.73)的抱紧机构和推进机构通过导向推杆连接在一起,推拉液压缸的推力通过导向推杆作用在预锁紧连杆上,预锁紧连杆通过连杆带动拐臂、抱瓦产生径向运动,当抱瓦橡胶垫接触到管壁后,推拉液压缸继续推动导向推杆,从而使抱瓦抱紧管壁,由于摩擦的作用,当推拉液压缸的活塞杆再继续向前推进时,便通过抱瓦带动管道沿活塞杆伸出的方向推进。推拉液压缸的推力与抱瓦的抱紧力成正比,即推力越大,作用在管壁的摩擦力越大,最终将推拉油缸的作用力传递到管道上,达到助推作用。

图 4.73　自锁抱紧式抱管器

3. 动力及控制装置

推管机一般采用分体式设计,其操作需要大量的液压控制装置,因此一般采用独立的操作平台进行总体控制。

推管机有两个重要的液压回路,一是顶推装置中顶推油缸(齿条式驱动底座为液压马达)的液压回路,二是抱管器中抱紧油缸的液压回路。两个回路控制推管机有两个重要动作:抱紧与推拉。在抱紧动作中,抱管器控制着多个不同方向的抱瓦向轴中心推进。此外,在顶推装置中,当推管机完成管道的推进动作以后,抱管器将管道松开,回程至初始位置进行下一轮的夹紧推送,因此抱管器的回程动作属于空载阶段,应适当提高抱管器的回程速度以提升实际工程的效率。因此,在顶推装置的液压回路中,通常在设计时加入差动快进阀以达到此目的。

4.6.2 推管机选用及参数

选择推管机时,首先应根据管径选用相应直径的抱管器,然后计算回拖力和计划的辅助推力来选用推管机。常用的推管机参数见表4.13。

表 4.13 常用推管机参数表

推管机推力/t	适用管径/mm	单次钻进长度/m
200	323~610	3
500	610~1219	5
800	813~1422	5

参 考 文 献

[1] 蔡晓春. 地磁控向系统在水平定向钻施工中的应用. 上海煤气, 2019,(3): 35-38.
[2] 邓国庆. 基于地面磁信标的水平定向钻进实时定位系统研究. 武汉: 中国地质大学.
[3] 符明理. 钻井机械. 北京: 石油工业出版社, 1987.
[4] 续理. 非开挖管道定向穿越施工指南. 北京: 石油工业出版社, 2009.
[5] 汤凤林. 岩心钻探学. 武汉: 中国地质大学出版社, 2009.
[6] 刘希圣. 钻井工艺原理. 北京: 石油工业出版社, 1988.
[7] 沈平. 岩石层定向钻穿越中岩石扩孔器的选择要点分析. 中国西部科技, 2013,(4): 54.
[8] 谭逢林. 螺杆钻具在油气钻井中的理论分析和应用选型. 成都: 西南石油大学.
[9] 赵金洲, 张桂林. 钻井工程技术手册. 北京: 中国石化出版社, 2004.
[10] 魏松, 陈宇. 修井公锥在打捞水平井喷射器的应用. 中国石化贸易. 2014,(2): 98.
[11] 周升风. H系列气动夯管锤及其应用研究. 非开挖技术, 2013: 21-32.
[12] 马保松. 非开挖工程学. 北京: 人民交通出版社, 2008.

第 5 章　水平定向钻穿越泥浆

水平定向钻穿越施工过程中，泥浆是影响工程成效的重要因素，也是施工成本测算的主要组成部分。泥浆主要用于排出钻进过程中产生的岩屑，维护孔壁的稳定性，润滑钻杆及钻具，以及必要时驱动泥浆马达。所以，施工过程中的泥浆用量大，成本高，需要针对不同地层与施工条件选择质优价廉的泥浆配方。本章主要介绍泥浆基础、泥浆的设计与计算、典型泥浆配方及现场泥浆管理方面的内容。

5.1　泥　浆　基　础

5.1.1　泥浆的基本理论

泥浆是膨润土的微小颗粒在水中分散后与水混合形成的半胶体悬浮液。大多数泥浆由膨润土、水、化学处理剂组成。目前，水平定向钻穿越用泥浆的基本类型是以水为分散介质的水基泥浆。水平定向钻穿越泥浆的基本性能有泥浆的流变性和泥浆的滤失造壁性。

1. 泥浆的流变性[1]

泥浆流变性是指在外力作用下泥浆发生流动和变形的特征，其中流动性是其主要因素。该特征通常使用泥浆的流变曲线、表观黏度、塑性黏度、动切力、静切力等流变参数进行描述。此外，泥浆的流变参数是钻孔环空水力学计算的基础。水平定向钻进与传统垂直钻井不仅钻进方向不同，而且成孔直径的差异也很大，因此分析孔内流场分布和岩屑的运移规律必须深入了解泥浆在不同工作条件下的流变性，这也是确保泥浆性能的关键环节[1]。

1) 剪切速率和剪切应力[1]

液体与固体的重要区别之一是液体具有流动性，也就是说对液体施加一定的力就能使液体发生变形。钻孔中的泥浆在不同位置的流速不同，可以设想将其分为许多薄层。通过钻孔中心线上的点做一条流速垂线，自中心线上的点沿垂线向孔壁位置移动，随着位置变化流速也在发生变化(图5.1)。上述这种不同位置流速不同的现象通常使用剪切速率(或称为流速梯度)这个物理量来描述。如果在垂直于流速方向上取一段无限小的距离dx，流速由v变化到$v+dv$，则比值dv/dx表示在垂直于流速方向上单位距离流速的增量，即剪切速率。剪切速率也可以用符号γ来表示。若剪切速率大，则表示液体中各层之间的流速变化大；反之，流速的变化小。在 SI 单位制中，流速的单位为 m/s，距离的单位为 m，所以剪切速率的单位为 s^{-1}。泥浆在孔内循环的过程中，由于不同位置的流速不同，因此剪切速率也不相同。流速越大之处剪切速率越高，反之则越低。一般情况下水平定向钻钻孔内靠近孔壁位置的泥浆剪切速率最低，在 1~10s^{-1}，环形空间为 10~250s^{-1}，钻杆内为 100~1000s^{-1}，钻头或扩孔头喷嘴处最高，可以达到 10000~100000s^{-1}。

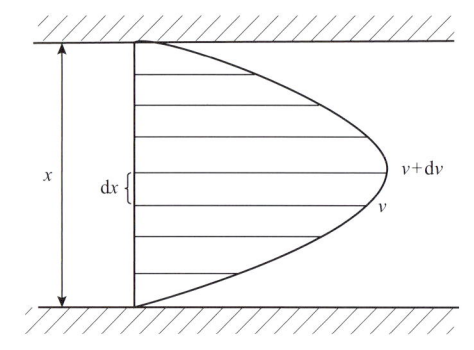

图 5.1　水平定向钻进钻孔中的泥浆流速分布图[1]

液体各层的流速不同，故层与层之间必然存在相互作用。由于液体内部内聚力的作用，流速较快的液层会带动流速较慢的相邻液层，而流速较慢的液层又会阻碍流速较快的相邻液层。这样在流速不同的各液层之间发生内摩擦作用，即出现成对的内摩擦力(即剪切力)阻碍液层的剪切变形。通常将液体流动时具有的抵抗剪切变形的物理性质称为液体的黏滞性。

流体的这种黏滞性在流体力学中有详细介绍，这里只介绍与水平定向钻进相关的知识点。液体流动时，层与层之间的内摩擦力(F)与液体的性质及温度有关，并与液层间的接触面积(S)和剪切速率(γ)成正比，而与接触面上的压力无关，即

$$F = \eta S \gamma \tag{5.1}$$

内摩擦力 F 除以接触面积 S 即得液体内的剪切应力 τ，剪切应力可以理解为单位面积上的剪切力，即

$$\tau = F/S = \eta \gamma \tag{5.2}$$

式中，η 为度量液体黏滞力的物理量，通常称为黏度。η 的物理意义是产生单位剪切速率所需要的剪切应力。η 越大，表示产生单位速率所需要的剪切应力越大。黏度是液体的性质，不同液体有不同的 η 值。虽然 η 还与温度有关，并随温度的升高而降低，但在水平定向钻进工程中，泥浆温度的变化非常小，因此可以完全忽略温度对泥浆 η 值的影响。

式(5.2)是牛顿内摩擦定律的数学表达式。通常将剪切应力与剪切速率的关系遵守牛顿内摩擦定律的流体称为牛顿流体，不遵守牛顿内摩擦定律的流体称为非牛顿流体。一般地，水、酒精等大多数纯液体、轻质油、低分子化合物溶液及低速流动的气体等均为牛顿流体，而水平定向钻钻进所用的泥浆属于非牛顿流体。

2) 流体的基本流型

剪切应力和剪切速率是液体流变性中的两个基本概念，泥浆的核心问题就是研究泥浆的剪切应力与剪切速率之间的关系。这种关系可以用数学关系式表示，也可以用曲线

图来表示。若用数学关系式表示，则称为流变方程，习惯上又称为流变模型，如图 5.2 所示的直线就是牛顿流体的流变模型。若用曲线表示时，就称为流变曲线。当对某种泥浆进行实验求出一系列剪切速率与剪切应力数据时，即可在直角坐标图上做出剪切速率随剪切应力变化的曲线，或剪切应力随剪切速率变化的曲线。

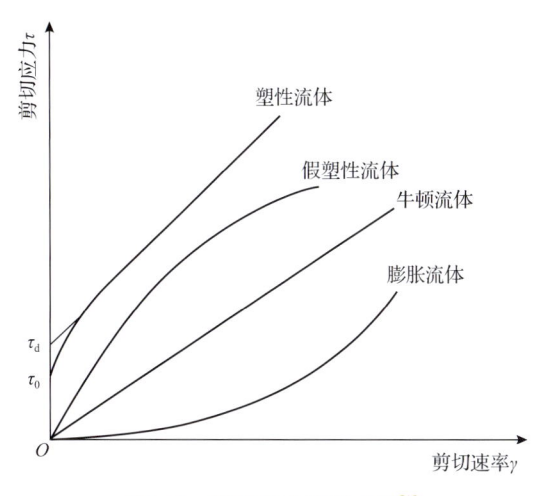

图 5.2　四种基本流型曲线[1]

按照流体流动时剪切速率与剪切应力之间的关系，可以将流体划分为不同的类型，即所谓的流型。除上述已经介绍的牛顿流型外，根据测得流变曲线形状的不同，可以将非牛顿流体的流型归纳为塑性流型、假塑性流型和膨胀流型。图 5.2 描述了上述四种流型的流变曲线形状。

牛顿流体是流变性最简单的流体，从图 5.2 的流变曲线可以看出，当牛顿流体在外力作用下流动时，剪切应力与剪切速率成正比。因此，只要对牛顿流体施加一个外力，即使此力很小，也可以产生一定的剪切速率，即开始流动。此外，其黏度不随剪切速率的增减而变化。然而，泥浆比水等牛顿流体复杂，剪切应力与剪切应变的比值并不是常量，其流变曲线不是直线而是曲线。目前广泛使用的大多数泥浆为塑性和假塑性流体，因此下面主要讨论这两种类型的非牛顿流体。

3) 塑性流体

高膨润土含量的泥浆属于塑性流体。与牛顿流体不同，当剪切速率 $\gamma = 0$ 时，塑性流体的剪切应力 $\tau \neq 0$。也就是说，必须对塑性流体施加一定大小的力才能够开始流动，这种使流体开始流动的最低剪切应力 τ_0 称为静切应力(也称为静切力或凝胶强度)。从图 5.2 中塑性流体的流变曲线可以看出，当剪切应力超过 τ_0 时，初始阶段的剪切应力和剪切速率的关系并不是一条直线，表明此时塑性流体还不能均匀地被剪切，黏度随剪切速率的增大而降低。继续增加剪切应力，当其数值大到一定程度后，黏度不再随剪切速率的增加而变化，此时流变曲线变成直线。此直线段的斜率称为塑性黏度(表示为 η_p)。延长直线与剪切应力轴相交于一点 τ_d，通常将 τ_d 称为动切应力(也称为动切力)。塑性黏度和动切力是泥浆的两个重要流变参数。

引入动切力后，塑性流体流变曲线的直线段可以用如下直线方程进行描述：

$$\tau = \tau_d + \eta_p \gamma \tag{5.3}$$

式(5.3)为塑性流体的流变模型，因为是宾汉姆首先提出的，所以该式也称为宾汉模型，也将塑性流体称为宾汉流体。

塑性流体的流动特征与其内部结构是分不开的。水平定向钻进常用的水基泥浆主要由膨润土、水和添加剂组成，泥浆中的膨润土颗粒在不同程度上形成一种絮凝状态，所以要使泥浆开始流动，就必须施加一定的剪切力来破坏絮凝时形成的连续网架结构。这个力就是泥浆的静切力，由于它反映了形成结构的强度，故又将静切力称为凝胶强度。在泥浆开始流动以后，由于初期的剪切速率较低，结构的拆散速度大于其恢复速度，拆散程度随剪切速率的增加而增大，因此表现为黏度随剪切速率增加而降低(图5.2中塑性流体的曲线段)。随着结构拆散程度增大，拆散速度逐渐减小，结构恢复速度相应增加。因此，当剪切速率增至一定程度，结构破坏的速度和恢复速度保持相等时，结构的拆散程度将不再随剪切速率的增加而变化，相应的黏度也不再发生变化。该黏度即泥浆的塑性黏度。该参数不随剪切应力和剪切速率而改变，对泥浆的水力计算非常重要。

宾汉姆推导了用于描述塑性流体的数学模型，通过在旋转黏度计中加入泥浆试样，分别读出在300r/min、600r/min时的读数，根据公式可以得到动切力和塑性黏度。

$$\eta_p = \Phi_{600} - \Phi_{300} \tag{5.4}$$

$$\tau_d = 0.511(\Phi_{300} - \eta_p) \tag{5.5}$$

式(5.3)~式(5.5)中，η_p为塑性黏度，mPa·s；τ_d为动切力，Pa；Φ_{600}为旋转黏度计600r/min的读数(无量纲)；Φ_{300}为旋转黏度计300r/min的读数(无量纲)。

从图5.2的理想塑性流体曲线可以看出，初始状态的剪切应力从0开始增大时位移并没有发生，因为胶凝强度阻碍了剪切作用。随着流体开始流动，出现过渡期，剪切速率增大后，流变曲线变为线性。线性阶段称为黏性流体。直线的斜率就是300r/min时的塑性黏度。反向延长直线段交于剪切应力轴，即可得到动切力。

塑性黏度是层流状态下剪切应力与剪切速率呈线性关系时的斜率值。它是衡量悬浮的固相颗粒之间、固相颗粒与液相之间及连续液相内部摩擦力的强度。由于泥浆开始流动时，内部包含的固体及微粒会产生机械摩擦，并且液相之间也具有一定的剪切效果，由于固体颗粒研磨后的表面积增大，增加了泥浆的黏度，为了保持泥浆良好的黏度，所以钻屑必须通过沉降或人工操作在地表排除。泥浆黏度必须足够大，以携带钻屑至地表并维持增重剂悬浮。

动切力是衡量流体流动时内部相邻微粒表面电化学反应产生的阻力。动切力的函数由以下几个变量决定：①固体表面的电荷；②固体浓度；③泥浆中的离子浓度和种类。

高的动切力(实际中应该避免出现)可由以下因素导致。

(1)盐分、水泥或硬石膏对泥浆的污染使黏土颗粒的负电荷被中和，出现凝絮产物。

(2)高活性的页岩分散在泥浆中使受引力作用的表面区域增大，出现微粒凝絮。

增加合适的化学制剂，如木质素和木质磺化盐，中和吸引力，促进微粒分散。钙镁离子污染可通过添加苏打粉进行沉淀，这样可以降低动切力。有时，当离子污染不能通过沉淀轻易消除时，如氯离子，加水可降低其浓度，但也会降低泥浆的比重，所以应当谨慎从事。

4) 假塑性流体

尽管宾汉塑性模型在等价于 300~600r/min 的高剪切速率时能得到满意的结果，但当小于 130r/min 的低剪切速率时，对塑性流体结果并不精确。当泥浆在环状间隙中流动时，很多时候会遇到低剪切率的情况，其流变曲线是通过原点并凸向剪切应力轴的曲线(图 5.2)。这类流体的特点是不存在临界剪切应力，施加极小的剪切应力就能使其流动，其黏度随剪切应力的增加而降低。假塑性流体和塑性流体的另一个重要区别是当塑性流体的剪切速率增加到一定程度时，剪切应力与剪切速率的比为一个常数，在这个范围内流变曲线为直线；而假塑性流体的剪切应力与剪切速率之比总是变化的，即在流变曲线中无直线段。

假塑性流体服从如下的幂律方程，即

$$\tau = K\gamma^n \tag{5.6}$$

式中，n 为流性指数，无量纲；K 为稠度系数，$Pa\cdot s^n$。

上式为假塑性流体的流变模式，习惯上称为幂律模型。式中的流性指数和稠度系数是假塑性流体的两个重要流变参数。

同样地，由旋转黏度计测得的 600r/min 和 300r/min 的刻度盘读数可分别利用以下两式求得幂律模式的两个流变参数，即流性指数(n)和稠度系数(K)

$$n = 3.322 \lg(\varPhi_{600}/\varPhi_{300}) \tag{5.7}$$

$$K = 0.511\varPhi_{300}/511^n \tag{5.8}$$

图 5.3 为宾汉模型、幂律模型及实际泥浆的剪切应力(τ_s)-剪切速率(γ_t)曲线的对比关系。三条曲线近乎一致。当剪切速率较低时，将出现较大差别。

在幂律方程中，n 表示流体在各种不同剪切率共存时表现的非牛顿流体行为。牛顿流体(如水、石油或甘油等)有 $n=1$。这些流体流过管道的速度剖面见图 5.4，速度图为抛物线形。这种流体的清孔性能很差，因为流体中携带的钻屑倾向于朝着低流速的区域移动并堆积。

流性指数 n 值小于 1 的流体具有极优良的清孔性(环隙中低的剪切速率产生高的环隙黏度，使钻屑能被运移到地表)。一般通过加入增黏剂，如生物聚合物(XC)来降低 n 值。降低 n 值使流体具有更多的假塑性，更加剪切稀化。这种性质可以降低钻头区域(高剪切区)流体的黏度，提高钻进效率。相反，在钻孔环状空隙的低剪切区域，提高流体的黏度有利于增加泥浆的排屑能力。现场标准泥浆的近似 n 值见表 5.1。

图 5.3　宾汉模型和指数模型的比较

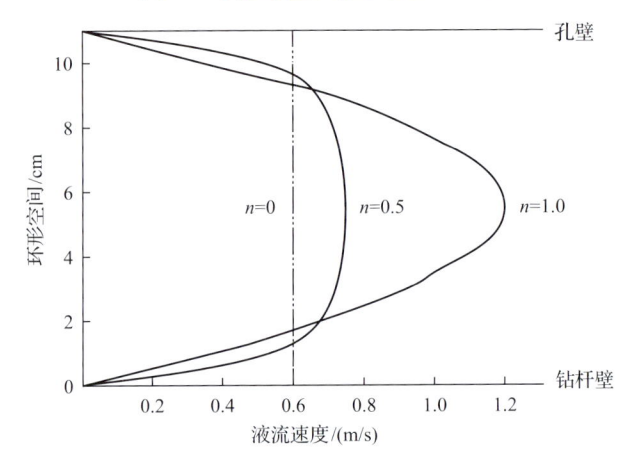

图 5.4　不同 n 值流体的剖面速度曲线

表 5.1　现场标准泥浆的近似 n 值

n 值	近似塑性黏度值/动切力值	泥浆类型
1	0/0	水
0.7~0.8	30/15	重度大或钻屑含量较高的分散膨润土泥浆
0.6~0.7	25/20	重度小或钻屑含量较低的分散膨润土泥浆
0.5~0.6	20/20	不分散的膨润土/聚合物泥浆
0.4~0.5	10/20	不分散的聚合物泥浆
0.2~0.3	5/20	水/稠化剂

5) 稳定性指标

S 是流体的稳定性指标，是泥浆中固相类型及其数量的函数（S 值的控制与塑性黏度值的控制类似）。S 值表示流体在 $1s^{-1}$ 的剪切速率时的黏度。通过将流变曲线外推直到曲线与 η_s 轴相交，可以得到流体的 S 值，如图 5.5 所示。如果 η_s-$K\gamma_r^n$ 取对数曲线，那么图形是一条直线，斜率为 n，η_s 轴的截距为 $S(\gamma_r=1)$。如图 5.5 所示。S 值越大，剪切应力越大。相应地，黏度也越大，从而在环状间隙中施加在流体中沉降的微粒的迟滞阻力也越大。泥浆的 S 值会影响循环压力损失、钻头区域黏度及清孔能力。为了使钻头处的黏度及循环密度最小化，S 值应尽可能维持在极低值(只要清孔能力没有受到不良影响)。

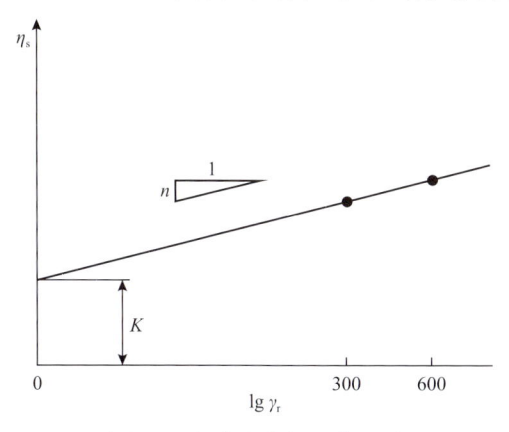

图 5.5　指数定律的对数关系

对于泥浆的塑性黏度值，泥浆中的惰性钻屑含量增加，这会增加 S 值(对 n 值几乎没有影响)。除此之外，在泥浆中加入新鲜泥浆稀释，或者使用有效手段减少钻屑，可减小 S 值；加入生物聚合物可增大 S 值，降低 n 值。

2. 泥浆的滤失造壁性

泥浆的滤失及造壁性是泥浆的重要性能，它对松散、破碎和遇水失稳地层的孔壁稳定具有重要影响[2]。

泥浆的滤失是指泥浆中的自由水在压差作用下向孔壁岩层的裂隙或孔隙中渗透，常用滤失量(或失水量)来表示滤失性的强度。泥浆滤失的两个前提条件：存在压力差；存在裂隙或孔隙性地层。在泥浆滤失的同时，随着泥浆中的自由水进入地层，泥浆中的固相颗粒便附着在孔壁上形成泥皮(细小颗粒也可以渗入地层至一定深度)，这便是泥浆的造壁性。泥饼质量是衡量造壁性的指标。若泥浆中的细黏土颗粒多，粗颗粒少，则形成的泥皮薄而致密，泥浆的失水小。反之，粗颗粒多而细颗粒少，则形成的泥皮厚而疏松，泥浆的失水量就大。如图 5.6 所示。

当泥浆滤失量大时，对于孔壁为泥页岩、黄土、黏性土等地层则会引起遇水膨胀、剥落等孔内问题，使孔径扩大或缩小，而孔径扩大或缩小又会引起卡钻、钻杆折断等孔内事故。对于裂隙发育的破碎地层，滤液渗入地层的裂隙面，减小了层面间的接触摩擦力。在钻杆敲击下，碎岩块滑入孔内，常引起掉块卡钻等孔内事故。

泥浆循环时，在孔壁上形成的泥皮过厚，钻具与孔壁的接触面积增大，在液柱压力和地层压力压差的作用下易产生压差黏附，使钻具回转和回拉阻力增大，功率消耗增大，甚至引起孔内事故。当泥皮过厚且疏松时，易产生泥皮垮塌，引起卡、埋钻。最后，泥皮过厚，孔径缩小，泥浆循环阻力大，泵压高，甚至造成憋漏地层。

对于一般地层来说，30min 滤失量应控制在 10～15mL；对于水敏性易垮塌地层和松散破碎地层，滤失量应控制在 5mL 以下。降低泥浆滤失量并改善其造壁性的方法是：使

(a) 泥皮薄而韧，滤失小　　　　　　(b) 泥皮厚而疏松，滤失大

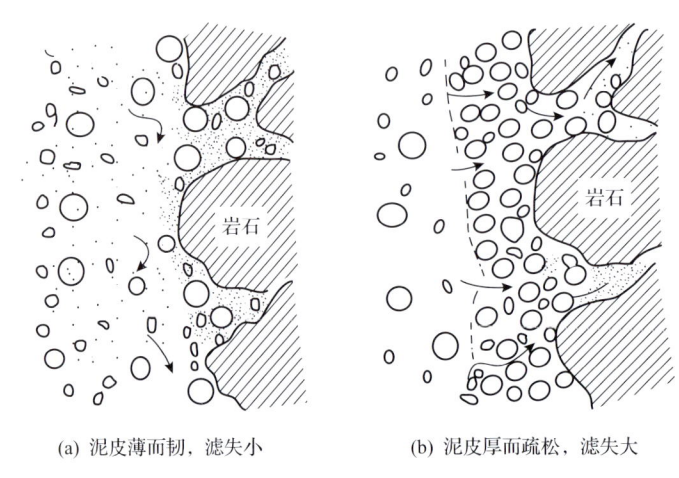

图 5.6　泥皮形成示意图

用优质膨润土和人工钠土造浆；加入钠羧甲基纤维素(CMC)或其他有机聚合物；加入一些极细的胶体粒子，堵塞泥皮孔隙。

3. 泥浆的常规性能参数

泥浆性能是泥浆组成及其各部分间相互物理化学作用的宏观反映，它是反映泥浆质量的具体基本参数。泥浆性能及其变化直接影响机械钻速、钻头寿命、孔壁稳定、孔内净化和预防孔内复杂问题等一系列钻进工艺问题。泥浆的常规性能参数有泥浆的密度、含砂量及固相含量、黏度、切力(包括静切力和动切力)及 pH 等[3]。

1) 泥浆的密度

泥浆的密度是指单位体积泥浆的质量，以 ρ 表示，单位为 g/cm^3。

2) 含砂量

泥浆中不能通过 200 目筛网的砂子，也可以说是直径大于 0.074mm(74μm)的砂子占泥浆总体积的百分数。

3) 固相含量

固相含量是指泥浆中全部固相的体积占泥浆总体积的百分数。

4) 黏度

泥浆的黏度包括塑性黏度和表观黏度。塑性黏度的含义是泥浆在层流时，泥浆中的固体颗粒与固体颗粒之间、固体分子与液体分子之间、液体分子与液体分子之间的摩擦力的总和，这个摩擦力就是塑性黏度。

表观黏度的定义是用一定体积的泥浆流过规定尺寸的小孔所需要的时间，故也叫作漏斗黏度。

5) 泥浆的切力[2]

泥浆静止时，颗粒之间相互吸引而形成结构，结构中束缚一定量的水，当外加一定切力而流动时，结构拆散，放出束缚的水，流动性增大，这种特性称为泥浆的触变性。

衡量泥浆静止时的胶凝强度是静切力。

泥浆的动切力是反映泥浆层流流动时，泥浆体系内部黏土颗粒之间、黏土颗粒和处理剂及处理剂之间的相互作用力，即泥浆流动时形成结构的能力。

6) pH

pH 为氢离子浓度的负对数值。泥浆的 pH 对泥浆的性能有很大影响。黏土颗粒带负电荷，它必须在碱性条件下才能维持稳定，因此泥浆必须维持在碱性范围。一般泥浆的 pH 应控制在 9~11.5。

5.1.2 泥浆的功用

在介绍泥浆的功用前，先对水平定向钻穿越的地质特点、泥浆工艺的工程特点、主要技术难题机理分析进行介绍[3]。

1. 穿越地层的特点

水平定向钻穿越的地层较复杂，虽为浅表地层，但有粉土层、粉质黏土层、黏土层、淤泥层、粉砂层、细砂层、中砂层、流砂层、粗砾砂层、卵砾石层等。其岩性多为疏松且含水饱和度高的砂、泥及混合物，属于未成岩地层，易塌、易窜漏，少数地区含姜结石，部分穿越泥岩、砂岩和花岗岩等，强度极限可达 200MPa。穿越深度多数为 10~40m，最深可达上百米。

2. 泥浆工艺的工程特点

水平定向钻穿越有关泥浆工艺的工程特点表现在：泥浆在孔内流量小、流速低；环形空间间隙大；连续配浆作业，由于时间的局限，泥浆配制过程不易充分水化。主要涉及的泥浆关键技术是泥浆润滑技术、泥浆护壁技术、泥浆携砂技术及穿越地层的防漏和堵漏技术。

3. 泥浆的主要功用

在水平定向钻作业中，泥浆主要影响以下 7 个方面：①钻头切削的速度；②泥浆携带岩屑的能力；③孔壁的稳定；④岩屑的悬浮；⑤孔内液柱压力的波动；⑥孔内泥浆的失水量和泥饼的厚度；⑦泵压和泵排量。泥浆的主要功用叙述如下[3]。

1) 携带岩屑

泥浆经钻具从钻头喷嘴或扩孔器的喷嘴喷出，清除孔底和钻头、扩孔器上的岩屑，经环形空间将其携带到地面，从而保证钻、扩孔工作的顺利进行，延长钻具的寿命，提高工作效率。

在泥浆携带岩屑的过程中，由于重力作用，岩屑有下沉的趋势，但当泥浆在环形空间中的流速达到一定数值后或泥浆切力提高后就能克服这种作用，将岩屑携带到地面。泥浆从孔中携带钻屑的效果主要取决于以下几个因素。

(1)环空返速。只有当环空返速高于一定值后,才能有效地将孔中岩屑携带到地面,流速越快,携带量越好。环空返速取决于泥浆泵的排量、孔径与钻具的尺寸。

(2)泥浆密度和切力。泥浆对岩屑产生浮力,其浮力与泥浆密度和切力有关。因此提高泥浆密度和切力可以提高其携带能力。

(3)黏度。泥浆的携带能力随其黏度的增大而提高,黏度取决于悬浮固相的含量、分散程度和液相黏度等因素。

2)稳定孔壁

孔壁稳定、扩孔形状规则是优质、安全和快速钻孔的基础条件,也是泥浆措施的基本立足点。因而泥浆组成和性能必须对所钻地层的水化膨胀和分散具有较强的抑制作用;同时,泥浆的滤失性能应有利于在孔壁上形成薄而韧、摩擦系数低的泥饼,阻止液体渗入地层,用以巩固孔壁,防止孔塌。考虑到扩孔器的自重,扩孔作业时,孔的成型是不断向前向下扩开。从实践上看,扩孔后的形状是鸭梨状,每次扩孔后,孔的下壁都将形成新的孔壁。

3)悬浮岩屑

泥浆具有触变性,当停止循环时,能使需要携带到地面的固相颗粒处于悬浮状态;恢复循环时,泥浆恢复原有的流动状态,将岩屑与沙子一起携带到地面。泥浆应有较高的悬浮能力,以保证将孔中的钻屑携带出来。

4)传递水力功率

泥浆是从地面向钻头或孔内动力钻具传递水力功率的媒介,因此设计泥浆方案时应考虑各种水力参数。一般来说应该选用最佳的泥浆流变性能、泵量与泵压,以保证大部分水力功率用于泥浆的循环,同时使用动力钻具时应使其获得所需的功率。泥浆的固相含量和参数对水力功率均有很大影响,应该控制在适当的数值内。

5)冷却润滑钻具

在水平定向钻穿越过程中,钻头和钻具与地层摩擦产生大量的热,所以必须用循环的泥浆带走。摩擦产生的热和地层的热先传递给泥浆,然后泥浆又将其带到地面散发,从而起到冷却钻头和钻具的作用。

泥浆对钻具有一定程度的润滑作用。在泥浆中加入润滑剂能提高泥浆的润滑能力,降低钻杆扭矩,延长钻具寿命。

5.1.3 泥浆材料

泥浆作用的发挥和泥浆材料组成有很大关系。因而,当需要突出某一方面的作用时,就应该有针对性地调整泥浆配料的成分。

1. 泥浆材料组成

一般来讲,水平定向钻用泥浆由三大部分材料组成:膨润土、泥浆添加剂和水。

1）膨润土

膨润土是一种矿物黏土，它是配制泥浆的主要原料，有钠基和钙基之分，水平定向钻的泥浆配制常用钠基膨润土。泥浆配制时，膨润土通过水化作用形成具有一定黏度且有良好保水性能和触变性能的浆体，这是泥浆的主体。

膨润土有很多种类，但常用在泥浆配制的只有四种：高岭石、伊利石、蒙脱石和海泡石。

以高岭石和伊利石为主的膨润土分布较广、价格便宜，是广泛应用的泥浆材料；以蒙脱石为主的膨润土水化分散、吸附性能较好，是配置泥浆的优质材料；海泡石族的棒状膨润土的抗盐性能好、热稳定性高，是配置盐水泥浆的好材料。

膨润土在泥浆中的作用主要包含以下几方面。

(1)用作配制泥浆的原材料。在膨润土中加入水配成基浆，再加入处理剂就可以配成符合水平定向钻施工要求的泥浆。

(2)形成低渗透率的泥饼，降低泥浆滤失量。

(3)提高泥浆的黏度和切力，提高孔洞的净化能力。

(4)用作堵漏材料。

(5)如遇胶结不良的地层，可改善孔洞的稳定性。

2）泥浆添加剂

泥浆添加剂是泥浆中添加的一种辅助材料，其目的是改善泥浆某一方面的性能，因而根据用途不同可以有很多种类，但总体上主要分为三大类：无机处理剂、有机处理剂、表面活性剂。

(1)无机处理剂。纯碱(碳酸钠、苏打)能通过离子交换和沉淀作用使钙质黏土变为钠质黏土，从而有效改善黏土的水化分散性能，因此加入适量纯碱可使泥浆的失水下降，黏度、切力增大。烧碱(氢氧化钠)是强碱，主要用于控制泥浆的 pH。泥浆配制时水的 pH 对膨润土的分散有很大影响，这一点必须引起足够重视，一般应把水的 pH 调整为弱碱性(8~10)，因为膨润土本身为酸性材料，放入碱性淡水有利于膨润土的充分分散、熟化。pH 太低，膨润土的分散性就差；但 pH 也不能太高(不宜超过 13)，否则会降低泥浆黏度和切力。无机处理剂一般都有数量相当多的亲水基团，被黏土颗粒吸附后形成较厚的水化膜，从而有效改善泥浆的性能。

(2)有机处理剂：按作用分为稀释剂(主要用来控制泥浆的流动性)、降失水剂和增黏剂等。现场常用的有机处理剂：①羧甲基纤维素钠(CMC-Na)属于高分子聚合物有机处理剂，主要起增黏、降失水作用，根据聚合度和水溶液黏度，分为高黏(HV-CMC)、中黏(MV-CMC)、低黏(LV-CMC)三类，CMC 泥浆体系一般采用中黏 CMC，既起降滤失作用，又能提高泥浆黏度，但当地层水或配浆水中的 NaCl 含量高于正常值时，应选用高黏 CMC，增强护胶作用；②聚阴离子纤维素(PAC)主要为降失水剂，有一定的增黏和润滑作用；③正电胶(MMH)主要作用是将膨润土的片状结构转变为网状结构，增强携屑性能；④聚丙烯酰胺(PAM)，它的特性和在泥浆中起的作用决定于相对分子质量、水解度和在泥浆中的加量,可起到絮凝作用或稳定作用,还具有增黏、堵漏、润滑作用;⑤黄原胶是性能优越的生物胶,集增稠、悬浮、乳化、稳定于一体。

(3)表面活性剂:一种能显著改变物体界面性质(如界面张力)的物质。增加表面活性剂能改变钻具及孔壁泥饼的表面特性,使其从原来的亲水变为亲油,在没有加入油的情况下使其表面具有油(碳氢链)的性质,从而有效防止卡钻和减小摩擦力,如水基润滑剂。

3)水

泥浆中的主要组分是水,水平定向钻穿越配制泥浆用水主要为淡水。为了节约成本,一般现场的泥浆都是用当地的水进行配制。但不同地区的水质相差较大,水中的污染物、杂质、细菌、气体、无机物和有机物都对配制泥浆的性能影响较大。因此,检验不合格的水应在处理后进行泥浆的配制。

水可分为酸性水、中性水和碱性水,水中可能含有的无机盐有 $NaCl$、$CaCl_2$、$MgCl_2$、Na_2CO_3 等,这些无机盐可能使膨润土造浆率降低及滤失量增大,酸性液体可能造成对钻具的腐蚀,有机物可能造成泥浆发酵变臭。对于含 Ca^{2+}、Mg^{2+} 的水,可用纯碱和烧碱进行处理。

2. 泥浆材料的性能

为了使泥浆有较好的性能,应使膨润土、正电胶、CMC-Na 理化性能指标等符合以下要求。

(1)水平定向钻穿越用膨润土应选用钠化膨润土,性能要求参考表 5.2。

表 5.2 钠化膨润土性能指标

黏度计 600r/min 读值	悬浮液动塑比[①][Pa/(mPa·s)]	悬浮液滤失量/ml	悬浮液 75μm 筛余(质量分数)/%
≥30	≤1.5	≤15.0	≤4.0

①动切力/塑性黏度。

(2)正电胶的性能要求见表 5.3。

表 5.3 正电胶干粉性能指标

外观	烘失量/%	筛余量/%	pH	电动电势/mV	表观黏度提高率/%	动切力提高率/%
白色或浅黄色自由流动粉末或颗粒	≤15	≤5	≤10	≥35	≥300	≥300

(3)水平定向钻穿越用羧甲基纤维素钠盐(CMC-Na)一般为中黏或低黏,代号分别为 MV-CMC 和 LV-CMC。性能要求参考表 5.4。

表 5.4 CMC-Na 理化性能指标

代号	外观	含水量/%	纯度/%	取代度/%	pH
LV-CMC	自由流动的白色或淡黄色粉末,不结块	≤10	≥80.0	≥0.80	7.0~9.0
MV-CMC			≥85.0	≥0.65	7.0~9.0

5.1.4 泥浆性能测试与控制

1. 泥浆性能测试

泥浆的常规性能一般包括密度、流变性(漏斗黏度、塑性黏度、动切力、静切力)、滤失造壁性(滤失量、滤饼性能)、pH、含砂量及固相含量等。这些性能对于保证水平定向钻管道穿越的成孔具有十分重要的作用,掌握泥浆性能可针对不同地质条件进行泥浆性能的调整[3]。

1) 测试准备

穿越现场应根据穿越规模及难度设置实验室或实验间,并根据实际需要按表 5.5 配备相应的泥浆性能测试仪器、设备与试剂。

表 5.5 现场泥浆试验检测仪器、设备与试剂配备表

序号	仪器设备名称	单位	数量
1	密度计(量程<2.0g/cm³)	台	1
2	马氏漏斗黏度计	台	1
3	六速旋转黏度计	台	1
4	API 滤失仪	套	1
5	固相含量测定仪	台	1
6	含砂量测定仪	套	1
7	pH 计/试纸	套	1
8	泥饼黏附系数测定仪	套	1
9	膨润土含量测定装置、试剂	套	1
10	钙离子、镁离子、氯离子、碱度分析装置,试剂	套	1
11	秒表	个	1
12	2000mL 液杯	个	2
13	电动搅拌机(40~60W)	台	1
14	高速搅拌器	套	1
15	氮气瓶或气筒	个	1
16	电子天平(精确至 0.1g)	台	1
17	计算机	台	1
18	打印机	台	1

泥浆测量仪器应按规定定期校验,并建立测量仪器检验校核档案,校验不合格的仪器不能使用,化学分析试剂应在有效期内。

2) 性能测试

(1) 密度的测定。

①仪器:用泥浆密度计(图 5.7)测定泥浆的密度(精度±0.01g/cm³)、温度计(量程为

0～105℃)、量杯(1000ml)。

图 5.7　泥浆密度计

②测定方法。

A.仪器底座应放置在一个水平面上。

B.泥浆报表应记录泥浆的温度。

C.将待测泥浆注入洁净、干燥的泥浆杯中，把杯盖放在注满泥浆的杯上，旋转杯盖至盖紧。要保证少许泥浆从杯盖小孔溢出，以便排出混入泥浆中的空气。

D.将杯盖压紧在泥浆杯上，并堵住杯盖上的小孔，冲洗并擦净擦干杯和盖。

E.将臂梁放在底座的刀垫上，沿刻度移动游码使之平衡。当水准泡位于中心线时即达到平衡。

F.在靠近泥浆杯一边的游码边缘读取泥浆的密度值。

G.记录泥浆密度值，精确到 $0.01g/cm^3$。

③校正方法。

应经常用淡水来校正仪器。在 21℃时淡水的密度应是 $1.00g/cm^3$，否则应按需要调节刻度臂梁末端的平衡螺丝或增减平衡锤小孔内的铅粒数。

(2)马氏漏斗黏度的测定。

①仪器：马氏漏斗黏度计(图 5.8)(漏斗锥体长度为 305mm，直径为 152mm，至筛网底的容积为 $1500cm^3$；流出口的长度为 50.8mm，内径为 4.7mm；筛网的孔径为 1.524mm)、刻度杯($946cm^3$)、秒表、温度计(量程为 0～105℃)。

图 5.8　马氏漏斗黏度计

②测定方法。

A.测量泥浆温度(℃)并记录。

B.用手指堵住漏斗流出口，通过筛网将新取的泥浆样品注入干净且直立的漏斗中，直至泥浆到筛网底部为止。

C.移开手指的同时按动秒表，测量泥浆注满杯内刻度线(946cm³)所需的时间。

D.以 s 为单位记录泥浆漏斗黏度。

E.标定时，向漏斗注入 1500cm³、水温为 20℃(68°F)的清水，流出 946cm³ 清水的时间应为(26±0.5)s。

(3)塑性黏度、表观黏度、动切力和静切力的测定。

①仪器：直读式黏度计(图 5.9)。

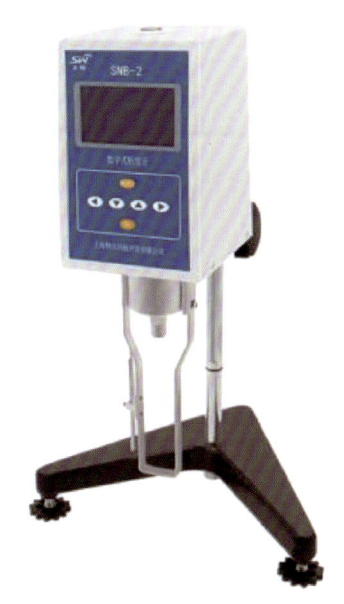

图 5.9　直读式黏度计

直读式黏度计是以电动机为动力的旋转型仪器。泥浆处于两个同心圆筒间的环形空间内，电动机经过传动装置带动外筒(或称转筒)以恒速旋转，借助被测泥浆的黏滞作用于内筒(或称悬锤)产生一定的转矩，带动与扭力弹簧相连的内筒产生一个角度。该转角与泥浆的黏性成正比，于是对泥浆的黏度测量就转换成对内筒转角的测量。扭力弹簧阻止内筒的旋转，而与悬锤相连的表盘指示悬锤的位移。由于已调好仪器常数，所以通过转筒以 300r/min 和 600r/min 旋转时的读数即可得到塑性黏度和动切力。

直读式黏度计的组成和规格如下。

A.转筒：如某型号黏度计规格为内径 36.83mm，总长度 87.00mm，转筒底部到刻度线的长度为 58.4mm，在转筒刻度线下恰好有两排相距 120°(2.09rad)、直径为 3.18mm 的小孔。

B.内筒：如某型号黏度计规格为直径 34.49mm，柱体长度 38.00mm，内筒由平底和锥形顶部封闭。

C.扭力弹簧常数：如某型号黏度计规格为 3.68×10^{-5}N·m/(°)。

D.转筒转速：高速为 600r/min；低速为 300r/min。

E.秒表。

F.合适的容器,如黏度计配备的样品杯。

G.温度计:量程为0～105℃。

②测定方法。

A.将样品注入容器中,并使转筒刚好浸入至刻度线处。在现场测量时,应尽可能减少取样所用时间(如有可能,应在5min之内),并且测量时的泥浆温度应尽可能接近取样处的泥浆温度(温差不应超过6℃)。记录取样位置。

B.测量并记录泥浆的温度(℃)。

C.将直读式黏度计调至600r/min挡位并旋转,待表盘读值恒定后,读数并记录600r/min时的表盘读值。

D.将转速转换为300r/min,待表盘读值恒定后,读数并记录300r/min时的表盘读值。

E.将泥浆样品在高速下搅拌10s。

F.泥浆样品静置10s,测定以3r/min旋转时的最大读值,以Pa为单位记录初切力。

G.将泥浆样品在高速下重新搅拌10s,而后静置10min。测定以3r/min旋转时的最大读值,并以Pa为单位记录10min静切力。

(3)计算。

采用宾汉模型按式(5.9)～式(5.12)分别计算表观黏度、塑性黏度、动切力和静切力。

$$\eta_{\mathrm{AV}} = \frac{1}{2}\Phi_{600} \tag{5.9}$$

$$\eta_{\mathrm{p}} = \Phi_{600} - \Phi_{300} \tag{5.10}$$

$$\tau_{\mathrm{d}} = \frac{1}{2}(\Phi_{300} - \eta_{\mathrm{p}}) \tag{5.11}$$

$$\tau_{0,10\mathrm{s}} \text{或} \tau_{0,10\min} = \frac{1}{2}\Phi_{3} \tag{5.12}$$

式中,η_{AV}为表观黏度,mPa·s;Φ_{600}、Φ_{300}分别为600r/min、300r/min时的恒定读值;$\tau_{0,10\mathrm{s}}$或$\tau_{0,10\min}$为10s或10min的静切力,Pa;Φ_3为静置10s或10min后以3r/min转速旋转时的最大读值。

(4)低温低压滤失量的测定。

①仪器:滤失仪(图5.10)、计时器、量筒、钢尺。

A.滤失仪:主体是一个内径为76.2mm、高度至少为64.0mm的筒状泥浆杯。此杯由耐强碱溶液的材料制成并被装配成加压介质,可方便地从其顶部进入和放掉。装配时在泥浆杯下部底座上放一张直径为90mm的滤纸。过滤面积为(4580±60)mm²。底座下部安装有一个排出管,用来排放滤液至量筒内。用密封圈密封后,将整个装置放置在一个支撑架上。压力可用任何无危险的流体介质来施加,气体和液体均可。加压器上应装压力调节器,由便携式气瓶、小型气弹或液压装置来提供压力。为了获得相关性好的结果,必须使用一张直径为90mm的Whatman No.50、S&S No.576或相当的滤纸。

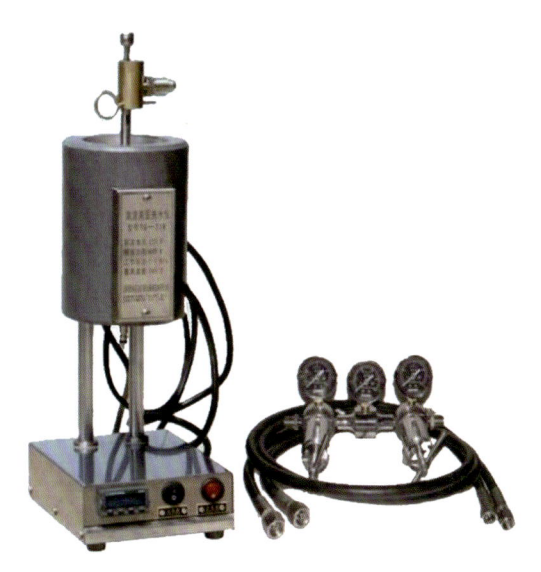

图 5.10　低温滤失仪

B.计时器：时间间隔为 30min。

C.量筒：10cm³ 或 25cm³。

D.钢尺：精度为 1mm。

②测定方法。

A.将泥浆注入泥浆杯中，使其液面距杯顶至少 13mm（以减少二氧化碳对滤液的污染），而后放好滤纸并安装好仪器。

B.将干燥的量筒放在排出管下面接收滤液。关闭减压阀并调节压力调节器，应在 30s 内使压力达到(690±35)kPa。在加压的同时开始计时。

C.30min 后，测量滤液的体积。关闭压力调节器并小心打开减压阀。

D.以 cm³ 为单位记录滤液的体积（精确到 0.1cm³），并作为 API 滤失量，同时记录泥浆样品的初始温度，以℃表示。保留滤液进行化学分析。

E.在确保所有压力全部被释放的情况下，从支架上取下泥浆杯。此时要非常小心地拆开泥浆杯，倒掉泥浆并取下滤纸，并尽可能减少滤饼的损坏。用缓慢的水流冲洗滤纸上的滤饼。

F.测量并记录滤饼的厚度，精确到 0.5mm。

注：尽管对滤饼的描述带有主观性，但如硬、软、韧、致密、坚固等解释对了解滤饼质量仍是重要的信息。

(5)含砂量的测定。

①仪器（图 5.11）。

A.直径为 63.5mm、孔径为 0.074mm 的筛子。

B.与筛子配套的漏斗。

C.标有泥浆体积刻度线的玻璃测管可直接读出含砂百分数，此玻璃测管标有 0～100 的百分数刻度线。

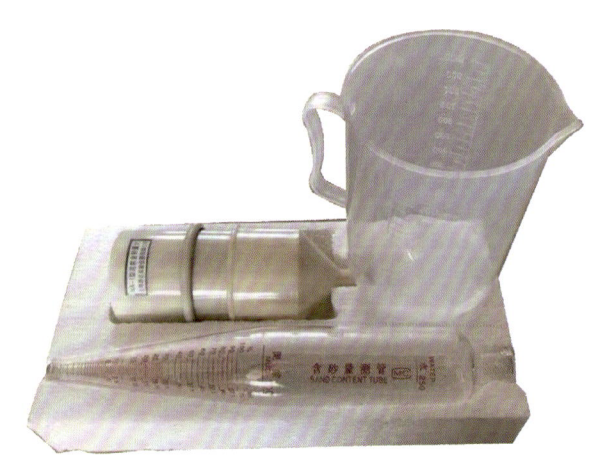

图 5.11 含砂量测试仪

②测定方法。

A.将泥浆注入玻璃管"泥浆"标记处。加水至另一标记处。堵住玻璃管口并剧烈震荡。

B.将此混合物倒入洁净、湿润的筛网上。弃掉通过筛网的流体。在玻璃管中再加些水,震荡并倒入筛网上,重复直到测量管洁净。冲洗筛网上的砂子以除去残留的泥浆。

C.将漏斗口朝下套在筛框上,缓慢倒置,并把漏斗尖端插入玻璃管。用小水流通过筛网将砂子冲入测量管内,使砂子沉淀。从玻璃测量管上的刻度读出砂子的体积分数。

D.以体积百分数记录泥浆的含砂量。记录泥浆的取样位置,如比砂子粗的其他固相颗粒(如堵漏材料)也留在筛网上,应注明这类固相的存在。

(6)pH 的测定。

①pH 试纸法。

A.将 pH 试纸放在泥浆样品的液面上,待完全被其液相润湿(一般10～15s)且颜色稳定。

B.将试纸润湿面的颜色与试纸夹上的标准色板比较,将最接近的以 0.3～0.5 单位精度的颜色记下并作为泥浆的 pH。

(2)pH 玻璃电极测试法。

A.pH 玻璃电极测试仪由一个玻璃电极组、一个电子放大器和一个标定过的 pH 计组成。

B.按生产厂指定的方向,使用一定的缓冲溶液标定 pH 计。

C.将电极放入泥浆中,轻轻转动电极以搅拌样品。按仪器说明书进行 pH 测定。

D.待仪器读值稳定地停在一个位置,以 0.1 单位精度记录测得的 pH。

2. 泥浆的性能控制

水平定向钻施工中对泥浆性能控制的重点如下[4]。

1)流变性的控制参数主要是黏度、切力和触变性能

(1)泥浆黏度对水平定向钻施工的影响主要表现:泥浆黏度高、携屑能力强、不易漏失,但在泥浆循环过程中不易净化,泵的抽送阻力大;泥浆黏度小,易泵送和净化,但

不利于保护孔壁。所以，不同情况下选用不同黏度的泥浆是很有必要的。

(2) 泥浆的静切应力，反映了泥浆的携屑悬浮性能。

(3) 泥浆的触变性是指搅拌后泥浆变稀(切力降低)，静置后泥浆变稠(切力升高)的特性。水平定向钻施工要求泥浆具有良好的触变性，在泥浆停止循环时，切力能较快地变化到某个适当的数值，既有利于钻屑悬浮，又不至于静置后重启时泵的负荷过高。

2) 滤失和造壁性

滤失和造壁性是指泥浆渗透失水后形成的造壁滤饼性能，理想的滤饼应该是薄而细致、韧性好、能经受泥浆液流的冲刷。不同的地层条件对泥浆的性能要求是不一样的。因此，水平定向钻穿越施工前，一定要先对地质勘察资料进行认真研究，并在此基础上制定出合理的泥浆工艺方案。

5.2 泥浆的设计与计算

5.2.1 泥浆的一般设计方法

较全面的泥浆设计的基本流程：设计泥浆的相对密度、流变性、降失水性等主要技术指标；确定泥浆的胶体率、允许含砂量、固相含量、pH、润滑性、渗透率、泥皮质量等重要参数；选择造浆黏土和处理剂；进行泥浆处理剂配方设计；泥浆材料用量计算；确定泥浆的制备方法；拟订泥浆循环、净化及管理措施[3]。

(1) 按平衡地层压力的要求计算泥浆的密度 ρ，即 $\rho = P_c / gH$ 或 $\rho = P_0 / gH$ (式中，P_c、P_0 分别为孔深 H 处的地层侧压力、地层孔隙流体压力，究竟是按 P_c 还是按 P_0 计算，由实际情况下平衡哪一种压力更为重要来定。如果两者都需要平衡，就应该分别计算出两种结果，权衡介于两者之间的某值。一般钻孔泥浆的相对密度在 1.02～1.40。

(2) 考虑携带悬浮钻屑、护壁堵漏的要求确定泥浆的流变性。流变性的指标主要是黏度 η 和切力 τ。η 和 τ 的调整范围很宽，一般 η 的范围在 10～100mPa·s，τ 的范围应视不同钻孔情况具体确定。另外，一些情况下还要考虑泥浆的剪切稀释作用和触变性。

(3) 泥浆其他设计指标的参考范围：失水量一般应不大于 15ml/30min，含砂量不大于 2%，胶体率不小于 90%，pH 视不同泥浆在 9～11.5 变化，润滑性必要时应进行控制。

各种钻进情况下的地层特点、钻进工艺方法差异较大，因而对钻孔泥浆性能也有不同的要求，泥浆设计重点也因此而不同。在钻屑粗大及孔壁松散的地层中，泥浆的黏度和切力等流变性指标是设计重点；在稳定坚硬岩层中钻进，泥浆设计的重点是大粒径钻屑的携带，此时护壁处于次要因素。又如，在遇水膨胀塌孔的地层中钻进，泥浆的设计重点则应放在降失水护壁上；在对压力敏感的地层中，泥浆的相对密度设计又显得尤为重要。因此，针对特定的钻进情况，在全面设计中找出相应的设计要点，是做好泥浆设计的关键所在。

在泥浆性能设计中可能会遇到一些相互矛盾的情况，在满足一些设计指标时，另一些指标则得不到满足。对此，应该抓住主要问题，兼顾次要问题，综合照顾全面性能。在一些要求不高的场合，可以酌情精简对泥浆性能的设计，适当放宽对一些相对次要指标的要求，以求得最终的低成本和高效率。

5.2.2 泥浆材料用量计算

1. 泥浆总体积的计算

所需泥浆总体积 V 是钻孔内泥浆量 V_1、地表循环净化系统泥浆量 V_2、漏失及其他损耗量 V_3 的总和[3]：

$$V = V_1 + V_2 + V_3 \tag{5.13}$$

其中，钻孔内的泥浆量为

$$V_1 = \frac{1}{4}\pi D_h^2 L \tag{5.14}$$

式中，D_h 为孔径，m；L 为钻孔长度，m。

地表循环净化系统的泥浆量为泥浆池、沉淀池、循环槽和地面管汇的体积之和，漏失及其他损耗量应根据实际情况确定。

2. 膨润土用量计算

配置泥浆所需膨润土质量 m 按以下过程推导计算：

$$m = \frac{V\rho_1(\rho_2 - \rho_3)}{\rho_1 - \rho_3} \tag{5.15}$$

式中，ρ_1 为膨润土的密度，取 2.6~2.8t/m³；ρ_2 为泥浆的密度，t/m³；ρ_3 为水的密度，t/m³；V 为泥浆的体积，m³。

3. 配浆用水量计算

配制泥浆所需水量 V_W 估算：

$$V_W = V - \frac{m}{\rho_1} \tag{5.16}$$

式中，ρ_1 取 2.6~2.8t/m³。

4. 泥浆处理剂用量计算

总的来看，处理剂在泥浆中的加量较少，按体积含量计一般只占泥浆总体积的 0.1%~1%。具体数值由不同的配方决定。值得注意的是，要澄清处理剂的加量单位，粉剂一般以单位体积泥浆中加入的质量来计，而液剂则以单位体积泥浆中加入的体积量来计。在一些特殊情况下，还有以单位膨润土粉质量中加入多少处理剂来计算。

5.3 典型泥浆配方

用于砂层、卵砾石层、破碎带等机械性能分散地层的泥浆，简称松散地层泥浆。用于土层、泥岩、页岩等水敏性地层的抑制性泥浆，简称水敏抑制性泥浆。用于较稳定、漏失较小的硬岩钻进的泥浆，简称硬岩穿越泥浆[3]。下面就对应地层使用泥浆所需要的性能及常见配比做具体的说明。

5.3.1 松散地层泥浆配方

在砂层、砾石、卵石及破碎带等机械性能分散地层中，由于颗粒之间缺乏胶结，钻进时孔壁很容易坍塌，成孔难度大。针对此类地层，解决问题的关键是增加孔壁颗粒之间的胶结力。黏性较大的泥浆适当渗入孔壁地层中，可以明显增强砂、砾之间的胶结力，使孔壁的稳定性增强。

1. 典型泥浆配方

提高泥浆黏度主要可以通过使用高分散度泥浆（细分散泥浆）、增加泥浆中的黏土含量、加入有机或无机增黏剂等措施来实现。细分散泥浆是含盐量小于1%，含钙量小于120mg/L，不含抑制性高聚物的分散型泥浆。其组成除黏土、Na_2CO_3和水外，为满足钻孔需要通常加有提黏剂、降失水剂和防絮凝剂（稀释剂）。根据所加处理剂的不同，可有不同种类，如 CMC-Na 泥浆，这是一种最普通的提黏型泥浆，CMC-Na 可起到进一步提黏和降失水的作用。配方：优质膨润土占 6%～10%（质量分数，余同），纯碱烧碱 0.2%～0.5%，CMC-Na 0.15%～0.2%。泥浆性能：相对密度为 1.07～1.1，黏度为 35～55s，pH 约为 9.5。

2. 典型实例

现以钱塘江水平定向钻穿越敷设管道工程为例。

杭州钱塘江天然气管道穿越项目位于钱塘江河段，东段位于杭州市萧山区，西段位于杭州市与海宁市的交界处，地质情况从上到下依次为素填土、砂质黏土、粉砂、粉细砂、粉砂夹粉质黏土、粉砂黏土、淤泥质粉砂黏土。穿越地层孔壁的稳定性较差，易坍孔，且中部的淤泥质粉质黏土的土性软、承载性能差。

穿越总长度 2454.15m，主管道规格为 Φ813mm×15.9（壁厚）mm，钢管材质为 L450，设计压力为 6.3MPa。施工地段易缩径，泥浆体系需具有如下特性：高动切力（高动塑比）、低塑性黏度、能够迅速形成胶体结构、形成"液体套管"、良好的剪切稀释性、良好的孔壁支撑能力。

泥浆配方：6%膨润土＋1‰Na_2CO_3＋1‰NaOH＋3‰CMC＋0.3‰润滑剂+水，马氏漏斗黏度控制在 60～80s，密度为 1.06g/cm³。

此配方在钱塘江水平定向钻敷设管道工程中的应用效果良好。

5.3.2 水敏抑制性泥浆配方

在黏土、泥页岩等水敏性地层中钻进，突出问题之一是钻孔孔壁的遇水膨胀、缩径，甚至流散、塌孔。原因是黏土、泥页岩中存在大量的黏土矿物，尤其是蒙脱石的存在，可使孔壁黏土接触到泥浆中的水时，发生黏土的吸水、膨胀、分散。

1. 典型泥浆配方

对于水敏性地层最关键的问题是抑制黏土的分散，应尽量减少泥浆对地层的渗水，也就是降低泥浆的失水量并增强孔壁岩土的抗水敏性。针对水敏性地层泥浆配制提出以下几个要点[3]。

(1) 选优质膨润土。优质膨润土的水化效果好，黏土颗粒吸附了较厚的水化膜，泥浆体系中的自由水量少。

(2) 采取"粗分散"方法。使黏土颗粒适度絮凝，而非高度分散，从而使孔壁岩土的分散性减弱，保持一定的稳定性。

(3) 添加降失水剂。CMC-Na、PAM 等降失水剂通过增加水化膜厚度，增大渗透阻力、孔壁网架隔膜作用可使失水量明显减少。

(4) 提高基液黏度。泥浆中的"自由水"实际上是滤向地层的基液，其黏度越高，向地层中渗滤的速率就越低。

(5) 利用特殊离子对地层的"钝化"作用。一些特殊离子，如 K^+、NH_4^+ 的嵌合作用可以加强黏土颗粒之间的结合力，从而使孔壁的稳定性提高。

(6) 利用大分子链网在孔壁上的隔膜作用。泥浆中的大分子物质相互桥接，滤余后附着在孔壁上形成阻碍自由水继续向地层渗漏的隔膜。

(7) 利用微颗粒的堵塞作用。在泥浆中添加与地层空隙尺寸相配的微小颗粒，如超细碳酸钙等，可以堵塞渗漏通道，降低泥浆的失水量。

2. 典型实例

现以东部原油管网俄油引进配套庆铁线扩能改造工程第 4 标段内汽车产业区特殊区段水平定向钻穿越工程为例[5]。穿越地貌单元为冲积平原，场地地势较平坦，地层为耕土、粉质黏土、泥岩层。施工地段地下水主要存在于黏性土层中。针对本工程的地质情况，应尽量减少泥浆对地层渗水。

该穿越管线为南北走向，采用大型水平定向钻 2 管同拖 $\Phi 813mm + \Phi 114mm$ 方式穿越。主管管径为 $\Phi 813mm$，管材材质为 L450，钢管壁厚为 11.9mm，钢管采用 3-PE 外防腐，敷设硅管套管规格为 $\Phi 114mm \times 6.4mm$。穿越长度为 631.70m，穿越最深点为 22m。

泥浆组成：膨润土+纯碱+CMC-Na，浆的配合比(kg/m³)：1∶0.04∶0.06。

泥浆性能：相对密度为 1.01～1.06，黏度为 30～45s，pH 为 8～10。

此配方在该项水平定向钻穿越工程中取得了良好的效果。

5.3.3　硬岩穿越泥浆配方

对于钻进而言,坚硬岩石有以下特点。

(1)由于岩石坚硬,钻进时破碎岩石所需要的消耗大,进尺慢,钻头磨损严重,容易烧钻,这对钻进是不利之处。

(2)钻进坚硬岩石形成的孔壁相对稳定,除了遇到较大的地层破碎带,一般情况下不易发生像土层、泥页岩和砂砾层那样的严重坍塌塌孔。

(3)由于硬岩钻进多采用三牙轮钻头,破碎方式通常为挤压破碎,钻屑颗粒较大,所以要求泥浆有较强的携屑性能。

(4)在泥浆循环过程中,随着扩孔直径的增大,泥浆环空返速降低,可能导致岩屑沉积形成岩屑床;在停泵期间,泥浆静置也可能导致大颗粒岩屑沉降形成岩屑床。这两种情况都是岩石穿越卡钻的原因之一。

1. 典型泥浆配方

针对以上特点,对硬岩穿越泥浆的设计应侧重增强泥浆的剪切稀释性和提高触变性,减少泥浆的流动阻力和固相含量,以利于提高钻速。泥浆的特点如下。

(1)良好的剪切稀释性。在钻具水眼处的剪切速率高,泥浆变稀,有利于提升泥浆马达和钻具的效率;而在环形空间内随着剪切速率降低,泥浆变稠,能够充分悬浮和携带钻屑,有利于提高携带效率。

(2)良好的触变性。在停止循环时,泥浆切力增大,有利于钻屑悬浮,避免在钻孔底部形成岩屑床,影响钻孔施工质量及安全。

硬岩穿越以正电胶泥浆体系、CMC泥浆体系为主,两种体系在大型硬岩穿越工程中都有成功应用的案例。近年来,穿越工程的复杂性和挑战性增大,对泥浆性能的要求也越来越高,而对于成本的控制越来越严,因此催生了性价比相对较高的复合添加剂的应用(如正电胶体系),并取得了一定效果。

正电胶体系是国内水平定向钻在岩石穿越中最早成功应用的泥浆体系,目前已被广泛应用于岩石穿越工程中。正电胶的化学名称为混合金属氢化物,英文缩写为 MMH。分散的正电胶能够在体系中制造出带有正表面电荷的粒子,这些粒子可以吸附体系中的膨润土颗粒,通过桥联作用将膨润土颗粒连接在一起从而形成强有力的胶体结构。这种强有力的胶体结构能悬浮较大、较重的钻屑。同时,它还具有良好的剪切稀释性,即在受到剪切作用时,结构被破坏,泥浆具有流动性,而一旦停止剪切,结构又迅速重组,保持泥浆的稳定性和静切力。

正电胶泥浆体系中,膨润土的加量不宜过大,对于优质的膨润土材料,控制土的加量在5%左右基本上就能够满足悬浮携带要求。正电胶体系对泥浆水化的要求较高,考虑到水平定向钻穿越泥浆排量大的特点,新配置的泥浆通常不能充分水化,从而影响泥浆的使用性能。因此,充分利用经处理器回收的泥浆,再根据检测结果及时补充新浆,一方面能够提高泥浆悬浮钻屑,另一方面可推动泥浆在孔中的流动。

2. 典型实例

现以云南天然气管道腾冲支线龙川江穿越工程为例[6],穿越地段位于云南腾冲市与龙陵县交界处的八湾田村附近,穿越地层主要为片麻岩、角砾岩。钢管规格采用 $\Phi 219.1 \mathrm{mm} \times 6.3 \mathrm{mm}$、L245 直缝高频电阻焊钢管,穿越段管道的水平长度为811m,曲线实长为839m。

由于工程两侧落差较大(51.3m),对导向孔完成后孔内泥浆循环存储的影响很大,泥浆无法在孔内有效循环存留,易造成岩屑沉积。

泥浆配方采用正电胶体系:淡水+6%膨润土+0.1%NaOH+0.1%Na$_2$CO$_3$+0.4%正电胶。

泥浆指标为:六速测试 V_{600}=120~130;动塑比[动切力(Pa)/塑性黏度(mPa·s)]>2;中压失水<10ml;泥浆循环处理后的含砂量<2%。

此配方在云南天然气管道腾冲支线龙川江穿越工程中的应用效果良好。

5.3.4 海水泥浆配方

在海上进行水平定向钻施工,若仍使用淡水配浆则会因受海水污染而影响泥浆性能。海水的侵入会使淡水泥浆产生凝聚、沉淀,出现泥水分离现象,使泥浆悬浮、携砂、维持孔壁稳定等性能减弱甚至丧失[7]。另外,随着国家对环保的要求日益严苛,海洋作业污染问题也越来越受到重视。因此,海上水平定向钻泥浆面临的主要问题:对泥浆性能要求更高、配浆材料抗海水污染能力强及能满足环保要求等。在海上施工,海上平台空间、载荷等条件都有限,淡水供应相对困难,若能直接用海水配浆,则可极大降低工程成本和难度。

海水泥浆是指用海水配制的含盐泥浆。海水中除含有较高浓度的 NaCl 外,还含有一定浓度的钙盐和镁盐,总矿化度一般为 3.3%~3.7%,pH 在 7.5~8.4,密度为 1.03g/cm^3[8]。

1. 典型泥浆配方

海水泥浆的配方有两种类型。一种是先用适量烧碱和石灰将海水中的 Ca^{2+}、Mg^{2+} 清除,然后再用于配浆。这种体系的 pH 应保持在 11 以上,特点是分散性相对较强,流变和滤失性能较稳定且容易控制,但抑制性较差。另一种是在体系中保留 Ca^{2+}、Mg^{2+},这种泥浆的 pH 较低,由于含有多种阳离子,护胶的难度较大,所以选用的护胶剂既要抗盐,又要抗钙、镁,但这种体系的抑制性和抗污染能力较强。

海水泥浆常使用黄原胶和聚阴离子纤维素等聚合物以产生包被作用使孔壁更为稳定,必要时混入一定量的油品以改善泥饼的润滑性,并在一定程度上降低滤失量。

此外,在需要一些特殊性能的泥浆时可以添加添加剂进行处理。

(1)需提高黏度时,可添加 MV-CMC;需降低滤失量时,可添加 LV-CMC;其用量宜经实验确定。

(2)需提高泥浆的动切力和动塑比时,宜在新配膨润土浆水化完成后加入一定量的 MMH。

(3)需要抗菌处理时宜加入杀菌剂。

2. 典型实例

现以孟加拉国水平定向钻海水泥浆现场应用为例[9]。在试钻过程中未加杀菌剂，结果发现海水泥浆 3d 后发酵变黑，为此加入杀菌剂 HCA101 以防止泥浆腐败变质。

泥浆配方：海水+7%～8%抗盐膨润土+0.2%～0.3%改性淀粉+0.2%～0.3%正电胶+0.01%杀菌剂 HCA101。

泥浆性能：相对密度为 1.05，pH 为 7。

此海水泥浆配方在孟加拉国水平定向钻穿越项目中的应用效果良好。

5.4　现场泥浆管理

5.4.1　现场泥浆配制及管理

现场泥浆配制及管理工作，一是在泥浆罐中配制符合使用条件的泥浆，通过管汇和阀门控制泥浆的流向，利用泵机组保持泥浆的循环，合理控制泥浆的性能参数，并随时调整，防止泥浆泄漏事故的发生，一旦发现泥浆的流量降低，适当补充泥浆数量，保证穿越工程的正常进行。二是及时调整泥浆的配比，对循环使用的泥浆进行实时化验，控制固相含量，提高泥浆循环效率。严格控制泥浆的性能参数，对泥浆的密度、黏度进行测定，发现异常立即调整，从而保持泥浆的性能满足穿越工程的需要[10]。

1. 配制方法

配制新浆时，应严格按照"纯碱(烧碱、纯碱+烧碱)→膨润土→处理剂"顺序添加泥浆材料，由加料漏斗、配浆罐组成的小循环系统内充分水化后导入储浆罐备用。

现场泥浆配置方法如下。

(1)对选用的配浆水(一般是淡水)进行水质分析，并进行配浆小型试验。

(2)根据小型试验验证的标准配方，先按地面容积预配 40～50m³ 泥浆开钻，计算好淡水、纯碱(烧碱、纯碱+烧碱)、膨润土和处理剂加量，开启搅拌器和快速配浆机，并按纯碱(烧碱、纯碱+烧碱)、膨润土、处理剂顺序依次加入。

(3)按供水排量计算好纯碱(烧碱、纯碱+烧碱)、膨润土和处理剂加入速度。详细的泥浆设计与计算见 5.2 节。

为使泥浆有较好的性能，用膨润土粉配得的泥浆最好在泥浆水化罐中充分水化，然后放入循环系统中，由泥浆泵泵入孔内使用。

2. 泥浆质量指标

参考《油气输送管道穿越工程施工规范》(GB 50424—2015)，配制的泥浆性能宜满足表 5.6 中的条件。

表 5.6 泥浆性能表

序号	泥浆性能	地层类型				
		松散粉砂、细砂及粉细土	密实粉砂、细砂层和砂岩、泥页砂岩	花岗岩等坚硬岩石	中砂、粗砂、卵砾石及砾岩、破碎岩层	黏性土和活性软泥岩层
1	马氏漏斗黏度/s	60~90	40~60	40~80	80~120	35~50
2	塑性黏度 η_p/(mPa·s)	12~15	8~12	8~12	15~25	6~12
3	动切力 τ_d/Pa	>10	5~10	5~8	>10	3~6
4	表观黏度 η_{AV}/(mPa·s)	15~25	12~20	8~25	20~40	6~12
5	静切力 ($\tau_{0,10}$/$\tau_{0,10min}$)/Pa	(5~10)/(15~20)	(3~8)/(6~12)	(2~6)/(5~10)	(5~10)/(15~20)	(2~5)/(3~8)
6	滤失量 FL/mL	8~12	8~12	10~20	8~12	8~12
7	pH	9.5~11.5	9.5~11.5	9~11	9.5~11.5	9~11

3. 泥浆维护和管理

(1) 穿越施工过程中，一般情况下，每 2h 测定 1 次密度、黏度、含砂量、pH；每班测试 1 次滤失量、固相含量及流变性能。当发现泥浆性能出现异常，应做现场实验并分析原因，确定处理方案，及时进行处理和调整。

(2) 粉状处理剂宜配成水溶液使用。

(3) 泥浆中加入处理剂时应均匀，以保持泥浆的稳定。

(4) 泥浆的 pH 应控制在 9~11.5。

(5) 泥浆运行过程中，应保持固控设备正常工作。

5.4.2 泥浆的回收与净化

水平定向钻施工过程中，除钻导向孔外，由于管道回拖工艺的要求，要多次扩孔，扩孔直径可达 1400mm 以上，穿越长度可达 5000m。成孔直径越大，穿越距离越长，使用的泥浆量也越大。一般大型穿越施工的泥浆用量通常在 3000m³ 以上，甚至可达 10000m³。采用泥浆的回收和净化措施，循环利用，可以节约使用的泥浆总量，降低工程成本，并减少废泥浆的处理量，有利于环境保护[3]。

1. 泥浆的回收

从水平定向钻穿越的工艺分析，在钻导向孔时，泥浆是从入土侧返回的，入土侧设有一个较大的泥浆池，将返回的泥浆暂时储存在泥浆池中。而在扩孔与洗孔过程中，泥浆是由入土与出土两侧返出的。在出土侧也设有一个小型的泥浆储存池，用于出土侧泥浆的储存。在泥浆回收过程中，要充分考虑水平定向钻穿越的各种工况。在大型管道水平定向钻穿越过程中，穿越管道时常与光缆伴行，可考虑采用光缆穿越的套管返回泥浆。

在没有光缆套管可利用的施工中,可考虑由钻杆将出土端的泥浆泵回或对注使用。

回收泥浆时,利用回收系统中的泥浆处理装置对泥浆坑中的返浆进行回收处理,最大限度地降低泥浆中的无用固相,确保循环后的泥浆具有良好的流动性和可调性;调节泥浆性能时,将回收处理后的泥浆导入配浆罐,根据测试结果进行性能调配以满足使用要求。

2. 泥浆的净化

泥浆的净化处理主要是将水平定向钻穿越返回的泥浆进行固相处理,将砂泥从泥浆中清除,处理后的泥浆进入制浆系统。处理后的泥浆可以极大地改善新配制的泥浆性能,使配制泥浆的水化性能更好。

目前常采用的泥浆处理系统包含振动筛、除砂器、除泥器、离心机和循环大罐等[11]。泥浆处理系统产生的废渣应定时清离现场并进行妥善处理。

1) 设备配置参数

(1) 振动筛主要处理颗粒为 106μm 以上的固相含量,筛网孔径宜在 106~250μm(150~60 目);经过振动筛处理后,除砂器主要处理 50μm 以上的固相含量、除泥器主要处理颗粒大小在 20μm 以上的固相含量;经除砂器、除泥器处理后,离心机主要处理颗粒在 2μm 以上的固相含量。

(2) 除砂器、除泥器运转时,输入压力不应低于 0.2MPa。

2) 操作注意事项

(1) 安装筛网应符合相关安装要求。

(2) 砂泵润滑油质和油量应符合产品说明书的要求。

(3) 密封处不应有泄漏。

(4) 振动筛应以正确的方向旋转,机轴应朝固相排出端转动。

(5) 在循环过程中,应经常检查筛网,一旦发现损坏,应立即更换。

(6) 当筛网上黏附较多细颗粒时,应及时清除。

(7) 处理过程中,及时调整筛网角度,不让泥浆旁流。

(8) 旋流体应无损坏,排砂畅通,管道无堵塞,阀门位置合理,使用安全可靠。

(9) 除砂器、除泥器的维护应按产品说明书的要求执行。

(10) 泥浆回收处理前应先开动泥浆枪或搅拌器,使砂泵泥浆吸入口处无沉砂后,方可运转。

(11) 冬季停用前应将所有管线、砂泵、旋流器内的残留泥浆清除干净。

3) 泥浆处理设备考虑的特殊工况

(1) 泥浆中含泥沙量大,宜采用多次循环过滤固相。

(2) 泥浆比重大,可使用离心机分离固相。

4) 泥浆净化处理工艺流程

泥浆净化处理工艺流程见图 5.12。管线改为进浆管;除泥器/清洁器改为除砂器、除泥器。

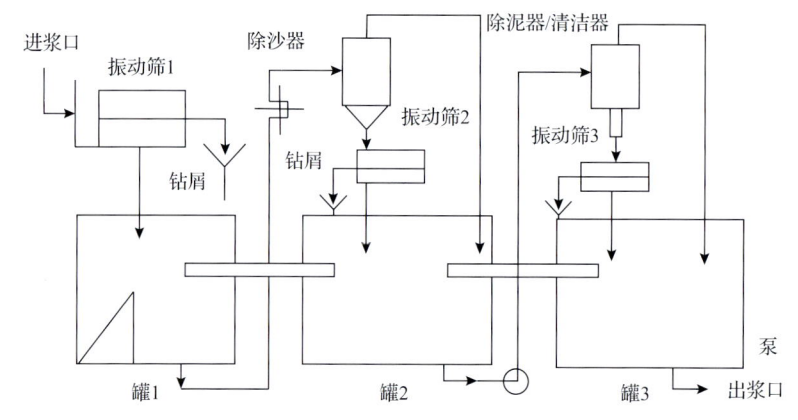

图 5.12 泥浆净化处理工艺流程图

5.4.3 废泥浆的无害化处理

废泥浆是穿越施工过程中从孔内排出的含大量泥沙及处理剂的无用泥浆。如果不经过处理而任意排放，可能造成周边地区的土壤板结，土地盐碱化，影响植物生长[3]。

废浆无害化处理主要依靠以下几种方法。

(1)泥浆设计中着重考虑采用危害性较小的泥浆配制方案，尽量采用无害性的处理剂替代有害性的处理剂。

(2)机械分离法。常用方法有固相设备处理、压力过滤、真空过滤和离心分离等。对分离出的泥浆进行回收和再利用。

(3)固液分离法。在废浆中加入少量化学处理剂对固相进行絮凝，使颗粒变粗、沉淀、分层。此法对稀泥浆有效，但对浓泥浆沉淀很慢。

化学絮凝有无机聚结法和有机高分子絮凝法两种。无机聚结剂如 $AlCl_3$、$CaCl_2$、$Fe_2(SO_4)_3$ 等无机盐；有机处理剂是一些长链高分子聚合物，如聚丙烯酰胺。实验表明：同等条件下有机高分子聚合物的效果比无机盐好，且用量少；高分子聚合物的加量对絮凝效果有较大影响，加量较少时对固相成分有絮凝沉降作用，当超过一定量后，长链大分子之间相互缠结可使整个泥浆体系形成连续网状结构，起到分散稳定作用。

(4)固化法。向废水基泥浆中加入固化剂，如水泥、石灰、水玻璃、氯化钙、脲醛树脂等使废浆固化，使其转化成类似土壤或胶结强度很大的固体，就地填埋或用作建筑材料等。

上述各种方法可以单独使用，也可以综合使用。

参 考 文 献

[1] 曾聪, 马保松. 水平定向钻理论与技术. 武汉: 中国地质大学出版社, 2015.
[2] 胡远彪, 王贵和, 马孝春. 非开挖施工技术. 北京: 中国建筑工业出版社, 2014.
[3] 续理. 非开挖管道定向穿越施工指南. 北京: 石油工业出版社, 2009.
[4] 严丽蓓. 水平定向钻穿越中的泥浆问题. 非开挖技术, 2010,(1): 79, 80.

[5] 姚秋明. 定向钻穿越技术在长春石油管道穿越泥岩中的应用. 能源与环境, 2011,(4): 66-68.
[6] 祁小伟, 王风雷, 李长才, 等. 大落差地形、高硬度破碎岩层定向钻穿越的技术应用. 装备维修技术, 2020: 29.
[7] 张树德, 吕旭鹏, 吴益泉, 等. 海上定向钻穿越泥浆体系研究. 地质科技情报, 2016, 35(6): 218-221.
[8] 周金葵. 钻井液工艺技术. 北京: 石油工业出版社, 2009.
[9] 李蔚萍, 张兴洲, 周明明, 等. 孟加拉定向钻海水泥浆杀菌剂的研究与应用. 钻井液与完井液, 2020, 37(1): 77-80.
[10] 李增年, 李龙, 唐国栋, 等. 定向钻穿越造浆地层泥浆技术应用. 云南化工, 2018, 45(5): 52.
[11] 张兴洲. 泥浆固相控制系统在水平定向钻穿越施工中的使用. 非开挖技术, 2005, 22(2~3): 38-40.

第 6 章　水平定向钻穿越重难点工程案例分析

自从 1985 年国内引进第一台水平定向钻机以来，已有近 40 年的时间，从最初的设备引进消化吸收，到广泛应用于各种地质地貌、施工场所，不断突破施工技术的重点、难点，一些项目的施工成果已经达到了世界领先水平。但是，由于油气管道定向钻穿越项目的独特性，长距离、大口径、卵砾石层、海上、岩溶穿越的风险巨大，一直是项目施工的重点和难点。本章将结合部分案例，重点介绍重难点项目的解决思路和方法。

6.1　长距离水平定向钻穿越案例分析

6.1.1　主要难点分析及处理措施

1. 钻杆长距离推进的推力衰减与失稳

在长距离导向孔钻进中，随着钻进长度的不断增加，钻杆推力的衰减也在不断增大，致使其无法有效传递至钻头，导致导向孔钻进控向困难。

长距离穿越时，由于所需推力较大，钻杆容易在孔内发生失稳，钻杆失稳的临界长度与钻杆刚度成正比，为了能够将钻机的推力施加到钻头上，除了需要克服钻杆与孔壁的摩擦阻力，还需克服钻杆失稳带来的附加摩擦阻力，钻杆直径越小，失稳附加的摩擦阻力就越大，当失稳附加的摩擦阻力的增加速度达到一定程度后，钻杆在孔内将无法继续推进。

另外，由于钻杆受旋转扭矩的影响，钻进距离越长，钻杆的旋转变形就越大，所以钻机旋转数圈后才能将钻机的旋转运动传递至钻头，此时钻杆的状态类似一个扭转弹簧，钻机通过钻杆调整钻头的控向角度非常困难，进而难以控制钻头的前进方向。

为了解决上述难点，可以采取以下措施。

(1)增加钻杆直径和提高钻机性能，选择最优的钻具组合。

(2)采用对穿技术，减小单侧钻进长度。

(3)采用旋转导向系统进行导向孔钻进，旋转导向系统可按照事先设定的角度自动调整钻头的钻进方向。

2. 较软地层孔壁的抗压能力不足

软土地层长距离穿越时，由于推力大，钻杆对孔壁的压强大，易导致钻杆弯曲，孔壁变形，软土地层原则上不适合超长距离穿越。

针对上述问题，长距离穿越时，尽量选择在成孔较好的稳定地层内穿越。对于入出土段的较软地层可采用安装钢套管的方式进行防护，或者通过地质改良等措施保证孔壁稳定。

3. 长距离穿越耗时长

长距离穿越时，每次更换钻具的起、下钻时间较长，孔内发生事故后进行处理的周期也相对较长。针对以上问题，在条件允许的情况下，可以采用对穿工艺降低导向孔的调向难度，节省钻孔时间。

在扩孔阶段，可以使用泥浆驱动的正推动力扩孔器从两端向中间扩孔，缩短单侧扩孔距离，提高效率。此外，可根据工程实际情况，有针对性地设计、使用专用钻具（专用工具可参考 4.4 节相关内容），减少孔内事故发生的概率。

4. 漏浆

穿越地层中可能存在断裂带或软弱地层，由于长距离钻进时，泥浆返回阻力大，容易造成断裂带或软弱地层位置漏浆。

针对上述情况，可采取的主要措施如下。

(1) 施工前应尽量预先探明断裂带或软弱地层的位置。

(2) 当泥浆不能正常回流时应改变钻进参数，增加洗孔次数，提高泥浆的流变性，减小沿程阻力，防止漏浆发生。

(3) 当钻进速度发生异常变化，应及时改变钻进参数，防止漏浆。

(4) 一旦发生漏浆，应采取相应措施进行注浆堵漏。

5. 管道回拖阻力大

在管道回拖过程中，由于穿越距离较长，有些地层容易产生塌孔；此外，在扩孔过程中，由于地层软硬分布不均、容易产生错孔及泥浆长时间在孔内滞留失水等，可造成回拖阻力增大。

针对管道回拖阻力大的问题，可在出土点采用推管助推工艺，减小回拖力，也可采用夯管锤夯管，改善孔内管道的受力状态（岩石地层不建议使用夯管锤）。为了确保管道回拖一次成功，尽量选择在成孔较好的稳定地层穿越。

6. 回拖过程中防腐层划伤

岩石地层穿越的管道，有时地层软硬差别较大，在扩孔过程中容易产生错孔；钻机直接带动扩孔器扩孔，由于拉力和扭矩难以稳定控制，尤其是钻杆较长时产生的蓄能作用迫使扩孔器在撞击状态下旋转，成孔形状极不规则；此外，在回拖过程中泥浆对管道产生的浮力及管道与孔壁之间的附加摩擦力等均会对管道防腐层造成损伤。

针对回拖过程中管道防腐层易损伤的问题，主要解决办法如下。

(1) 尽量选用动力扩孔器扩孔，扩孔转速高、运转平稳、孔壁相对光滑。

(2) 在管道回拖前应进行修孔、洗孔、试回拖等工序，确保回拖顺畅。

(3) 选择硬度更高的防腐层材料，如采用硬度更高的 3LPP 替代 3LPE，也可适当加大防腐层厚度或增加防腐层外保护材料。

(4) 在回拖管径较大时，管道浮力与孔壁产生的摩擦力也会增大，容易对防腐层划伤，可适当对管道采取降浮措施。

7. 对设备能力要求高

长距离水平定向钻穿越施工对设备能力的要求非常高，常规的定向钻设备难以满足要求。

可根据工程需要研制大扭矩钻机、钻具、大功率泥浆泵或配制高性能的泥浆和处理设备来满足施工需求。

8. 钻屑携带困难

长距离水平定向钻穿越施工距离越长，钻屑的携带难度就越大。对此，可实时监测泥浆性能及含砂量，及时调整泥浆参数和泥浆流量，从而提高泥浆的携砂能力。

6.1.2　典型施工案例

1. 工程概述

香港国际机场航油管道改线工程，在香港国际机场和海上沙洲岛之间，采用水平定向钻施工方法，在海平面下 140m 深的坚硬花岗岩层内敷设两条长度均为 5.2km 的公称直径为 500mm 航油管道。

由于香港法规对环保的要求非常严格，为了避免对沙洲岛鹭鸟栖息地的破坏，出土端被限定在沙洲岛北侧一隅的海潮水位线以上 10m×10m 的狭小范围内。沙洲岛作为鹭鸟保育区，香港环保署要求每天晚七点至次日早七点禁止施工，每年四至七月鹭鸟繁殖期禁止进场。

入土端也因为香港国际机场禁区内的场地限制及飞机降落区的高度限制，只能将庞大的钻机、泥浆循环系统及物料存放区、操作活动区全部限定在机场西北侧仅 57m×35m×20/30m（场地前端限高 20m，场地后端限高 30m）的狭小空间内。

2. 工程地质条件概述

沿穿越曲线地质情况（图 6.1）描述如下（以机场岛入土点为 CH0+000[①]，沙洲岛出土点为 CH0+5140）：沿穿越轨迹，大约 85% 为中风化、微风化、未风化花岗岩，约 10% 为强风化或全风化花岗岩，约 5% 为岩石层上的冲积层、沉积层和回填层。

定向钻机场岛入土角度 20°，地质条件主要为机场回填层、冲积层、沉积层和全风化花岗岩层。上部机场岛回填层为 3m 厚的 C 型回填层（级配良好的砾砂和 20% 的砾石组成），下方为 20m 厚的 A/B 型回填层（中风化和微风化花岗岩碎块）。回填层下方为冲积层、沉积层，厚度约 25m，主要由细砂、粗砂和淤泥质黏土组成，通过冲积层、沉积层后，开始经过厚度约 10m 的全风化花岗岩，然后到达中风化花岗岩。根据地质探孔揭

[①] 里程的一种表示方式，其中 CH 为 chainage 的简写，CH 后面的数字表示单位为 km 的里程值，"+" 后面的数字表示单位为 m 的里程值。

示,在 CH0+450 处,开始进入一个岩石风化深槽。

此段为一个大约 550m 宽的地质断层,该断层可能和赤腊角山脉和大屿山山脉的碰撞有关,由于岩石沿断层带经历了强烈的剪切和脆性变形,因此该位置岩层风化、断裂发育。

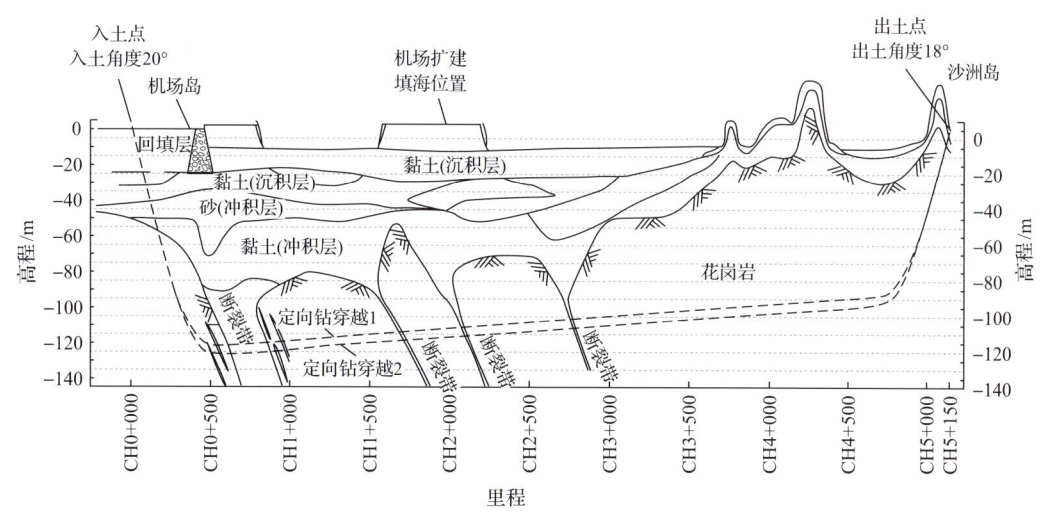

图 6.1 穿越地质剖面示意图

CH1+000～CH2+800 段的主要地质条件为中风化和微风化花岗岩,钻孔上部岩石层厚度为 30～40m,在 CH2+050～CH2+100 和 CH2+750～CH2+800 附近有断裂带。断裂带内为中风化至强风化的角砾岩和碎石结构。

CH2+800～CH4+700 段的主要地质条件为中风化和微风化花岗岩,未发现明显的断层。CH4+150～CH4+300 有石英脉,该段钻孔上方岩石层厚度在 30～110m。

定向钻穿越出土角为 18°,出土点位置主要为中风化、强风化、全风化花岗岩(薄层,厚度小于 2m)和山坡崩积层,该崩积层由卵石和巨砾及砂质粉土组成。

3. 钻杆推力、扭矩计算

超长距离的穿越施工中至关重要的因素是钻杆的能力。在钻杆选取时,针对 65/8in、75/8in、85/8in、10in 钻杆在导向孔钻进过程中的受力状态进行了对比分析,以找出适合本工程的导向孔钻进方案。

导向孔导向钻进时钻杆的长度与推力之间有一定关系。钻机在钻导向孔时,有两种方式驱动钻头前进。一种是导向钻进,为了调整钻头前进方向,这时钻杆不旋转,调整好钻头的工具角后,钻机推动钻杆,由泥浆泵驱动泥浆马达钻进。另一种是非导向钻进,这时由钻机驱动钻杆旋转,与泥浆马达共同驱动钻头钻进。

当钻杆在岩石孔内沿直线推进时,钻杆在洞内处于失稳状态,见图 6.2,钻杆前进主要需克服三种阻力。

(1) 钻头的钻进阻力 F_0。

(2) 钻杆自重产生的摩擦阻力 F_G。

(3) 钻杆失稳产生的附加摩擦阻力 F_N(泥浆的黏滞阻力忽略不计)。

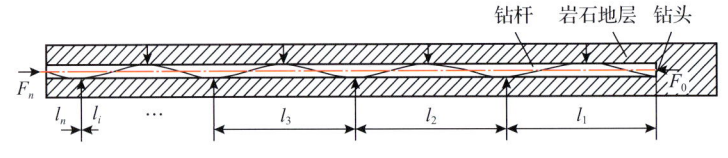

图 6.2　钻杆在洞内状态示意图

F_0 为钻头的钻进阻力；l_i 为第 i 段计算的弯曲失稳长度，i 为 $1\sim n$；F_n 为第 n 段钻杆的推力

已知，钻杆自重产生的摩擦阻力为

$$F_G = \mu q' l \tag{6.1}$$

式中，μ 为摩擦系数；q' 为钻杆每米重量，N/m；l 为钻杆长度，m。

钻杆失稳产生的附加摩擦阻力 F_N 的计算分析如下所述。

在不考虑重力的情况下，钻杆失稳与孔壁接触时的受力状态如图 6.3 所示。

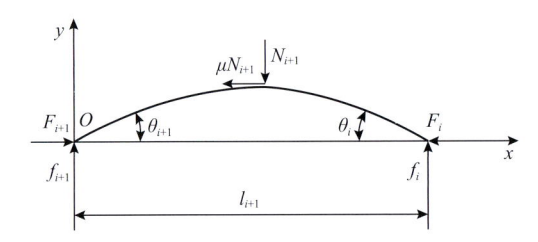

图 6.3　钻杆失稳与孔壁接触时的受力分析图

F_{i+1} 为 $i+1$ 段钻杆的推力；F_i 为 i 段钻杆的推力；N_{i+1} 为 $i+1$ 段钻杆失稳时孔壁对钻杆产生的压力；f_{i+1} 为 $i+1$ 段钻杆左端点的竖向力；f_i 为 $i+1$ 段钻杆右端点的竖向力；θ_{i+1} 为 $i+1$ 段钻杆左端起始位置与 x 方向的夹角；θ_i 为 $i+1$ 段钻杆右端起始位置与 x 方向的夹角

取其中一段进行受力分析，如图 6.4 所示。

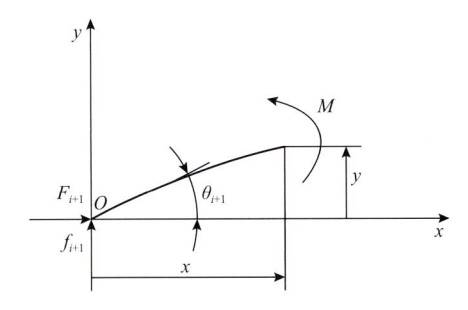

图 6.4　钻杆失稳时的受力分析图

列平衡方程：
在 x 方向有

$$F_{i+1} - \mu N_{i+1} - F_i = 0$$

$$F_{i+1} = F_i + \mu N_{i+1} \tag{6.2}$$

在 y 方向有

$$N_{i+1} = f_{i+1} + f_i$$

$$f_{i+1} = F_{i+1} \tan \theta_{i+1}$$

$$f_i = F_i \tan \theta_i$$

则有

$$F_{i+1} = F_i + \mu F_{i+1} \tan \theta_{i+1} + \mu F_i \tan \theta_i \tag{6.3}$$

$\sum M = 0$，即

$$M + F_{i+1} y - f_{i+1} x = 0$$

式中，M 为弯矩，N·m；有

$$M = F_{i+1} \tan \theta_{i+1} x - F_{i+1} y \tag{6.4}$$

得出

$$E_s J \frac{\mathrm{d}^2 y}{\mathrm{d} x^2} + F_{i+1} y = F_{i+1} \tan \theta_{i+1} x \tag{6.5}$$

式中，E_s 为钻杆材料的弹性模量，Pa；J 为钻杆的惯性矩，m^4，$J = \frac{\pi}{64}(d_1^4 - d_2^4)$，其中 d_1 为钻杆外径，m；d_2 为钻杆内径，m。令

$$k^2 = \frac{F_{i+1}}{E_s J}$$

有

$$\frac{\mathrm{d}^2 y}{\mathrm{d} x^2} + k^2 y = k^2 \tan \theta_{i+1} x \tag{6.6}$$

通解为

$$y = a \sin kx + b \cos kx + \tan \theta_{i+1} x \tag{6.7}$$

式中，a、b 为待定系数。

$$\frac{\mathrm{d} y}{\mathrm{d} x} = ak \cos kx - bk \sin kx + \tan \theta_{i+1} \tag{6.8}$$

由 $y|_{x=0} = 0$，得出 $b = 0$。由 $\frac{\mathrm{d} y}{\mathrm{d} x}\bigg|_{x=\frac{l_{i+1}}{2}} = 0$，得出 $a = -\frac{\tan \theta_{i+1}}{k \cos \left(k \frac{l_{i+1}}{2}\right)}$。

则有

$$y = \tan\theta_{i+1} x - \tan\theta_{i+1} \frac{\sin kx}{k\cos\left(k\frac{l_{i+1}}{2}\right)} \tag{6.9}$$

$$\frac{\mathrm{d}y}{\mathrm{d}x} = \tan\theta_{i+1} - \tan\theta_{i+1} \frac{\cos kx}{\cos\left(k\frac{l_{i+1}}{2}\right)} \tag{6.10}$$

由 $y\big|_{x=\frac{l_{i+1}}{2}} = y_{\max}$ 得出

$$y_{\max} = \tan\theta_{i+1}\left[\frac{l_{i+1}}{2} - \frac{1}{k}\tan\left(k\frac{l_{i+1}}{2}\right)\right] \tag{6.11}$$

当 $y_{\max}$ 取最大值时，$\tan\left(k\frac{l_{i+1}}{2}\right) = 0$。

因为 $l_{i+1} \neq 0$，则有 $k\frac{l_{i+1}}{2} = \pi$，即 $l_{i+1} = \frac{2\pi}{k}$，有

$$l_{i+1} = 2\pi\sqrt{\frac{E_s J}{F_{i+1}}} \tag{6.12}$$

$$y_{\max} = \pi\sqrt{\frac{E_s J}{F_{i+1}}}\tan\theta_{i+1} \tag{6.13}$$

$$y_{\max} = f_{i+1}\pi\sqrt{\frac{E_s J}{F_{i+1}^3}} \tag{6.14}$$

$$f_{i+1} = \frac{y_{\max}}{\pi}\sqrt{\frac{F_{i+1}^3}{E_s J}} \tag{6.15}$$

同理，有

$$f_i = \frac{y_{\max}}{\pi}\sqrt{\frac{F_i^3}{E_s J}} \tag{6.16}$$

考虑岩石的抗压强度和风化程度，引入岩石破碎系数 ψ：

$$F_{i+1} = F_i + \mu\frac{y_{\max}}{\psi\pi}\left(\sqrt{\frac{F_{i+1}^3}{E_s J}} + \sqrt{\frac{F_i^3}{E_s J}}\right) \tag{6.17}$$

第6章 水平定向钻穿越重难点工程案例分析

得到

$$F_{i+1} = F_i \frac{1 + \mu \dfrac{y_{\max}}{\psi \pi} \sqrt{\dfrac{F_i}{E_s J}}}{1 - \mu \dfrac{y_{\max}}{\psi \pi} \sqrt{\dfrac{F_{i+1}}{E_s J}}} \tag{6.18}$$

考虑工程允许的误差,为了便于计算,取 $\sqrt{F_{i+1}} \approx \sqrt{F_i}$,$F_{i+1}$ 比实际结果略小些。则有

$$F_{i+1} = F_i \frac{1 + \mu \dfrac{y_{\max}}{\psi \pi} \sqrt{\dfrac{F_i}{E_s J}}}{1 - \mu \dfrac{y_{\max}}{\psi \pi} \sqrt{\dfrac{F_i}{E_s J}}} \tag{6.19}$$

再考虑重力引起的摩擦阻力,第一个失稳节点的摩擦阻力为

$$F_1 = F_0 \frac{1 + \mu \dfrac{y_{\max}}{\psi \pi} \sqrt{\dfrac{F_0}{E_s J}}}{1 - \mu \dfrac{y_{\max}}{\psi \pi} \sqrt{\dfrac{F_0}{E_s J}}} + \mu q' l_1 \tag{6.20}$$

第二个失稳节点的摩擦阻力为

$$F_2 = F_1 \frac{1 + \mu \dfrac{y_{\max}}{\psi \pi} \sqrt{\dfrac{F_1}{E_s J}}}{1 - \mu \dfrac{y_{\max}}{\psi \pi} \sqrt{\dfrac{F_1}{E_s J}}} + \mu q' l_2 \tag{6.21}$$

递推的摩擦阻力计算公式为

$$F_{i+1} = F_i \frac{1 + \mu \dfrac{y_{\max}}{\psi \pi} \sqrt{\dfrac{F_i}{E_s J}}}{1 - \mu \dfrac{y_{\max}}{\psi \pi} \sqrt{\dfrac{F_i}{E_s J}}} + \mu q' l_{i+1}, \quad i = 1 \sim (n-1) \tag{6.22}$$

式中,岩石破碎系数 ψ 根据地质条件选取,可取 $0 \sim 1$,其中,水中近乎为0,极硬岩石层中可取1;$y_{\max}$ 为孔径 D_h 与钻杆外径 d_1 差值的一半,即 $y_{\max} = \dfrac{D_h - d_1}{2}$,m。

钻头的钻进阻力 F_0 的理论计算。由

$$dM = 2\pi P R^2 dR$$

$$M_0 = \int_{R_1}^{R_2} 2\pi P R^2 \mathrm{d}R \tag{6.23}$$

式中,

$$P = \frac{F_0}{\pi(R_2^2 - R_1^2)} \tag{6.24}$$

则有

$$M_0 = \frac{2F_0(R_2^3 - R_1^3)}{3(R_2^2 - R_1^2)} \tag{6.25}$$

得出

$$F_0 = \frac{3M_0(R_2^2 - R_1^2)}{2(R_2^3 - R_1^3)} \tag{6.26}$$

式(6.23)~式(6.26)中,P 为钻头、扩孔器的工作压强,Pa;R_1 为原始孔半径,m,钻导向孔时,取值为 0;R_2 为钻头、扩孔器的半径,m;M_0 为钻头、扩孔器的工作扭矩,N·m,根据采用的钻具取值,钻导向孔采用 244 螺杆马达时 M_0 取 2×10^4N·m,扩孔采用 340 螺杆马达时 M_0 取 5.28×10^4N·m。

孔径为 311mm,四种钻杆的规格参数如下。

6 5/8in:外径 168mm,壁厚 9.2mm。

7 5/8in:外径 194mm,壁厚 12.7mm。

8 5/8in:外径 219mm,壁厚 12.7mm。

10in:外径 254mm,壁厚 12.7mm。

经计算,不同钻杆钻进长度与钻机推力之间的关系如图 6.5 所示。

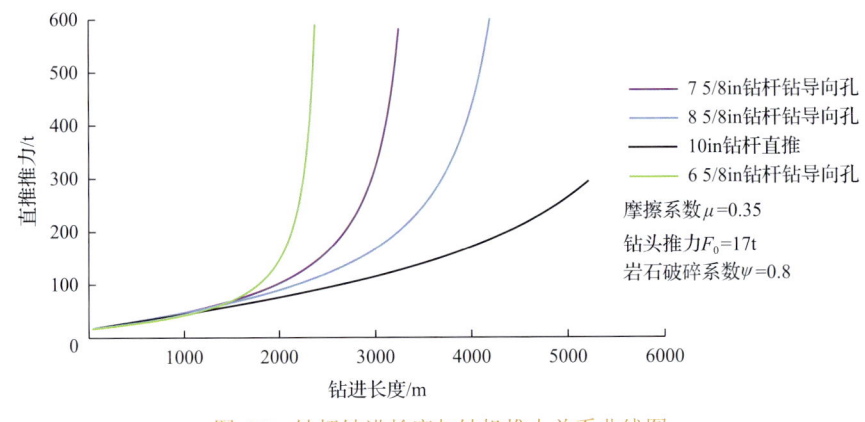

图 6.5 钻杆钻进长度与钻机推力关系曲线图

上述理论计算结果和现场实际经验表明,钻杆在钻导向孔时,非旋转导向的钻进长度是有一定极限的,如果在没有特殊措施(钻杆外套钻一定长度的套管)的情况下,考虑地质因素对成孔的影响、孔的清洁程度和泥浆的黏滞力,综合选择摩擦系数 0.35,6 5/8in 钻杆在长度超过 2000m 时,钻杆的推力增加得非常快,钻杆直推钻进导向孔已经很困难了,从 7 5/8in 钻杆、8 5/8in 钻杆和 10in 钻杆的曲线上升趋势来看要比 6 5/8in 钻杆平缓一些,钻杆在推进过程中做正反向摆动,可满足本次工程要求。

为了更符合实际施工情况,对 7 5/8in 钻杆和 8 5/8in 钻杆旋转推进时的推力、扭矩、钻机主轴旋转圈数按不同施工阶段进行计算。

在钻杆旋转推进的状态下,选择恰当的推进速度和旋转速度能极大地降低钻机的推进阻力,经过多年的工程施工经验总结,引入旋转状态下的经验公式 $\alpha = \arctan\left(\dfrac{2\pi Rn}{v_t}\right)$ (其中,α 为经验系数,无量纲;R 为钻杆接头半径,m;n 为钻杆转速,r/min;v_t 为钻进速度,m/min),钻杆在旋转状态下推进的摩擦阻力随着 α 的适度增大而减小。α 增大,相当于钻杆回转速增加或行走速度减小。根据不同的地质情况,选择钻机的推进速度和钻机的转速能够较好地反映工程实际情况,根据上述式(6.2),钻杆在旋转状态下的推力计算公式为

$$F_{i+1} = F_i + \frac{\mu(f_{i+1} + f_i)}{\tan\alpha} \tag{6.27}$$

$$\tan\alpha = \frac{2\pi Rn}{v_t} \tag{6.28}$$

$$F_{i+1} = F_i + \frac{\mu(f_{i+1} + f_i)v_t}{2\pi Rn} \tag{6.29}$$

计入岩石破碎系数 ψ,有

$$F_{i+1} = F_i + \frac{\mu \dfrac{y_{\max}}{\psi\pi}\left(\sqrt{\dfrac{F_{i+1}^3}{E_s J}} + \sqrt{\dfrac{F_i^3}{E_s J}}\right)v_t}{2\pi Rn} \tag{6.30}$$

$$F_{i+1} = F_i \frac{2\pi Rn + \mu \dfrac{y_{\max}}{\psi\pi}\sqrt{\dfrac{F_i}{E_s J}} \cdot v_t}{2\pi Rn - \mu \dfrac{y_{\max}}{\psi\pi}\sqrt{\dfrac{F_{i+1}}{E_s J}} \cdot v_t} \tag{6.31}$$

考虑工程允许的误差,为了便于计算,取 $\sqrt{F_{i+1}} \approx \sqrt{F_i}$,$F_{i+1}$ 比实际结果略小些,即

$$F_{i+1} = F_i \frac{2\pi Rn + \mu \dfrac{y_{\max}}{\psi\pi}\sqrt{\dfrac{F_i}{E_s J}} \cdot v_t}{2\pi Rn - \mu \dfrac{y_{\max}}{\psi\pi}\sqrt{\dfrac{F_i}{E_s J}} \cdot v_t} \tag{6.32}$$

再考虑重力引起的摩擦阻力，旋转状态下推力的计算公式：

$$F_{i+1} = F_i \frac{2\pi Rn + \mu \frac{y_{\max}}{\psi \pi}\sqrt{\frac{F_i}{E_s J}} \cdot v_t}{2\pi Rn - \mu \frac{y_{\max}}{\psi \pi}\sqrt{\frac{F_i}{E_s J}} \cdot v_t} + \mu q' l_{i+1} \cdot \frac{v_t}{2\pi Rn}, i = 1 \sim n-1 \tag{6.33}$$

钻杆在旋转钻进状态下的扭矩：

$$M = \sum_{i=1}^{n} \frac{D_h}{2}\mu N_i + \sum_{i=1}^{n} \frac{d_1}{2}\mu q' l_i + M_0 \tag{6.34}$$

式中，M 为钻杆的扭矩，$N \cdot m$；N_i 为 i 段钻杆失稳时孔壁对钻杆的压力，N。

整理得出

$$M = \sum_{i=1}^{n} \frac{D_h}{2}\mu \frac{2y_{\max}}{\pi} \sqrt{\frac{F_i^3}{E_s J}} + \sum_{i=1}^{n} \frac{d_1}{2}\mu q' l_i + M_0 \tag{6.35}$$

考虑岩石破碎系数后为

$$M = \sum_{i=1}^{n} \frac{D_h}{2}\frac{\mu}{\psi}\frac{2y_{\max}}{\pi} \sqrt{\frac{F_i^3}{E_s J}} + \sum_{i=1}^{n} \frac{d_1}{2}\mu q' l_i + M_0 \tag{6.36}$$

即

$$M = \sum_{i=1}^{n} \frac{D_h}{2}\frac{\mu}{\psi}\frac{(D_h - d_1)}{\pi} \sqrt{\frac{F_i^3}{E_s J}} + \sum_{i=1}^{n} \frac{d_1}{2}\mu q' l_i + M_0 \tag{6.37}$$

钻杆在无推进状态下旋转扭矩和旋转圈数的计算(图 6.6)公式为

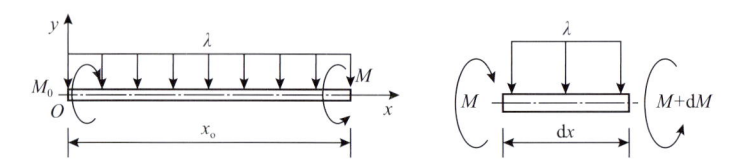

图 6.6　钻杆在无推进状态下旋转扭矩和旋转圈数计算分析图

列平衡方程：$\sum M = 0$，即

$$M + dM - M - \mu q' \frac{d_1}{2} dx = 0 \tag{6.38}$$

积分后可得

$$M = \mu q' \frac{d_1}{2} x + C_1 \tag{6.39}$$

当 $M|_{x=0} = M_0$，得出 $C_1 = M_0$。

则有

$$M = \mu q' \frac{d_1}{2} x + M_0 \tag{6.40}$$

由

$$GI_P \frac{\mathrm{d}\varphi}{\mathrm{d}x} = M \tag{6.41}$$

式中，G 为钻杆材料的切变模量，Pa；I_P 为钻杆的极惯性矩，m^4；φ 为扭转角，rad。

得出

$$GI_P \frac{\mathrm{d}\varphi}{\mathrm{d}x} = \mu q' \frac{d_1}{2} x + M_0 \tag{6.42}$$

解得

$$\varphi = \frac{1}{GI_P}\left(\mu q' \frac{d_1}{4} x^2 + M_0 x + C_2\right) \tag{6.43}$$

代入边界条件，$\varphi|_{x=0} = 0$，得出 $C_2 = 0$。则有

$$\varphi = \frac{1}{GI_P}\left(\mu q' \frac{d_1}{4} x^2 + M_0 x\right) \tag{6.44}$$

旋转圈数为

$$N = \frac{\varphi}{2\pi} \tag{6.45}$$

得出

$$N = \frac{1}{2\pi GI_P}\left(\mu q' \frac{d_1}{4} x^2 + M_0 x\right) \tag{6.46}$$

$$I_P = \frac{\pi(d_1^4 - d_2^4)}{32} \tag{6.47}$$

本次施工的导向孔直径为 311mm，一级扩孔直径为 510mm，二级扩孔直径为 710mm，钻杆旋转推进时的推力、扭矩、钻机主轴旋转圈数的计算结果见图 6.7～图 6.13。

4. 泥浆回流阻力的计算

水平定向钻穿越施工中泥浆回流阻力对泥浆泵的压力起着决定性作用，泥浆回流阻力与工程穿越的长度、孔径、泥浆黏度、泥浆流量等众多因素有关。迄今为止，在定向钻穿越工程中，泥浆阻力的确定并没有具体标准，大多根据现场施工经验确定，所以精度较差。

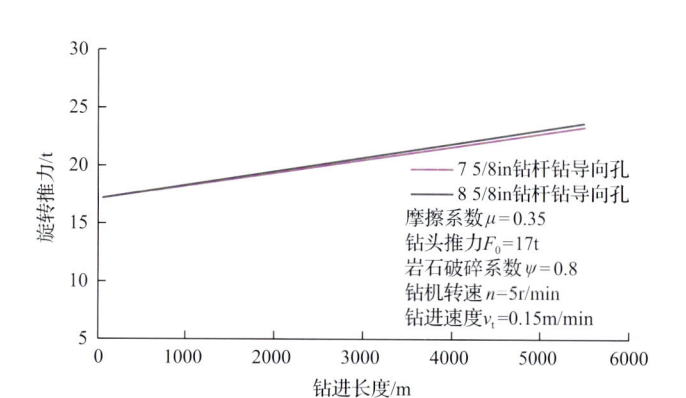

图 6.7　导向孔钻进钻杆的旋转推力曲线

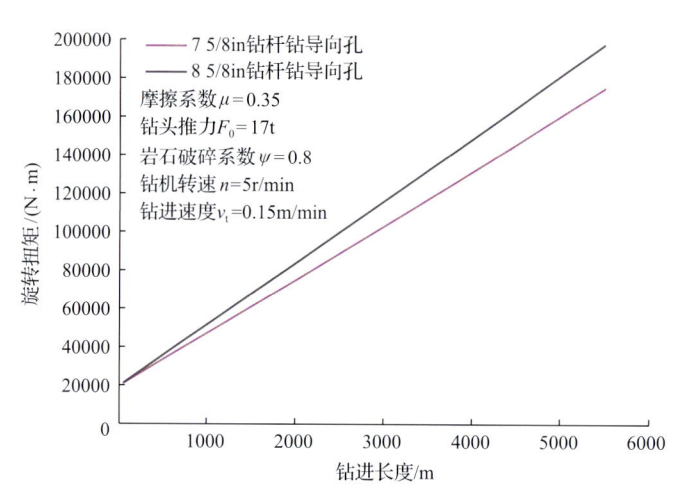

图 6.8　导向孔钻进钻杆的旋转扭矩曲线

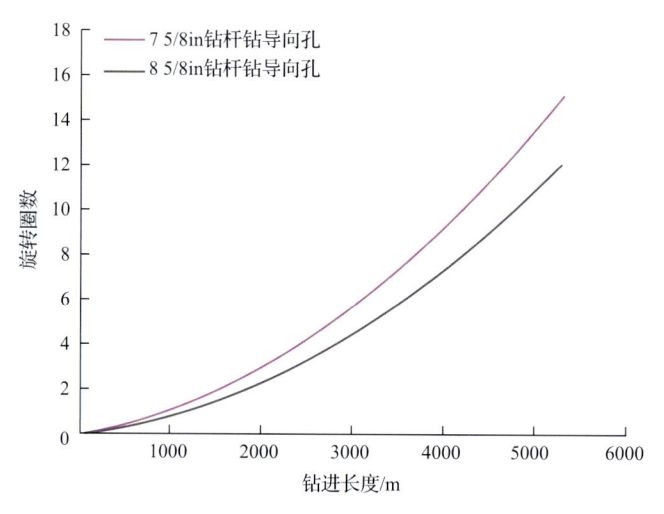

图 6.9　导向孔钻进调向时钻机主轴的旋转圈数曲线

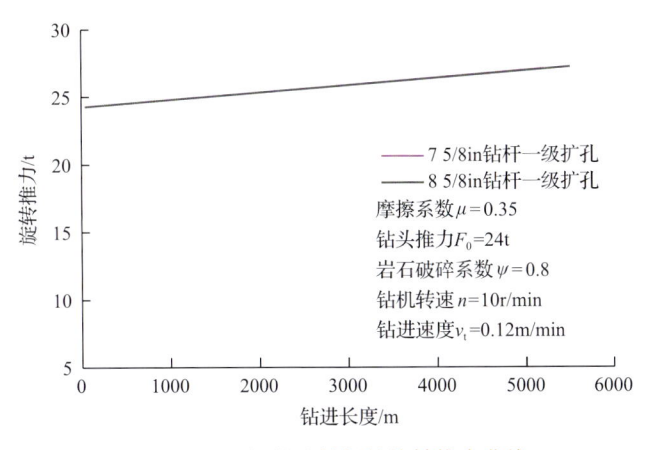

图 6.10　一级扩孔钻杆的旋转推力曲线

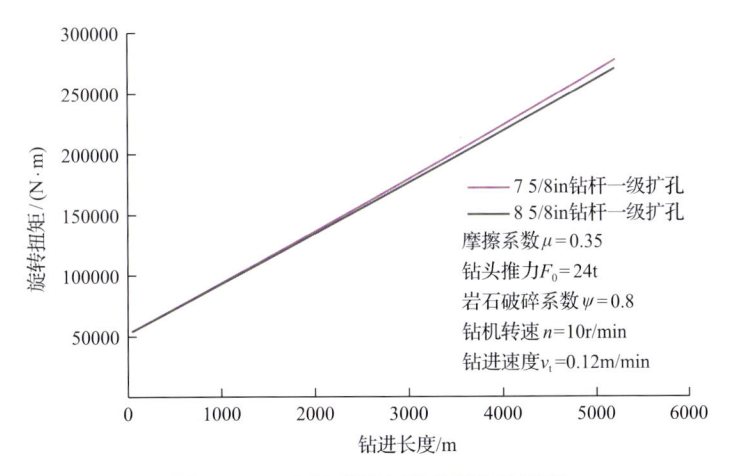

图 6.11　一级扩孔钻杆的旋转扭矩曲线

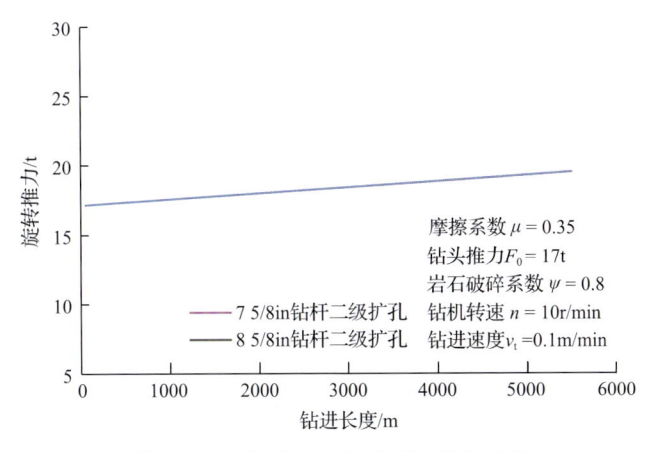

图 6.12　二级扩孔钻杆的旋转推力曲线

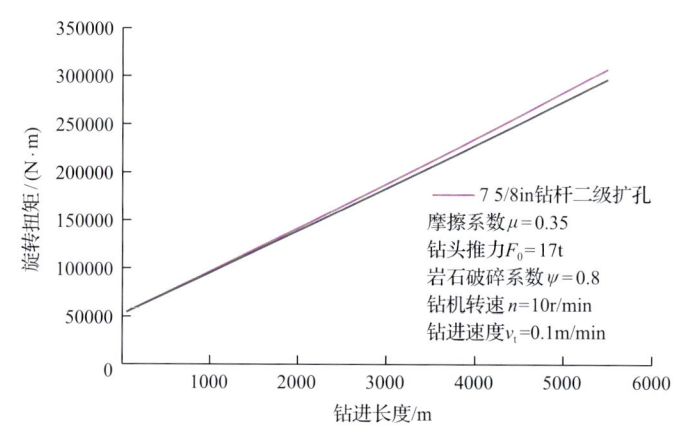

图 6.13　二级扩孔钻杆的旋转扭矩曲线

本书结合香港国际机场航油管道穿越工程，对泥浆阻力计算进行了研究。下面具体介绍泥浆阻力的分析计算过程和方法。

泥浆系统的总压降近似等于泥浆的总沿程阻力损失与泥浆马达压降之和，已知选定泥浆马达的压降为 3.5MPa，在钻进长度为 5180m 时，以使用 7 5/8in 钻杆为例，在不同情况下的泥浆系统总压降。

(1) 导向孔钻进时，泥浆流量为 0.05m³/s，泥浆系统的最大压降约为 9.2MPa。
(2) 一级扩孔时，泥浆流量为 0.075m³/s，泥浆系统的最大压降约为 10.1MPa。
(3) 二级扩孔时，泥浆流量为 0.075m³/s，泥浆系统的最大压降约为 9.7MPa。

实际工作时泥浆的沿程阻力损失与计算过程较吻合。导向孔、扩孔施工过程中的泥浆回流阻力计算如下。

1) 钻杆内沿程阻力损失计算

钻杆内泥浆流速[1]：

$$v = \frac{4Q}{\pi d_2^2} \tag{6.48}$$

式中，v 为钻杆内的泥浆流速，m/s；Q 为泥浆流量，m³/s；d_2 为钻杆内径，0.168m。

钻杆内泥浆的综合雷诺系数：

$$Re_{综} = \frac{\rho v d_2}{\eta_p \left(1 + \frac{\tau_1 d_2}{6\eta_p v}\right)} \tag{6.49}$$

式中，ρ 为泥浆密度，1100kg/m³；η_p 为泥浆的塑性黏度，0.012Pa·s；τ_1 为泥浆的极限动切应力，9.8Pa。

当 $Re_{综} > 2000$ 时，为紊流。根据经验公式计算沿程阻力系数：

$$\lambda = \frac{0.125}{\sqrt[6]{Re_{综}}} \tag{6.50}$$

钻杆内沿程水头损失：

$$h_{f内} = \lambda \frac{L}{d_2} \frac{v^2}{2g} \tag{6.51}$$

式中，L 为穿越长度，5180m。

2) 孔内环形空间内的沿程水头损失计算

孔的环空面积：

$$A = \frac{\pi}{4}\left(D_h^2 - d_1^2\right) \tag{6.52}$$

式中，D_h 为孔径，此处导向孔直径为 0.311m，一级扩孔直径为 0.510m，二级扩孔直径为 0.710m；d_1 为钻杆外径，取 0.194m。

孔内的泥浆流速：

$$v = \frac{Q}{A} \tag{6.53}$$

孔内泥浆的综合雷诺系数：

$$Re_{综环} = \frac{\rho v(D_h - d_1)}{\eta_p\left[1 + \dfrac{\tau_1(D_h - d_1)}{8\eta_p v}\right]} \tag{6.54}$$

当 $Re_{综环} < 2000$，为层流。沿程阻力系数 λ：

$$\lambda = \frac{96}{Re_{综环}} \tag{6.55}$$

孔内的沿程阻力损失：

$$h_{f环} = \lambda \frac{L}{D_h - d_1} \frac{v^2}{2g} \tag{6.56}$$

3) 孔内的总沿程阻力损失计算

$$h_{f总} = h_{f内} + h_{f环} \tag{6.57}$$

经计算，沿程水头损失与穿越长度关系曲线如图 6.14 所示。

5. 套管安装

入土端位于填海造地形成的机场岛，上层为巨石和沙土组成的回填层，钻孔时的地质状态不够稳定，轻微扰动下即有沉降风险，而且在入土点前方几十米的位置坐落着基

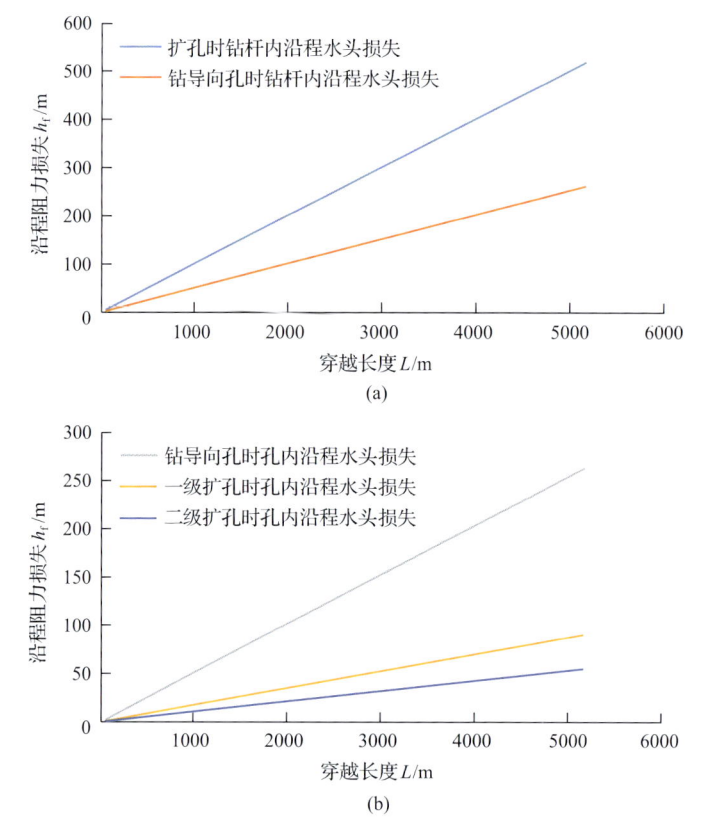

图 6.14　沿程阻力损失与穿越长度关系曲线

础浅埋且对沉降敏感的 CAD 天线设施(民航导航天线)。因此，需要安装套管，并确保在初始钻进过程中不会对地面及周围设施产生扰动。在开钻前的套管安装过程中，对场地周围持续进行严密的沉降监测，并对沉降敏感区进行注浆稳固，此外，还采取 $\Phi1067mm$、$\Phi914mm$、$\Phi813mm$ 三级阶梯套管(图 6.15)，确定实现了前两级套管对地表及 CAD 天线起到有效支撑和稳定性保护后，第三级 $\Phi813mm$ 套管先采取钻机顶进，再采取夯管锤和螺旋扩孔器结合的方法，掏挖孔内充填的石块和回填物(图 6.16)，套管安装长度为 220m，到达硬岩层。钻导向孔前，在 $\Phi813mm$ 套管内安装钻头定位中心套管，如图 6.17 所示。

6. 导向孔钻进

长距离导向孔钻进的难度主要有两个方面：一是设备和钻具能力；二是地层的不确定性。

此次长距离导向孔钻进为了增加钻柱刚度，提高钻头控制能力，采用的最大钻杆直径达到 10in，钻具组合如下。

钻机→10in 钻杆→8 5/8in 钻杆→7 5/8in 钻杆→无磁钻铤→泥浆马达(弯→$\Phi311mm$ 三牙轮钻头)。

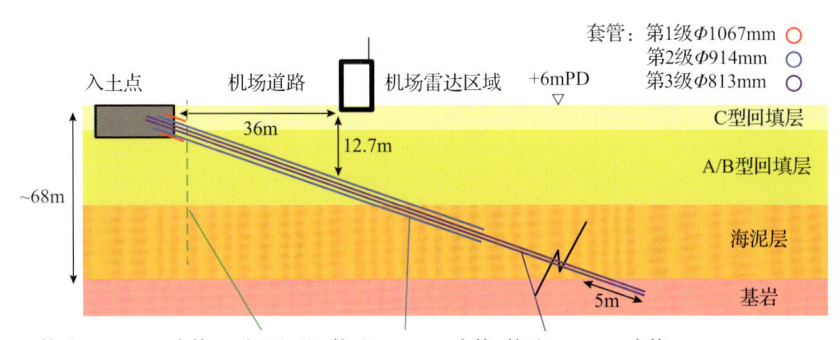

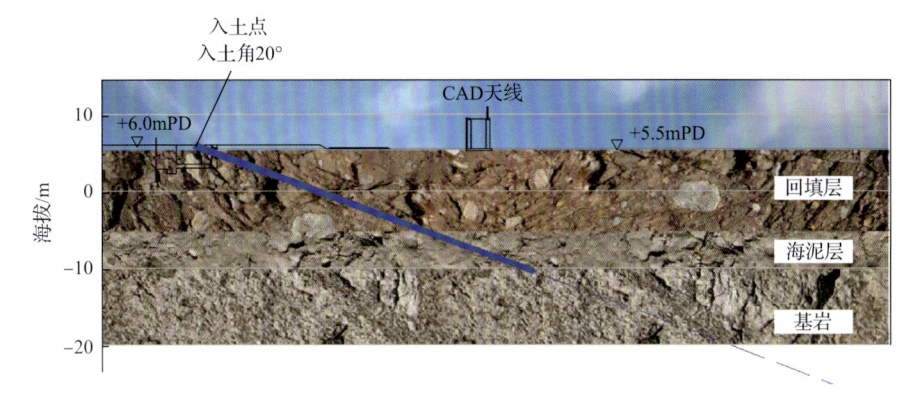

第 6 章 水平定向钻穿越重难点工程案例分析 177

图 6.15 三级套管安装位置示意图

PD 指香港主水平基准(Hongkong Principal Datum)，简称 HKPD，也可写为 PD

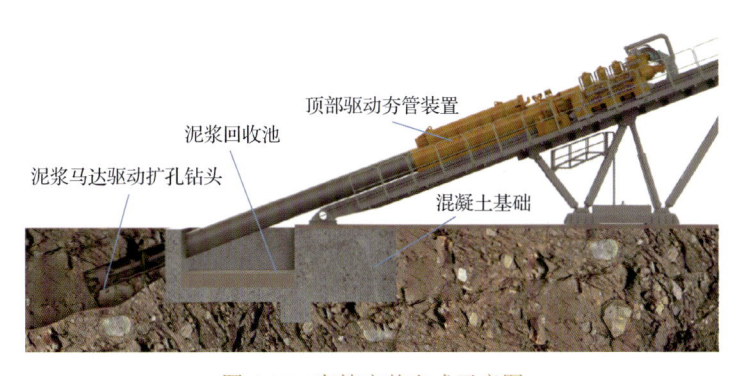

图 6.16 套管安装方式示意图

图 6.17 套管安装效果示意图

导向孔钻进采用对钻导向孔的施工工艺，入土侧钻进约3700m，出土侧钻进1500m，定位深度约为水下130m。对接过程中，采用海上磁场定位船检测两个钻头在岩层中的位置，两钻头位置距离接近后，出土侧钻头发射磁信号，入土侧钻头跟踪钻进。出土侧钻头边退边发射磁信号，入土侧钻头边跟踪边前进，直到出土点。

定向钻穿越曲线需要经过坚硬的花岗岩层和中间的多处断裂带，因此导向孔钻进至大约500m、1200m、3500m等多处位置都发生了泥浆漏失问题，通过洗孔、随钻堵漏、水泥堵漏等多种措施，成功通过多个断裂带，分级堵漏措施见图6.18。

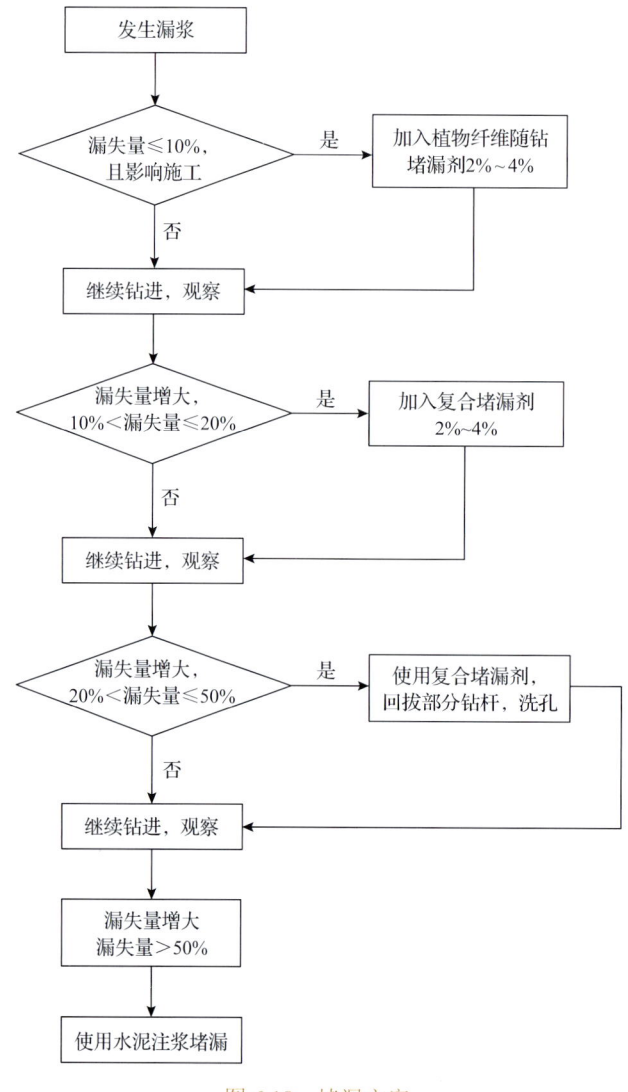

图6.18 堵漏方案

7. 扩孔

从入土点和出土点同时进行正推扩孔，示意图见图6.19。扩孔分两级进行，第一级是从直径311mm的导向孔扩大到510mm，第二级是从510mm扩大到710mm。

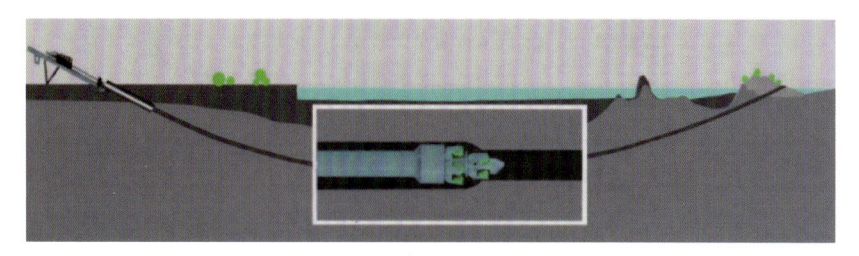

图 6.19 扩孔示意图

在扩孔钻进过程中，分别对出、入土端逐渐进行分级扩孔，降低泥浆的回流阻力和泥浆泵负荷。导向孔扩通后进行全程测孔、清孔、修孔、洗孔，确保孔内清洁顺畅。采用泥浆马达动力扩孔工艺，相对于直接使用钻机驱动钻杆扩孔提高了扩孔效率，同时降低了钻杆的磨损。

8. 管道回拖

由于管道回拖距离较长，采取出土点钻机牵引，入土点钻机改换成推管机推送管道。因机场岛入土点的场地受限，管段采取"多接一"的回拖方式进行"四接一"管段预制。将总长 5.2km，公称直径为 500mm 管道分成约 108 段，每段长度 48m，逐段在钻机上组装焊接，再与出土点钻机配合，边牵引边推送，直到 108 段管段全部推送，牵引结束。

回拖阶段的另一个难点：因为对沙洲岛鹭鸟繁殖区的环保要求，夜间不能进行施工，每天晚七点至次日早七点无法进行管道回拖，但管道回拖需要连续作业，不能中断，这种每天连续 12h 的暂停，对于超过 5km 的大型管道回拖项目来说巨大的风险。每次停工后在泥浆泵启动前，先转动钻杆，活动钻杆内泥浆，克服泥浆动切应力的影响使泥浆流动，然后再进行推管作业。

9. 专用设备研发

为了完成本工程超长距离穿越，华元科工为满足香港机场及沙洲岛安全、环保及场地的特殊要求，专门研制了组合式钻机 HY-6000ZH、电动钻机 HY-2000D 及配套的电驱泥浆泵、钻机撑台式泥浆罐和泥浆处理系统。钻机的性能要满足穿越施工大扭矩 360kN·m 和大推力 6000kN 的设计要求，对钻机整体及控制室动力站等进行了模块化设计，可自由拆卸组装，便于长途运输及现场安装。

入土端和出土端的两套泥浆系统均采用集约化密闭循环设计，既充分考虑了场地、空间限制，又满足了泥浆供给和对返回渣浆的处理。特别是为了满足在沙洲岛出土端施工设备的安装，在仅 10m×10m 的狭小空间内采用层叠式结构布置设备，底层为储浆池和泥浆循环系统，中层采用撑台式结构，布置两台推拉力为 2000kN 的电动静音钻机、四台泥浆泵、钻机动力站、钻杆和钻具摆放场及配套的相关设备，顶层布置钻机控制室和相关场站操作系统。这种层叠式结构也是水平定向钻穿越施工行业的首创（图 6.20）。

在钻具方面，根据工程实际需求，专门研制了 10in、8 5/8in 和 7 5/8in 双台肩大扭矩钻杆，钻杆扭矩达 260kN·m。根据岩层坚硬的特点，还专门特制了三牙轮钻头、泥浆马达、动力钻、动力扩孔器，使用华元科工拥有自主知识产权的 HYMGS 导向及对接系统、辅助海上定位系统等，为这项当时世界上最难的水平定向钻穿越工程施工提供了技术保障。

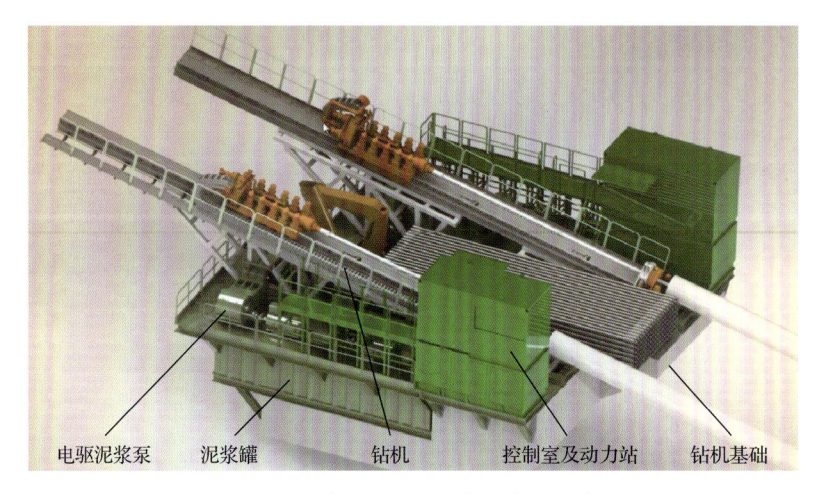

图 6.20　出土侧设备层叠布置立体示意图

香港国际机场航油管道改线工程是迄今为止世界上长度最长的定向钻穿越工程，该项目受出土点、施工场地等因素限制，大部分施工作业均从机场岛入土侧完成，机场岛入土侧钻孔、扩孔长度接近 4.0km。此项目的顺利完成为长距离管道施工、穿越理论的深入探讨和装备研发提供了借鉴，也为今后更长的定向钻穿越打下了基础。

6.2　大口径穿越案例分析

6.2.1　主要难点分析及处理措施

大口径穿越一般指管道直径超过 1.2m 的水平定向钻穿越工程，除地质条件外，在大口径管道定向钻穿越项目中，主要难点还有以下几方面。

(1) 管道回拖阻力大，对设备地锚基础、管道降浮、助力回拖方面都有较高要求。

(2) 管道直径大、刚度大，管道入洞前的"猫背"（"猫背"泛指管道入洞的支撑堆）需要精确设计。

(3) 扩孔直径大，扩孔扭矩大，排屑困难。

(4) 导向孔曲率半径大，控向精度要求高。

针对以上难点，处理措施主要有管道降浮，助力回拖；管道入洞前的"猫背"设计；大直径扩孔时的泥浆方案设计和洗孔等。本节将结合中俄东线某定向钻穿越介绍上述难点的应对措施。

6.2.2　典型施工案例

1. 中俄东线某定向钻穿越工程简介[2]

定向钻穿越段设计穿越管道规格为 $\Phi1422mm\times30.8mm$，穿越长度 805m，穿越设计入土角 9°，出土角 6°，最大埋深 32.3m。

定向钻穿越的地质条件如下。

穿越段地层主要由粉质黏土、粉砂、粉细砂组成。粉质黏土呈黄褐色—灰黑色，软塑—可塑；粉砂的主要矿物成分为石英、长石，饱和、中密；黏粒含量低，颗粒级配不良。局部夹粉质黏土，主要穿越层为粉砂层及粉质黏土层。

2. 大口径管道扩孔的质量保证措施

由于穿越工程的地质地层由粉土、粉质黏土、细砂等组成，穿越管径大，施工现场照片见图 6.21，最后一级扩孔作业的扩孔器直径达到 1750mm，扩孔形成的长孔洞达到 2m 多，如此大的孔洞，不但要求泥浆流量大，对泥浆性能的要求也极高。

图 6.21 大直径扩孔施工作业现场

现场采用高效膨润土进行泥浆配制，根据工序要求保证泥浆黏度，以增加对孔洞的支护能力，按需要优化加入烧碱和纯碱的量，配置 CMC 添加剂，以保证泥浆的稳定性，pH 达到 10～11。

本工程定向钻穿越的泥浆性能应要具有较低的滤失量和良好的流变性，较薄的泥饼厚度，可形成良好的护壁作用，同时还应具备较低的摩擦系数和良好的润滑性能。泥浆配制采用洁净水，开钻前采集现场水样，结合所穿地层的具体情况对泥浆配方进行必要修正，如所用水的 Ca^{2+} 或 Mg^{2+} 含量大于 200mg/L，应加入 Na_2CO_3/NaOH 处理使其软化。先进行实验室测试，以保证泥浆性能稳定并满足工程需要。

在每级扩孔施工中，根据返浆量及扭矩变化确定是否洗孔，避免发生塌孔形成卡钻、抱钻等事故。泥浆黏度增大时，携屑能力强、护壁性能好、不易漏失，但会造成泥浆流动阻力增大，消耗功率增大，降低钻头或扩孔器的冲击切削能力，影响钻进速度；同时，其净化扩孔器的能力变差，增大泥浆回流阻力，影响清孔时间。

为了保证泥浆的性能、用量，在出土侧再安装一套泥浆处理系统，与入土侧的泥浆系统同时进行"对注作业"，加大扩孔器的泥浆排量。配置混浆系统，使泥浆快速混配。出、入土两端配置泥浆回收处理装置，使泥浆得到有效的回收循环利用，节省膨润土和配浆时间。

3. 回拖管道降浮措施

当管道在泥浆中所受浮力与重力之差大于 2kN/m 时,采取浮力控制措施,降低管道回拖阻力。本工程管道的净浮力远大于该数据,应采取降浮措施。

该项目管道每米长度产生的重量为

$$G_{管} = \frac{\rho \pi}{4}(D^2 - d_s^2) \tag{6.58}$$

式中,ρ 为钢管密度,7850kg/m³;D 为钢管外径,1.422m;d_s^2 为钢管内径,1.3604m。管道在洞内每米长度产生的浮力为

$$F_{管} = \frac{\rho_{浆}\pi D^2}{4} \tag{6.59}$$

式中,$\rho_{浆}$ 为泥浆密度,1200kg/m³。

每米回拖管道的净浮力为

$$F = F_{管} - G_{管} \tag{6.60}$$

经计算,管道的净浮力为 8.5kN/m,最佳配重效果为管道浮力略大于重力。根据以往工程的施工经验,采用管内注水的降浮措施,能够降低管道在孔中的净浮力,从而有效地降低回拖阻力,保证管道一次性回拖成功。注水降浮时应采取措施使注入的水均匀分布在管道中,例如在管道中放置一根 PE 管,将 PE 管注满水,从而使降浮配重均匀分布。该项目使用了一根 Φ900mm×42.9mm 的 PE 管,每米 PE 管内部充水后总重力为 6.4kN/m,配重后管道浮力约为 2kN/m,方向向上,配重后截面示意见图 6.22,基本满足降浮要求。但由于回拖后 PE 管由于注水后的自重向外拖出时困难,而且 PE 管外部安装的滚轮随着注水时负重增加易被压碎,存在着一定的风险。

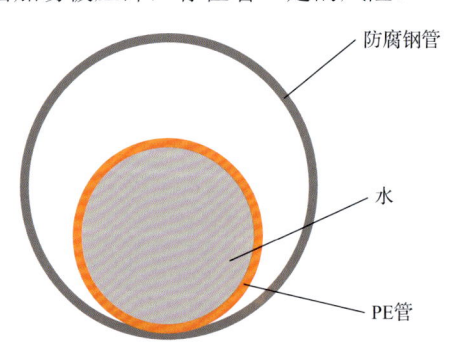

图 6.22 施工管道配重后的截面示意图

为了避免出现这种状况,该项目采用了 PE 管外注水工艺,在预制管道内穿入一根 Φ900mm×42.9mm 的 PE 管,再将一根 Φ110mm×5mm 的注水钢管伸到管内前端,注水

钢管尾部与外部的水龙带连接，在钢管与 PE 管之间的环形空间内注水降浮。回拖时采用边回拖边降浮的方式，根据管道的回拖速度计算注水量，使回拖入洞的管道达到注水降浮效果，也需防止水溢到洞外的管道内，示意图见图 6.23；经过计算，$\Phi1422mm \times 30.8mm$ 规格的管道在充满泥浆的洞中浮力为 19.05kN/m（泥浆密度按 12kN/m^3 计算），而 PE 管密度与水的密度基本相等，每延长米管道在 PE 外部注满水时的重力增加 9.24kN/m，管道承受的合力（向下力）约为 750N/m，因此降浮措施是可行的。

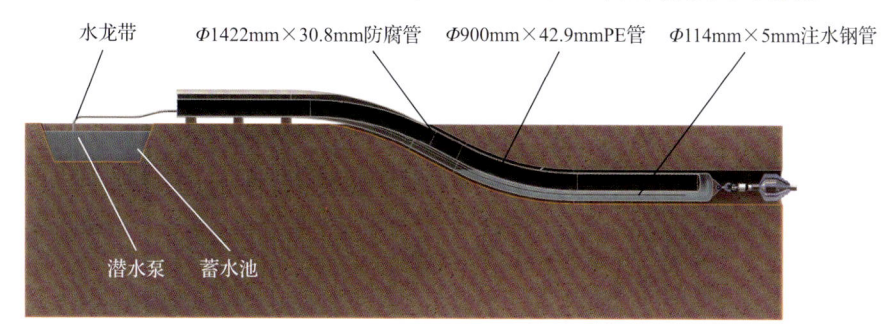

图 6.23 注水方案示意图

管道注水与回拖同步进行，即采用边回拖边注水的方式进行降浮，每米管道注水量为 0.84m^3。以 15kW 潜水泵的 4in 排水口计算，理论排量为 180m^3/h。结合潜水泵的扬程及功效，预估每分钟的上水量约为 1.8m^3。因此，管道回拖的平均速度应控制在 2.14m/min，可保证上水量与回拖速度同步，达到降浮目的。

经过中俄东线某定向钻穿越工程验证，采用 $\Phi900mm$ 的 PE 管外注水的降浮措施效果良好。

4. 设置回拖"猫背"

某南堤定向钻穿越段管线预制场地位于江滩，作业场地处于稻田地和沼泽，管线预制利用冰冻期进行施工。回拖作业错过冰冻期，由于场地湿陷，地面承载能力不能满足吊车、吊管机等设备的承载需要，吊管设备等无法进场，对回拖作业造成极大不便，施工场地见图 6.24。

图 6.24 某 $\Phi1422mm$ 管道回拖作业现场

考虑如此大口径的管道且壁厚较大，大型设备无法配合，管道弹性敷设困难，"猫背"点很难设置。经过研究，决定采用水沟发送的回拖方式。在穿越管道预制时，起焊点取在距出土点 50m 的位置，利用出土点地平与发送沟水面高差形成自然"猫背"。根据重力条件下管道弯曲挠度曲率半径为 800D，取 1140m。根据《油气长输管道工程施工及验收规范》(GB 50369—2014) 计算约为 1008m。本工程回拖的"猫背"曲率半径取 1140m。

回拖时使入洞口管线的角度与设计曲线的出土角度吻合，从而保证 D1422mm 管道在出发送沟后经发送道到达穿越管道入洞口满足管线被吊起所形成的扰曲线，管线的自然"猫背"部分可以满足回拖要求。回拖作业时，在发送道上放置摩擦系数小的编织袋或滑膜，以减小回拖阻力，保证回拖管道顺利进行。

6.3　卵砾石层穿越案例分析

6.3.1　主要难点分析及处理措施

面对复杂的砂卵砾石地层，水平定向钻穿越技术曾一度无能为力，原因之一就是砂卵砾石地层结构松散，卵砾石颗粒大小差别很大且相当坚硬，水平定向钻进施工过程中无法形成一个完整的孔道，故不能进行扩孔施工。因此，砂卵砾石地层曾被世界同行公认为水平定向钻施工的禁区[3]。

卵砾石层的原生矿物主要包括石英、长石等，颗粒粗大，呈单粒结构，常具有空隙大、透水性强、压缩性低、内摩擦角大、抗剪强度高等特点。这些性质一般都与粗粒的含量及空隙中充填物的性质和数量有关。大的漂石、块石的存在是导向钻进困难的另一原因。按照《岩土工程勘察规范(2009 年版)》(GB 50021—2001)，卵砾石粒度的分级见表 6.1。

表 6.1　卵砾石粒度分级表

土的名称	颗粒形状	粒组含量
漂石	圆形及亚圆形为主	粒径大于 200mm 的颗粒质量超过总质量 50%
块石	棱角形为主	
卵石	圆形及亚圆形为主	粒径大于 20mm 的颗粒质量超过总质量 50%
碎石	棱角形为主	
圆砾	圆形及亚圆形为主	粒径大于 2mm 的颗粒质量超过总质量 50%
角砾	棱角形为主	

对于卵砾石中间有黏性颗粒填充的较稳定地层，在无漂石的情况下可以考虑采用高黏度泥浆直接穿越的方式进行定向钻施工(2014 年，荆州—石首长江穿越工程采用高黏度泥浆成功穿越 120m 厚卵石层)。

卵砾石地层水平定向钻穿越施工的主要难点如下[4]。

(1) 由于卵砾石颗粒大小不等，所以导向、扩孔钻头特别容易上翘，偏离设计方向。

(2) 高含量的卵石、圆砾等的存在造成钻进、扩孔、成孔困难。

(3) 松散、破碎、胶结度不高的卵砾石地层的强度较低，孔壁易坍塌，容易发生塌孔事故。

(4) 地层渗透性强，返浆性能不好，有时其至会发生严重的泥浆漏失，导致钻屑无法排出钻孔，重复破碎，效率低下。

(5) 卵石层钻进过程中，较小的卵石不断地在钻杆下填充可造成钻头不断上移，导致无法施工，很容易使钻杆断裂。

当在卵砾石层进行定向钻穿越时，必须先对卵砾石层进行处理，通常有地质改良、土体置换、套管隔离的方法。

地质改良法一般采用注水泥砂浆，用于卵砾石粒径小于 50mm，含量小于 50%的地层；土体置换法通常应用于卵砾石层厚度小、埋深浅且地下水水位不高的情况；套管隔离法作为适应性比较强的一种方法，可适用于绝大多数需进行处理的地层，是目前应用最广泛的方法。

隔离套管安装通常有两种方法，一种是使用夯管锤的直接夯管法，另一种是使用顶管机或配合夯管锤的顶夯法，前者的套管安装长度通常小于 80m，后者的套管安装长度可超过 100m。如果采用多级套管，套管的安装长度可超过 200m[5]。

在安装套管的过程中，除在卵砾石层中的安装阻力大外，由于卵砾石的特性，套管管头在安装过程中易发生"上漂"的现象。

本节以洛阳—驻马店成品油管道定向钻穿越黄河为例，介绍采用顶套管方式穿越卵砾石层的措施及对套管上漂问题的解决方法。

6.3.2 典型施工案例

1. 洛阳—驻马店成品油管道定向钻穿越黄河项目简介[6]

洛阳—驻马店成品油管道穿越工程长度为 1564m，成品油管道直径为 355.6mm，壁厚为 9.5mm，设计压力为 8MPa，光缆套管管径为 121mm，壁厚为 6mm。成品油管道与光缆套管同孔回拖。

根据地质勘察报告，在勘察场地内的地基土(岩)共分 6 层。1~3 层为第四系全新统冲洪积形成的砂性土和碎石土，4 层为第四系上更新统冲洪积形成的碎石土，5、6 层为新近系洛阳组沉积形成的粉砂岩、粉细砂岩。其中卵砾石层的描述如下。

物质成分以石英岩、石英砂岩为主，其次为安山岩、玄武岩等。该位置的卵砾石层可分为两层，上层粒径 30~70mm，大者 90~140mm，含零星漂石，卵砾石含量为 55%~60%，个别为 70%~80%。充填物为砂、小砾石及少量黏性土，饱和、中密，局部夹有砾石薄层。钻进中多有塌孔、漏浆现象。该层厚 16.70~32.80m，层底标高 73.30~86.20m，在勘察区域内普遍分布。下层粒径为 20~60mm，大者为 70~80mm，含零星漂石，卵石含量 55%~65%。充填物为砂、小砾石及少量黏性土，饱和、中密—密实，局部夹有砾石薄层。钻进较困难，地质剖面如图 6.25 所示。

2. 定向钻穿越黄河卵砾石层的难点分析

长距离的隔离套管安装是本次施工的主要难点之一。钻机、顶套管机联合施工是针对本次工程遇到的卵砾石层地质而开发出的新型施工工艺。在套管施工中，顶管钻机边顶进边掏挖套管内的卵石，同时控制顶进速度，以保证掏挖钻头不被卡死，套管不变形。施工示意图如图 6.26 所示。

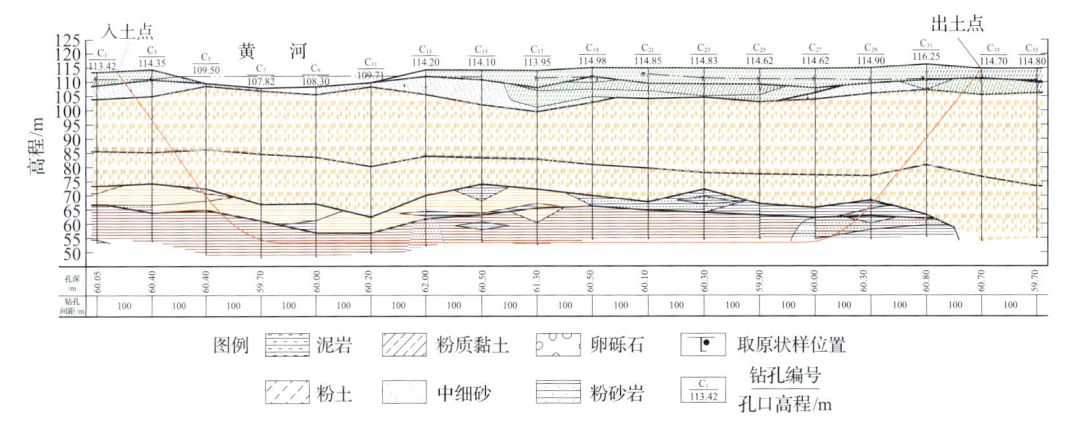

图 6.25 洛阳—驻马店成品油管道穿黄河工程的地质剖面图

图 6.26 钻机和顶管机联合施工示意图

在隔离套管施工过程中，发生了套管顶进角度大幅漂移的现象。由之前穿越施工过程中掏出卵砾石的情况可知，本次穿越的卵砾石段粒径很大，一般粒径在 80~250mm，个别粒径达到 300~600mm，且含有零星漂石，这样的粒径远大于地质勘查中揭示的"一般粒径为 30~70mm，大者为 90~140mm"。实际情况如图 6.27 所示。

套管顶进过程中，需进行卵砾石的掏挖作业，套管上层的卵砾石在掏挖后较松散，相比较而言，套管下层的卵砾石密实度更高，加上卵砾石粒径大的原因，上层卵砾石在重力作用下不断坍塌，造成管体上下受力不均匀和套管下方卵砾石突起，使套管在顶进过程中"抬头"。同时，随着顶进长度的不断增加，套管上方卵砾石的坍塌现象也愈加严重，套管"抬头"的幅度也越来越大，大时可达到 0.1°/m。"上漂"现象导致原设计的 16°入土角无法满足施工需要，套管顶进角度无法穿透卵砾石层，套管达不到预想位置，如图 6.28 和图 6.29 所示。

本次穿越入出土点两侧的卵砾石层厚度及卵砾石粒径都属于国际同类工程中遇到的

极端情况，采用常规夯管等方法无法完成本次穿越施工，顶推套管方案是完成本次穿越的唯一可行方法。但本次穿越卵石段的粒径大，套管顶进过程中遇到了明显的"上漂"现象，为了保证套管顶进的可控实施，必须通过力学分析找出规律，通过调整顶进的初始角度使套管达到预定位置。

图 6.27　施工过程中掏出卵石情况

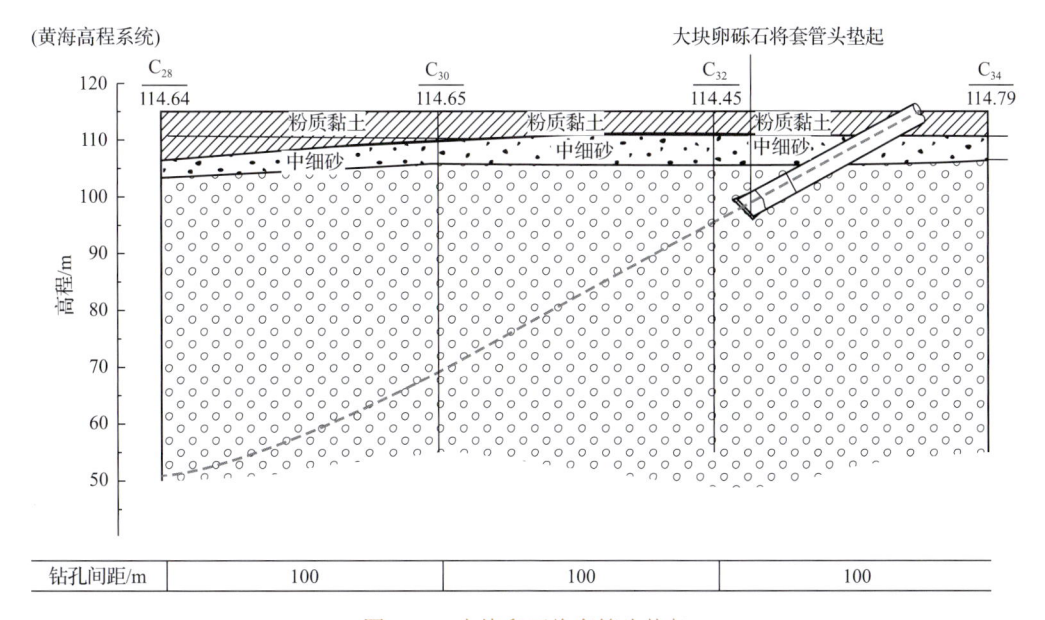

图 6.28　大块卵石将套管头垫起

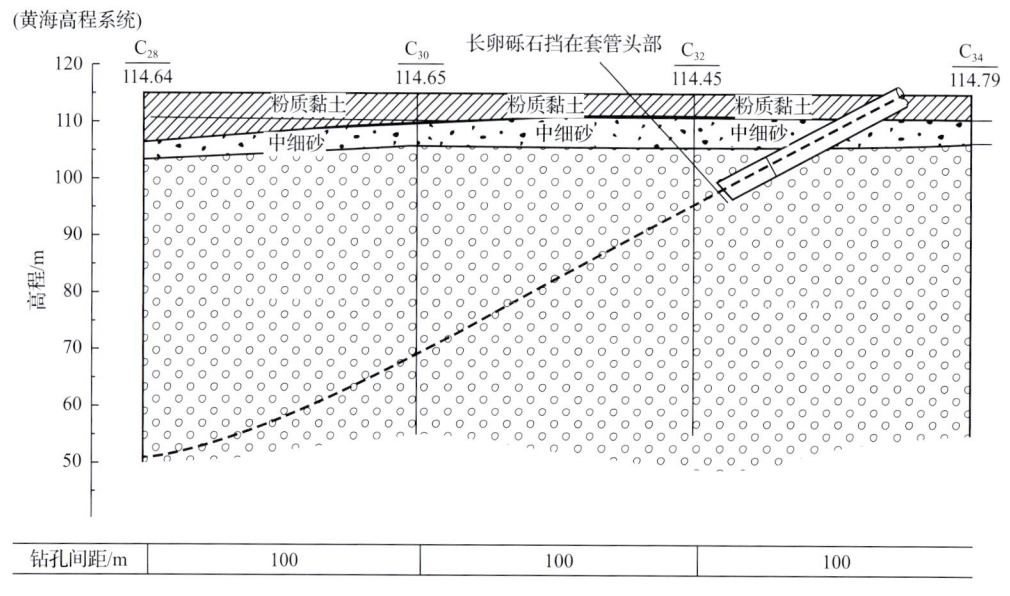

图 6.29　长卵石挡在套管头部

3. 套管角度向上漂移的解决方案

施工设计部门根据在黄河南、北岸两侧卵石层处理的施工数据，首先对套管顶进角度的变化进行了统计和分析，总结出符合顶进角度实际变化的数学模型，并模拟出套管在卵砾石层中的行进曲线，如图 6.30 所示。根据此曲线进行调整、施工，使卵砾石中的穿越曲线与卵砾石层外岩石中的穿越曲线平滑衔接，最终保障管道的顺利回拖。

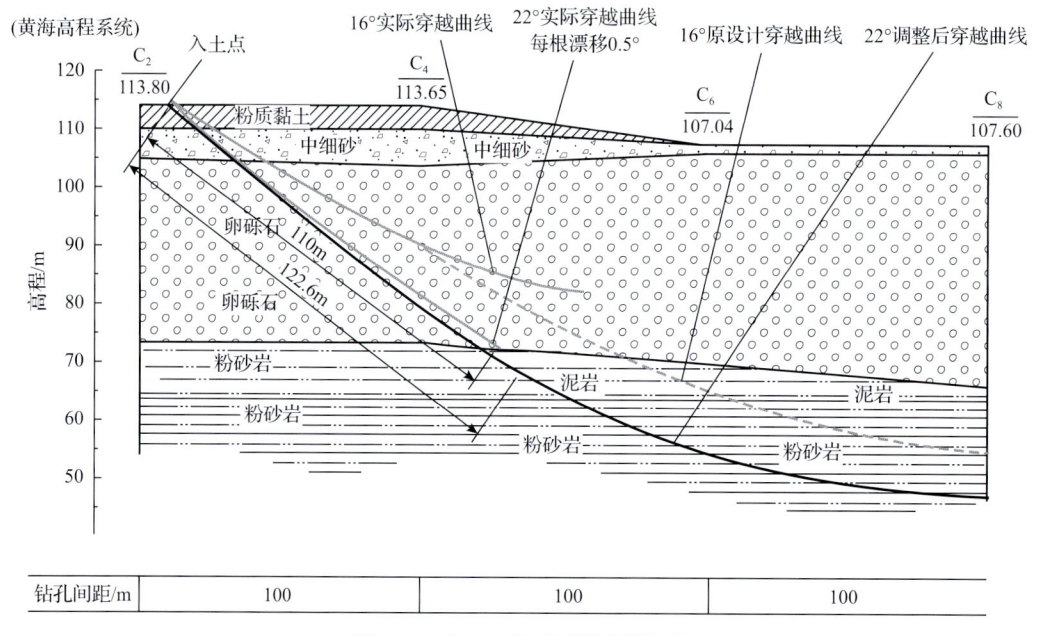

图 6.30　入土侧套管顶进模拟图

现以黄河北岸顶管施工为例对建立数学模型模拟套管顶进路径的方法进行叙述。建模过程如下。

(1) 根据试顶管后的已知轨迹绘制样条曲线。

(2) 在轨迹比较平滑的地方选择特征点，求出该点的斜率。

(3) 分析管道在卵砾石层中穿越的物理特征，建立顶管曲线的数学模型。

顶管段受卵石影响上浮的现象是由顶进端受上方塌落到底部的卵石对钢管的反作用力引起，顶进端钢管可简化为梁受均质横力后纯弯曲的物理模型。

设顶进钢管长度为 x，取顶进端钢管微段 dx 进行力学分析（图 6.31）[7]。

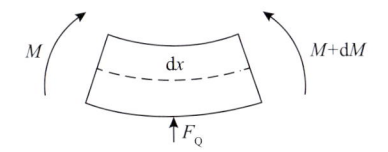

图 6.31 顶进端钢管受力分析模型

M、$M+dM$ 为钢管微段 dx 两端横截面上的弯矩，N·m；F_Q 为钢管受到的均质反力，N

根据图 6.31 的分析模型，计算过程如下：

$$\sum M(x) = 0$$

$$M(x) + dM(x) - M(x) - \frac{F_Q}{2}dx = 0$$

$$dM(x) = \frac{F_Q}{2}dx$$

$$\frac{dM(x)}{dx} = \frac{F_Q}{2} \tag{6.61}$$

根据挠度公式，钢管的形变可以表示为

$$\frac{d^2y}{dx^2} = \frac{M(x)}{E_s I_s}$$

$$M(x) = E_s I_s \frac{d^2y}{dx^2}$$

$$\frac{dM(x)}{dx} = E_s I_s \frac{d^3y}{dx^3} \tag{6.62}$$

式中，I_s 为钢管的惯性矩，m^4。

联立式(6.61)和式(6.62)，可得

$$\frac{F_Q}{2E_s I_s} = \frac{d^3y}{dx^3} \tag{6.63}$$

式中，F_Q、E_s、I_s 均为常数。设 $\dfrac{F_Q}{2E_sI_s}$ 为 k，则上式可变为

$$\frac{\mathrm{d}^3 y}{\mathrm{d}x^3} = k \tag{6.64}$$

对式(6.64)积分并将各项常数系数替换整理后，可简化为式(6.65)，即

$$y = ax^3 + bx^2 + cx + d \tag{6.65}$$

图6.32为根据试顶套管轨迹绘制的样条曲线。

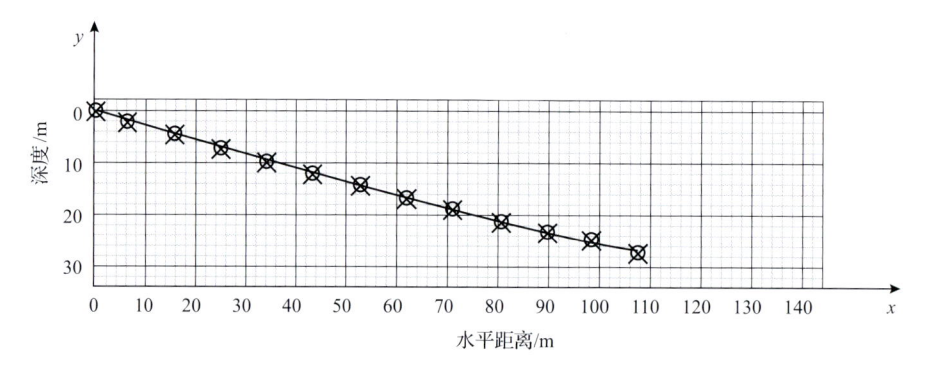

图6.32　根据试顶套管的轨迹绘制的样条曲线

取多组特征点代入式(6.65)，联立方程组求解，最终求得试顶套管的曲线方程为

$$y = 2.01 \times 10^{-6} x^3 + 1.98 \times 10^{-4} x^2 - 0.2924x \tag{6.66}$$

方程曲线与实际曲线吻合。根据此曲线方程预测，试顶套管在穿透卵砾石层之前，管头角度将渐变为0°，无法穿透卵石层。

因为套管参数和施工地点都不变，高度的初始值都为零，所以只需调整合适的角度即可。

由材料力学理论可知，$\dfrac{\mathrm{d}y}{\mathrm{d}x}$ 即为曲线的转角，即 $\theta = \dfrac{\mathrm{d}y}{\mathrm{d}x}$，有

$$\theta = y' = 3ax^2 + 2bx + c \tag{6.67}$$

$$\theta\big|_{x=x_0} = \theta_0 \tag{6.68}$$

$$c = \theta_0 - 3ax_0^2 - 2bx_0 \tag{6.69}$$

当 $x_0 = 0$ 时，$c = \theta_0$。

根据实际工程情况对一次项的系数 c 进行调整，确定采用23°(0.4rad)作为顶管的入土角。

经过实际工程验证，采用23°(倾角为67°)入土角顶管后，套管在穿透卵砾石层后的管头倾角为73°，角度变化量为6°，符合预测曲线。公式曲线计算见表6.2。

表 6.2　公式曲线计算表

x(卵砾石层长度)/m	系数 $3a$	系数 $2b$	系数 c	深度系数 d	y(深度，相对地面)/m	dy(y 的一阶导数)	倾角/(°)	倾角变化量/(°)
0	6.04×10^{-6}	3.96×10^{-4}	−0.4245	0	0.00	−0.425	66.99	
10	6.04×10^{-6}	3.96×10^{-4}	−0.4245	0	−4.22	−0.420	67.21	0.22
20	6.04×10^{-6}	3.96×10^{-4}	−0.4245	0	−8.39	−0.414	67.49	0.28
30	6.04×10^{-6}	3.96×10^{-4}	−0.4245	0	−12.50	−0.407	67.83	0.34
40	6.04×10^{-6}	3.96×10^{-4}	−0.4245	0	−16.53	−0.399	68.24	0.40
50	6.04×10^{-6}	3.96×10^{-4}	−0.4245	0	−20.48	−0.390	68.70	0.47
60	6.04×10^{-6}	3.96×10^{-4}	−0.4245	0	−24.32	−0.379	69.23	0.53
70	6.04×10^{-6}	3.96×10^{-4}	−0.4245	0	−28.05	−0.367	69.83	0.59
80	6.04×10^{-6}	3.96×10^{-4}	−0.4245	0	−31.66	−0.354	70.49	0.66
90	6.04×10^{-6}	3.96×10^{-4}	−0.4245	0	−35.13	−0.340	71.22	0.73
100	6.04×10^{-6}	3.96×10^{-4}	−0.4245	0	−38.46	−0.325	72.01	0.80
110	6.04×10^{-6}	3.96×10^{-4}	−0.4245	0	−41.62	−0.308	72.88	0.87

另外，通过对卵砾石层的处理过程进行分析，在套管顶进过程中的顶推力控制上也有了新的经验：顶推力应控制在一定范围，否则当在管口下方遇到粒径大的卵砾石或漂石时，由于岩石与管口接触少，虽然在较大顶推力作用下套管可以继续顶进，但大的卵砾石或漂石会给管壁一个向上的托力，使在接下来的顶进过程中，套管发生大幅的"上漂"，从而造成顶管失败。因此，套管顶进时的顶推力必须控制在一定范围。根据之前的顶进情况，并结合对掏出卵砾石粒径的力学分析，顶推力要控制在 200t 以内，如遇 200t 仍未顶进的情况，可采用掏挖扩孔器或专用钻具对阻挡顶进的岩体进行粉碎或局部粉碎后再进行顶进作业，如图 6.33 所示。

图 6.33　卵石破碎器

6.4 海底管道水平定向钻穿越

6.4.1 海底管道定向钻穿越概述

海底管道是海上油气输送的主要方式。随着对海上油气资源的进一步开发，海底管道的敷设环境越来越复杂，需经过繁忙的航道、管道、光缆等区域或设施，而采取常规施工完成的海底管道穿越航道等障碍物的敷设，管道的埋深较浅，管道保护措施受疏浚、规划、水流、潮汐的影响较大，影响管道运行的安全，由此引发的管道后期维护及紧急抢修时费用高昂。针对海底管道穿越航道或登陆，常规做法是开挖敷设管道法。该方法是先在海床上开挖管沟后，利用铺管船预制管道并敷设在管沟内，然后进行人工回填。对于开挖通过航道，这种方式最大的缺点在于挖方量和回填量巨大，不仅需要申请专门的倾倒区，施工过程还会影响航道的正常通航，施工费用十分高昂[8]；而对于管道登陆，这种开挖方式会破坏岸线、自然保护区或已建成堤坝。

另外，随着对环境和岸线保护意识的增强，海底管道在登陆时，采用定向钻穿越的方式施工可减少对自然岸线、生态保护区和已建堤防工程的破坏。因此，亟须探索陆海、海陆及海底定向钻穿越技术，以适应不断发展的海上管道工程建设的需要[9]。顾名思义，陆对海定向钻穿越是指入土点位于陆地，向海上进行定向钻穿越，管道在海上预制，向陆上回拖；海对陆定向钻穿越是指入土点位于海上，向陆上进行导向孔钻进，管道在陆上预制，向海上回拖；海底定向钻穿越是指定向钻的入出土点都在海上，管道预制也在海上。

海底管道定向钻穿越一般要在穿越两端分别布置钻机和铺管船，钻机和铺管船的选择需参考具体项目资料及施工海域环境、地质条件等；待相关船舶、钻机设备、辅助船舶、限位钢桩就位后，钻机根据设计的穿越曲线进行导向孔钻进和扩孔，钻机能力需与穿越时的海管拖拉力配套；钻孔完成后，进行管线回拖作业，此时布置在钻机另一侧的铺管船进行接管配合作业，铺管船可根据水深及环境条件、海底管道的属性进行配置，也可将海底管道预制完成后，浮拖或底拖就位，或在出土侧直接预制后沉放在海底；海底管道回拖完成后，进行钢桩拆除、海底管道返平等后续作业，以便进行水平定向钻之后的海管敷设作业[9]。

与海底穿越类似，陆海、海陆定向钻穿越需要分别在海上设置出土点或入土点场地。场地布置方案与海底穿越其中一侧的场地布置方案相同。

6.4.2 穿越的主要难点及处理措施

1. 海上施工平台及钻杆在海水中的稳定措施

海底管道定向钻的主要难点在于定向钻施工场地的一端或两端位于海上，如何在海上建立能够适应潮汐变化和满足钻机足够拉力的施工平台并保证水中钻杆的稳定是一大挑战。目前主要有特殊改装的驳船和自升式平台作为定向钻的海上施工平台，特殊改装的驳船具有资源充足、安全可靠、适用性强、运输方便、安装便捷、成本较低的特点，但在施工过程中驳船受潮汐的影响会上下浮动，稳定性稍差，且需设计能够适应潮汐变化的可升降钻机才能正常作业，而钻机拉力主要靠船舶的锚系来提供。自升式平台的特点是施工过程中不受潮汐影响，可连续作业、安全稳定，但运输、安装相对复杂。常规的自升式平台未考虑横向载荷，为承受钻机的拉力，还需在钻机前端增加抵抗横向载荷的钢管桩。自升式平台在国外已有成功应用于海上水平定向钻施工的先例，但国内适用于定向钻使用的自升式平台资源很少，尚无实际工程施工案例。钻杆在水中悬空段的稳定性问题，主要通过在海中每间隔一定距离安装支撑桩来约束钻杆的位置，从而保证钻杆的稳定。

2. 海底管道定向钻穿越管道预制的措施

满足定向钻连续快速回拖作业的管道预制是海底管道定向钻穿越成功的关键。目前，主要有两种管道预制方式，一种是使用焊接铺管船直接配合定向钻进行管道预制。施工过程中，在穿越管道回拖前，铺管船在穿越出土点就位，完成穿越扩孔、洗孔后，铺管船开始进行连续焊接、检测、防腐补口作业，钻机则直接从铺管船上牵引管道进行回拖，直到完成。另一种方式是管道回拖前，焊接铺管船先行完成管道预制，并逐渐将管道沉放在海床上，定向钻完成扩孔、洗孔后，将海床上的管道管头端吊出水面，并与出土点钻杆连接进行回拖，回拖应连续进行并尽量缩短回拖时间，以降低回拖时管道在洞内抱死的风险。

3. 定向钻海底泥浆循环的措施

海底管道穿越泥浆的回收循环使用也是海底定向钻穿越的一大难题。主要解决方法有两种，一种方法是在入出土点安装大口径钢管，施工过程中泥浆全部从钢管返出，经回收处理后重复利用，该法回收利用率高，泥浆性能稳定，环保效果好。但管道回拖完成后要拆除此套管，这在国外已有成功案例。另一种方法是使用环保泥浆，在海床入出土点开挖一定容积的泥浆池，利用渣浆泵回收泥浆，并经处理后重复使用，这种方法简易可行，但回收效率会受一定影响，泥浆受海水侵蚀，其性能也会受一定影响，施工时要及时检测并调整。

4. 长时间停工易抱钻的解决措施

水平定向钻施工最好应连续作业，长时间停工容易造成抱钻、塌孔、卡钻事故，而海上作业受天气影响大，不可预见的停工时间长是一个无法回避的难题。针对这个问题，首先要针对穿越地下水含盐的特点制定专门的泥浆方案，保证泥浆的有效性和稳定性，特别要重视润滑性并防止盐侵；其次应密切关注天气和海流变化，合理安排施工工期，若停工时间长，则最好将钻具从孔内抽出，减少抱钻的风险；最后应提前准备好应急预案，一旦发生抱钻，立即采取套洗措施使被抱钻具解卡。

6.4.3 典型施工案例

本案例介绍的海底管道路由位于舟山市中北部海域,岱山岛及衢山岛的西侧。海底管道定向钻段包括两处海对海定向钻及其连接管段。该段管道采用规格为 $\Phi 813\text{mm} \times 23.8\text{mm}$ 的直缝埋弧焊钢管,单壁配重结构,定向钻段的配重层厚度为 40mm,穿越长度约 1km。施工位置水深 13～18m。

1. 定向钻平台稳定方案

1) 定向钻平台水平稳定方案

使用定向钻驳船(图 6.34)作为定向钻浮动平台,平台的水平稳定性依靠驳船自身的锚机提供,驳船上钻机的纵向稳定(抵抗潮汐的能力)可由钻机下方的升降装置来弥补潮差对钻机高程的影响。

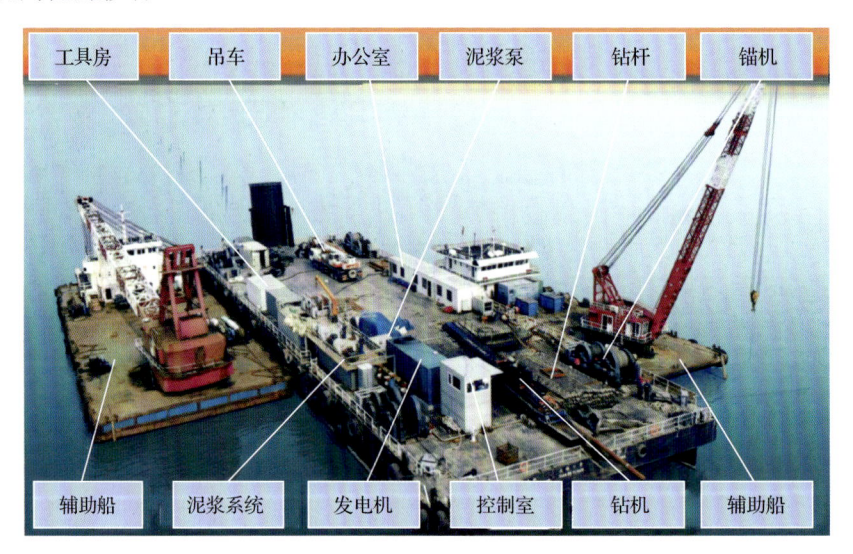

图 6.34 定向钻海上施工钻机船

工作时,通过锚点和船位的 GPS 数据,实时监控船舶位置数据,通过锚缆张力传感器实时监控锚缆张力,以保证在整个施工过程船位精准,出现问题能够提前预警。

钻机船配备有 8 口 8t 的"△"形大抓力锚,并与绞车对应,单口锚可提供超过 100t 的拉力。

导向孔钻进时,钻机推力小于 80t,抛 4 口锚,锚缆出缆角度约 45°,可满足船舶的稳定性要求。

扩孔和回拖时,6 口锚向后抛,2 口锚向前抛,可提供不小于 400t 的拉力,保证回拖时的状态稳定。抛锚示意图见图 6.35。

2) 定向钻平台纵向稳定方案

如图 6.36 所示,导向孔钻进阶段,使用钻机升降装置保持钻机的钻进轴线与钻杆支撑套管同心。当进入扩孔和回拖阶段时,利用钻杆的弹性和水深消除潮差的影响。

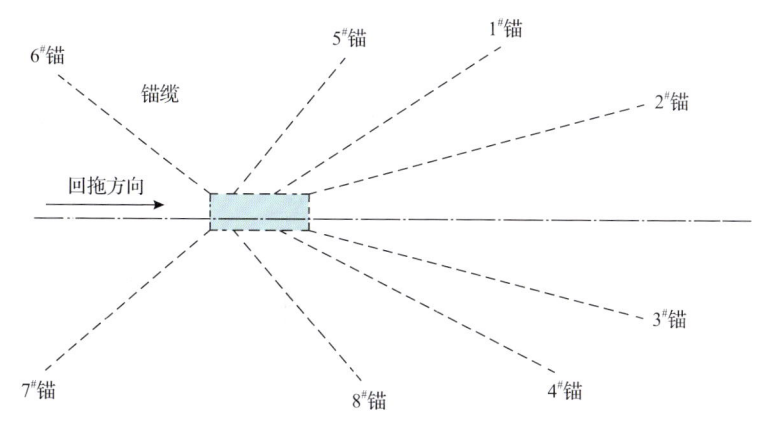

图 6.35　定向钻海上施工钻机船抛锚示意图

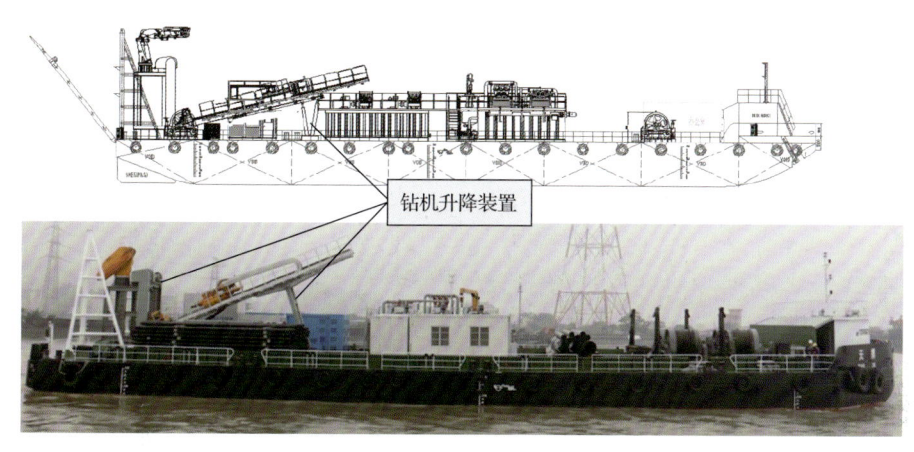

图 6.36　钻机升降装置示意图

2. 定向钻钻杆稳定措施

1）导向孔阶段钻杆稳定措施

导向孔阶段，由于钻杆受钻机的推力，在海水中的钻杆因没有径向约束，容易失稳，所以在钻导向孔时，入土段海水中采用桩支撑安装套管的方式进行径向约束，保持导向孔阶段的钻杆稳定。

如图 6.37 和图 6.38 所示，在海水中的套管采用带弧度安装的方法，从而缩短套管安装距离，套管下端角度与入土角度一致，上端角度为 15°～18°。安装套管直径为 508mm，套管支撑桩直径为 610mm。在钻机船上，通过钻机下方的升降装置使钻机轴线对准套管中心。

2）扩孔阶段钻杆稳定措施

扩孔时，钻杆处于受拉状态，为了保持钻杆稳定，可给处于海水中的钻杆提供一个支撑力，使钻杆保持垂直方向的稳定。导向孔完成后，拆除导向孔套管，将两根支撑桩之间的套管定位装置更换为支撑钻杆的横梁，如图 6.39 所示。

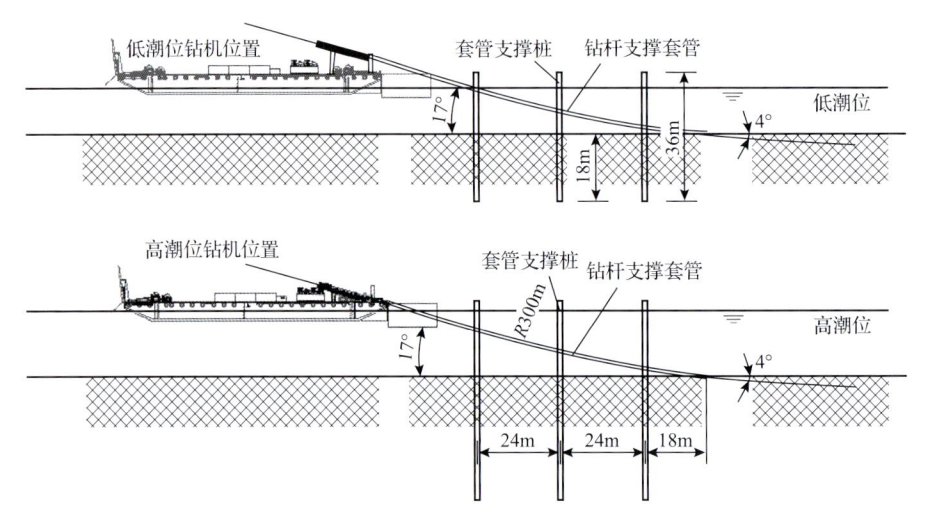

图 6.37　海上套管安装计划示意图

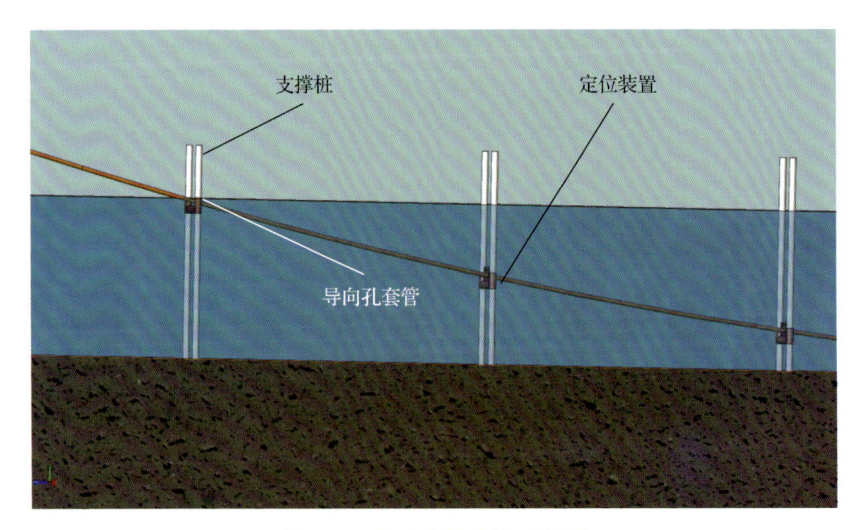

图 6.38　海上套管支撑示意图

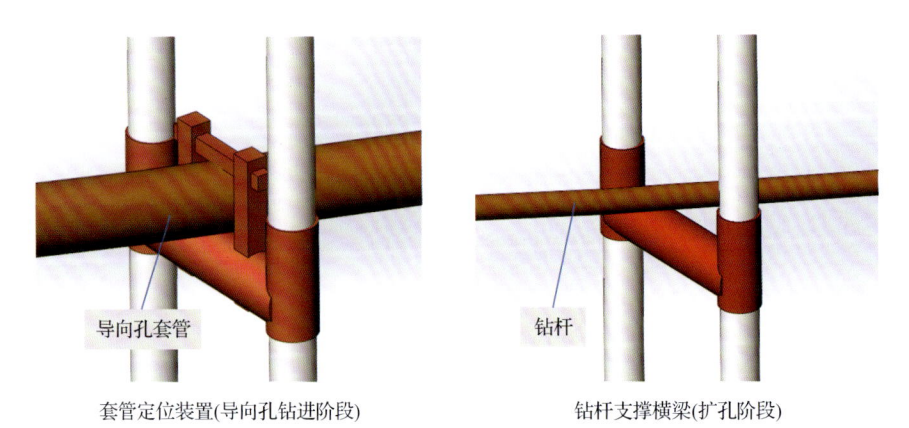

套管定位装置(导向孔钻进阶段)　　钻杆支撑横梁(扩孔阶段)

图 6.39　扩孔阶段钻杆支撑示意图

3)回拖阶段钻杆稳定措施

定向钻回拖时,需要从孔内拉出管道并与后续海管段接续。所以,在回拖前需要将钻机船后移,同时拆除扩孔期间应使用钻杆支撑横梁,使定向钻管道回拖路由处于一个净空状态。

钻杆此时的稳定性依靠钻机船前端的钻杆张紧器保持。必要时,辅助吊船配合调整钻杆角度,整体工作示意图如图6.40所示。

图6.40 回拖阶段整体工作示意图

除上述以改造的驳船作为钻机工作平台外,下面介绍利用自升式平台作为钻机施工场地的案例。

在入土端利用自升式平台搭建钻机施工平台,由于平台场地有限,施工时将泥浆系统摆放在一台驳船上,在出土端布置一艘驳船用于上卸钻杆钻具等操作。在定向钻进期间,安排一艘浮吊船往返于入土端与出土端,主要负责辅助两端钻杆钻具的上卸等操作。海上穿越施工时,入土端与出土端平台、驳船相对位置的平面图如图6.41所示[8]。

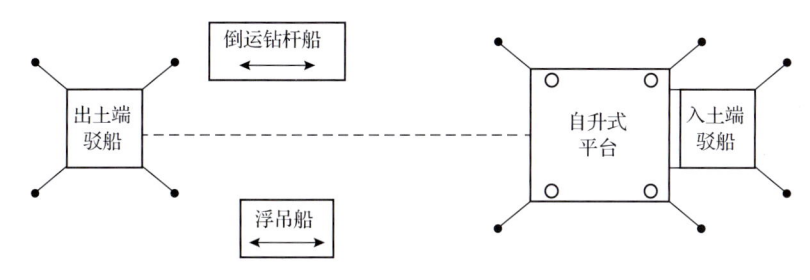

图6.41 海上穿越平面布置图

海上的钻机施工平台采用自升式,平台尺寸要求能够满足钻机及其动力源、钻杆钻具等的摆放要求。定向钻用的泥浆系统及其他配套设备可摆放在驳船上,驳船通过抛锚固定并捆绑在钻机平台附近。钻机平台的锚及设备布置如图6.42所示[8]。

3. 导向孔钻进

1)施工船舶就位

套管安装完成后,钻机船就位,开始进行导向孔钻进。钻导向孔时,海上施工船舶及抛锚位置见图6.43。

2)导向孔钻进

(1)调校。

根据设计图纸提供的入土点、出土点坐标,严格按导向系统调校程序进行调校,根据设计导向要求进行穿越轨迹造斜。

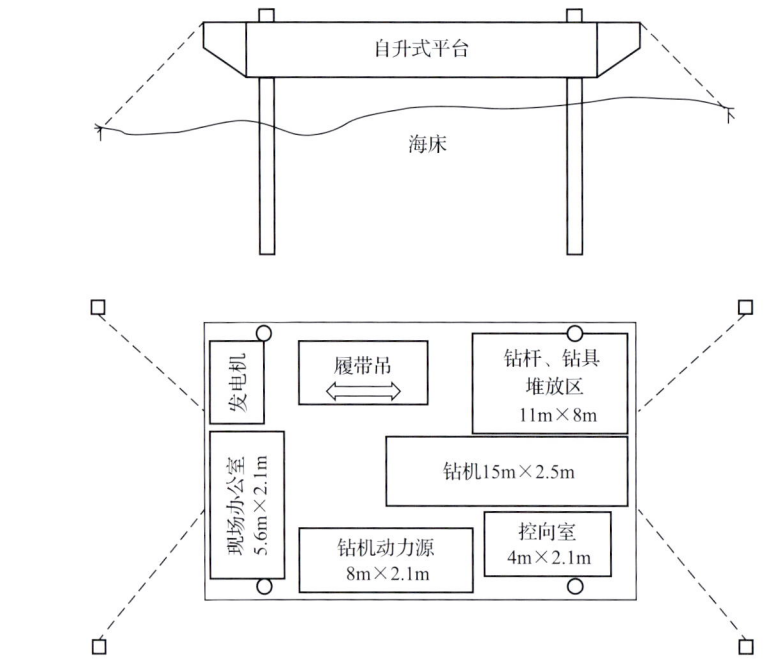

图 6.42　自升式平台锚固及钻机布置示意图

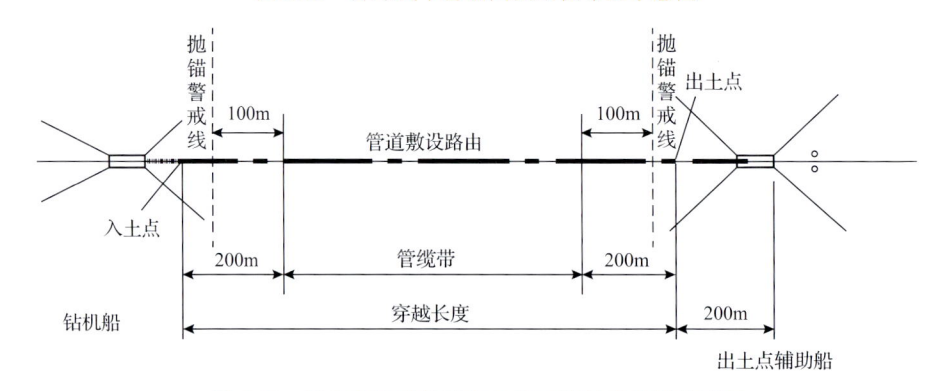

图 6.43　导向孔钻进阶段海上施工船舶及抛锚位置图

(2)磁方位测量。

磁方位角作为定向钻穿越工程最重要的控向数据,是确保穿越曲线圆滑的最重要的保障。由于此次穿越为海上穿越,需要船舶作为施工平台,所以无法在船舶附近水面进行有效的磁方位角测量。因此,此次将在钻头穿越出套管后使用海上辅助定位系统测量磁方位角,并在钻头钻出 50~100m 后设定穿越磁方位角。之后的钻进过程中应进行复测和纠偏,保证穿越精度。

(3)控向基本参数的确定。

钻进过程中,根据设计的每根钻杆的方位角和倾角的变化,确定控向基本参数。

(4)控向数据采集。

钻孔施工同时采用人工校验法:探棒对信号强度进行采集和分析并计算探头的位置。由于地球磁场的微弱性、不稳定性、易干扰性,所以采集数据存在一定的误差和波动,采用海上辅助定位系统，可将误差降至最低。

(5) 钻具组合。

导向孔钻进时的钻具组合(图 6.44)：钻机→8 5/8in 钻杆→230mm 无磁钻铤→311mm 三牙轮钻头。

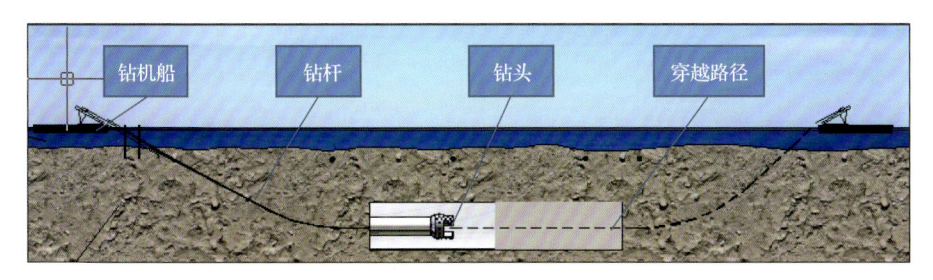

图 6.44　导向孔施工示意图

4. 扩孔

钻头从海底出土后，由潜水员将钻头从海底经过出土侧钻杆龙门支架打捞至辅助工作船，卸掉导向钻头，连接扩孔器，开始进行扩孔作业。在出土点位置停泊扩孔辅助工作船，负责钻具安装扩孔器和钻杆的接续。

扩孔时，海上施工船舶的抛锚位置与导向孔阶段的船舶位置相同，见图 6.45。

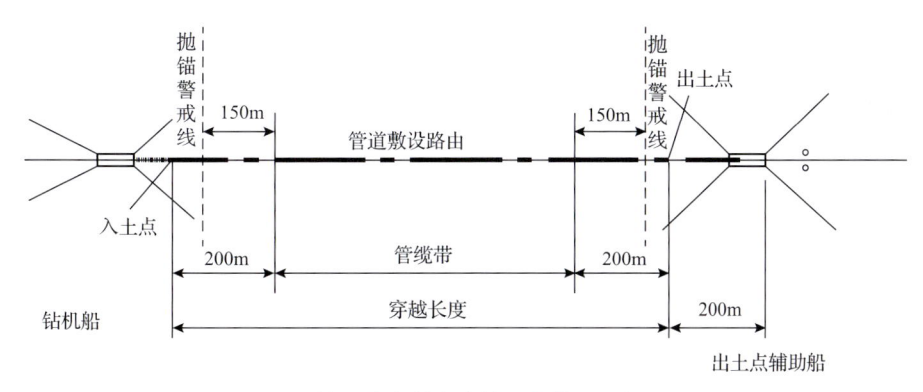

图 6.45　扩孔阶段的海上施工船舶及抛锚位置图

扩孔时，拆除入土侧的钻杆支撑导向套管，由支撑桩支撑海水中的钻杆，扩孔器的选择(图 6.46)和最终扩孔直径的确定与陆地定向钻相同。

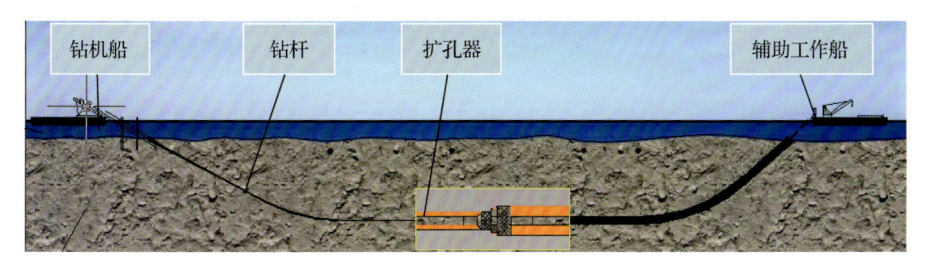

图 6.46　扩孔施工示意图

5. 管道预制

定向钻段管道计划整体预制并放置在海床上，为保证整体预制管道在海床上的稳定性，在海底预制管道两侧打入限位桩，限制管道在海底的横向位移。

预制管道两端的限位桩呈左右对称布置，其余位置的桩交替布置，预制管道及限位桩布置见图 6.47 和图 6.48。

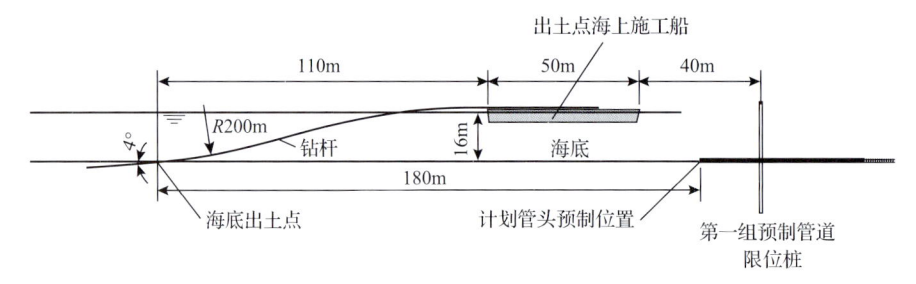

图 6.47　预制管道示意图

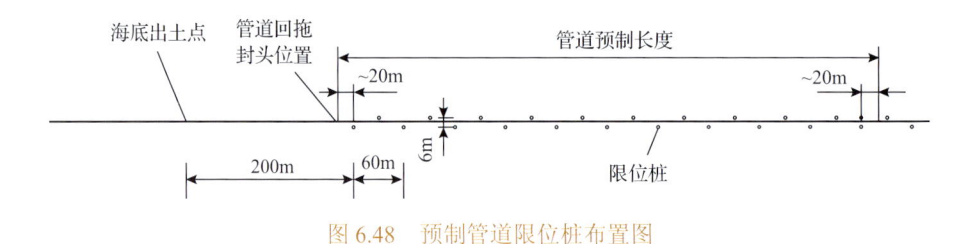

图 6.48　预制管道限位桩布置图

打桩随管道预制同时进行，由铺管船上的吊机进行打桩作业，以减少在同一海域施工的船舶数量。打桩时，先施打靠近定向钻出土点的一组桩，然后再向管尾方向顺序施打。

6. 管道回拖

扩孔完成后，钻机船移位，预留出管道过渡段的回拖长度。回拖阶段的海上船舶位置见图 6.49。

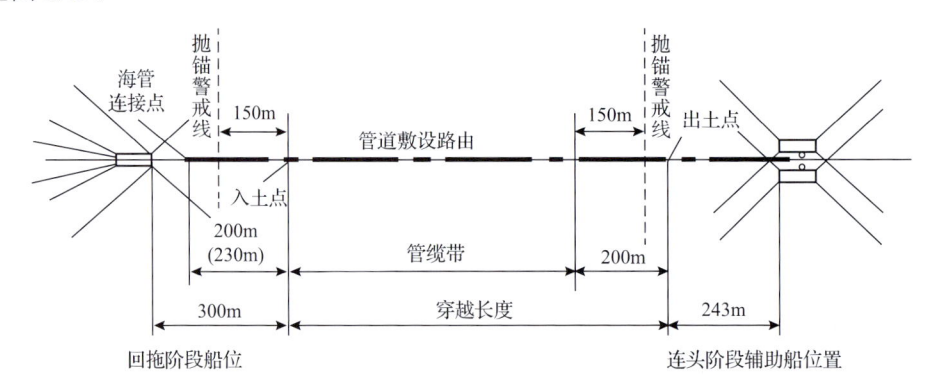

图 6.49　回拖阶段的海上船舶位置图

管道回拖前,将入土点钻机船向远离入土点的方向移动约100m,保证管道回拖长度。在出土点使用浮吊船将预制好的管道管头从海底吊出并在辅助工作船上与回拖钻具连接,然后再将连接好的管道放回海床,开始回拖,如图6.50所示。回拖时,可调整泥浆配比,主要是在泥浆中加入适当润滑剂,以减小管道在孔内的回拖阻力。

图6.50 回拖前管头与回拖钻具连接现场

管道回拖时的钻具连接方式为:水平定向钻机(钻机船)→8 5/8in钻杆→桶板式扩孔器(Φ1100mm)→旋转接头→卸扣→工作管线→夯管锤(图6.51)。

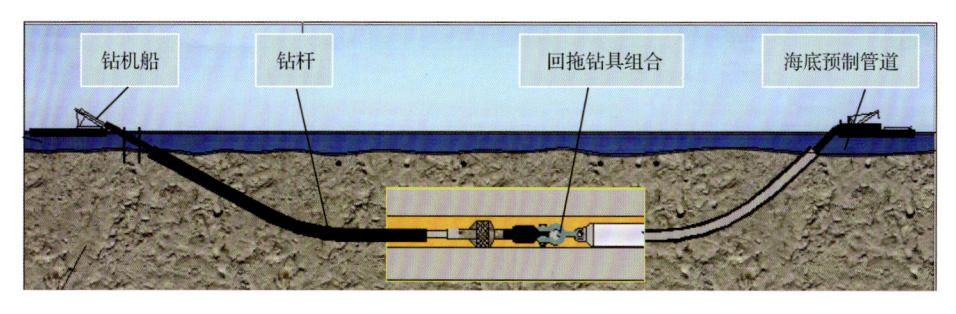

图6.51 管道回拖示意图

预制管道沉放至海床后,由于海床面的淤泥会对管道形成包裹,增大了回拖阻力。为了减小此因素增加的阻力,回拖前可在管尾安装夯管锤(图6.52)进行管道预启动,夯管锤锤击管尾,使管道周围的土壤液化,从而减少海泥对管道的包裹力。

当地质条件允许时,还可以采用在铺管船或出土点驳船上预制边回拖的方案。

铺管船在管道预制位置就位,放下牵引钢缆绳,由潜水员将缆绳与回拖U形环相连,将回拖钻具组合通过拖管架牵引至铺管船上,根据铺管船作业线的布置情况确定解开缆绳的位置,解开缆绳后,将牵引头与回拖U形环相连(图6.53和图6.54),开始进行管道回拖(图6.55)。

在香港污水处理厂排海管道陆海定向钻穿越项目中,在海上驳船上分段预制管道,向陆地回拖。管道回拖阶段,为了消除潮汐的影响,施工单位制作了可升降的管道发送支架,根据潮位调整回拖管道的高度,如图 6.56 所示。

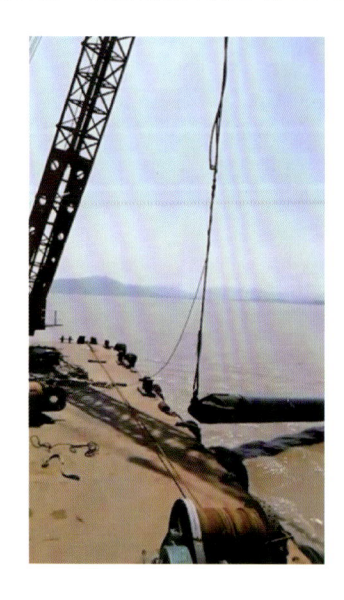

图 6.52　管道预启动现场

图 6.53　管道回拖钻具连接示意图

图 6.54　在铺管船上进行回拖钻具连接的现场

图 6.55　管线从铺管船上回拖入水

图 6.56　分段预制管道与可升降管道回拖支架

此次长距离 PE 管道回拖，由于 PE 管所能承受的拉力有限，为了保证管道安全，利用向管内注水以降低浮力，从而降低长距离 PE 管的总回拖力。受陆地场地的限制，在海上利用施工船发送管道，回拖前先在施工船上进行"三接一"预制，管道回拖为"三接一"。

另外，设计了可安装在套管上的管道助推器，如图 6.57 所示。虽然回拖过程比较顺利，并没有使用助推器，但助推器辅助的应急预案能够极大地降低工程风险。

7. 泥浆池布置、泥浆处理方案

1) 泥浆池布置方案

此案例穿越的海底淤泥层非常软弱，承载力差，而且套管口高度至少应高于最低海平面5m，安装套管的深度需保证泥浆能够从套管上端口返回且泥浆不会从淤泥层泄漏或溢出。因此，如图6.58所示，施工单位制定了利用海底预挖管槽收集泥浆的方案。施工完成后，预挖泥浆池作为管道斜线段与水平敷设段过渡的管沟使用，然后再进行回填。

图6.57　海上管道回拖时的管道助推器

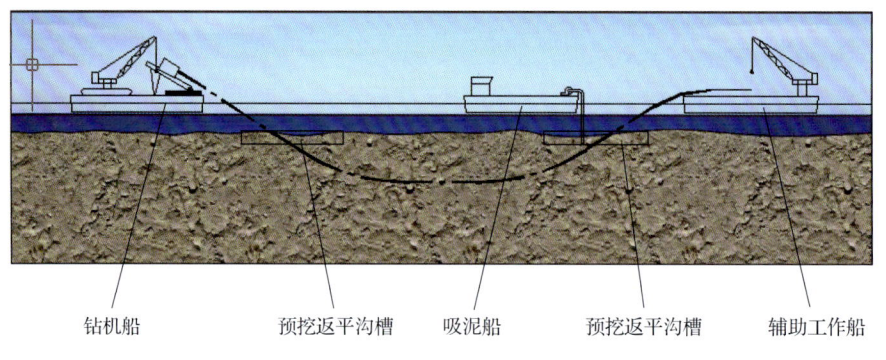

图6.58　海底泥浆收集示意图

在定向钻施工时，由于泥浆比重比海水大，所以泥浆沉积于海水底部，在海底钻孔入土点和出土点预挖管道返平管沟作为泥浆收集坑，防止泥浆扩散，同时收集从洞内返回的泥浆(如果泥浆能返回至海底入土点)，沟槽长度50m，宽度5m，深度3m。在海上停泊吸泥船，收集从孔内返回的泥浆，然后送至钻机船循环利用或运至陆地进行回收处理。

2) 泥浆处理方案

定向钻施工工程中，主要使用淡水环保泥浆，适当加入抗盐剂，主要成分为水+膨润土(6%~8%)+抗盐剂，对环境无毒无害。

泥浆回收处理系统设置在入土点的钻机船上，由入土点和出土点海底泥浆池返回的泥浆均使用泥浆船运送至入土点钻机船上进行循环使用。定向钻的泥浆系统由泥浆搅拌罐、泥浆泵、泥浆反循环渣浆泵、泥浆回收处理系统几部分组成。回收的泥浆经过泥浆处理系统处理后可循环重复利用。

回收泥浆时，设置专门的堆放场地盛放处理分离出来的废弃泥浆和渣料等。穿越施工完成后，采用水泥固化方式处理剩余泥浆及回收泥浆时分离的泥沙，完成后运送到当地垃圾填埋场，并在运输时做好船舶、车辆的密封和遮盖工作，避免洒落在路途上。

对于穿越地层为硬岩的地质，由于穿越所需的泥浆量巨大，所以必须建立泥浆循环携带钻屑，此时可通过安装套管的方式隔离海水和覆盖层。在香港污水厂排海管道项目中，如图 6.59 所示，在海上出土点使用夯管锤安装 74m 长的 Φ914mm 套管，有效保证了泥浆的循环利用和环境安全。

图 6.59　香港污水厂排海管道项目出土侧海上套管

6.5　山体岩溶地层穿越案例分析

6.5.1　主要难点分析及处理措施

1. 岩溶地层概述

岩溶又称喀斯特(Karst)。目前，大多数学者认为岩溶是指由地下水和地表水对可溶性岩石的破坏和改造作用而形成的水文现象和地貌现象。岩溶地貌不仅在碳酸盐岩石地区发育，而且在其他可溶性岩石(硫酸盐、卤化物)分布区也能够见到，但以碳酸盐岩石地区的岩溶地貌最广泛。岩溶地貌在我国的分布非常广泛。全国碳酸盐类岩石分布面积约 130 万 km²[10]，其中以广西、广东、云南、贵州、四川、湖北、湖南的石灰岩分布最集中和广泛，面积约占全国分布面积的一半，广西桂林和云南路南石林皆因其独特的岩溶地貌而闻名于世。

岩溶区的地表水不发育，但有许多溶洞、暗河，因此在这些地区采用水平定向钻穿越技术进行管道建设时，要尽量避开溶洞，如无法回避，则应采取相应的应对措施。

岩溶地层复杂多变，无规律性，岩溶发育具有位置和空间形态的不确定性及充填物的不均匀性、连通的复杂性、地下水和地表水相互转化的敏捷性、流态多变性等特点。

但也有其内在的类型和特征，按充填类型可分为充填型岩溶、半充填型岩溶和无充填型岩溶，按充填物性质可分为充填黏土型岩溶、充填淤泥型岩溶、充填粉细砂型岩溶、充填块石土型岩溶、充填泥砾石型岩溶和充水型岩溶。针对不同类型的岩溶，可根据岩溶类型进行分类施策。

2. 主要难点分析及处理措施

1) 溶洞位置、数量及充填情况勘察困难

岩溶发育具有显著的不均匀性，在岩溶分布、形态、位置等方面展现为"不连续性"和"难推断性"。连续的、可推断的事物(如沉积地层)可以用离散的方法(如钻探)来探查控制，而不连续的、难推断的特征(如岩溶发育)应该用连续的、多手段的方法(如物探、综合手段)来探查揭示。因此，岩溶场地的工程地质勘察与评价工作应综合利用物探、钻探、水文地质试验、示踪等技术，在岩溶专家的指导下进行综合勘察研究，才能对岩溶发育的全貌有所了解[10]。

2) 洞口涌水

涌水是山体岩溶地层施工最大的挑战之一。由于山体内的水位高于定向钻洞口的水位，部分山体水从定向钻洞口涌出，破坏了泥浆携带钻屑的能力，导致卡钻事故频发。此时，可采取洞口加压封堵结合孔内注浆的方法解决涌水问题。对于因降雨导致的临时涌水量突增，可暂停施工，待山体内水位降低后再施工。

3) 溶洞内钻头下沉、块石坍塌

溶洞内充填物的性质不同，在导向孔钻进时遇大直径无填充或软弱的淤泥填充溶洞时，由于填充物的承载力不足，可导致钻头突降；而遇到块石土填充的溶洞时，钻孔上部块石落入钻孔内，导致卡钻。

主要应对措施：加大钻具刚度，减小钻头角度变化量；对孔内石块打捞、扩孔时采用双钻机联合扩孔(可降低卡钻风险)或注浆加固地层等。

4) 漏浆

由于岩溶地层裂隙发育，泥浆很容易沿裂隙渗入地层，形成漏浆。如果没有有效的堵漏措施，泥浆的损失量会越来越大。

解决漏浆问题的主要措施：改变泥浆的流动性，减小泥浆对地层裂隙的渗透压力；向泥浆中添加适当粒径的颗粒，形成桥塞，对裂隙进行封堵；使用水泥浆或其他适当的方法进行堵漏。

5) 地表冒浆

在灰岩地区，岩溶水主要以岩溶通道形式排泄，通常在河谷中或与非可溶性岩的接触带排出地表，形成地表径流。当处于枯水期时，地表径流不明显，但定向钻穿越时一旦遇到此类通道贯通性溶洞，很容易形成地面冒浆，而由于岩溶管道尺寸较大，常规的注浆堵漏措施很难发挥作用。此时，较有效的方法是在地面冒浆位置修筑分级储浆沉淀池，将清水分离后排出或将泥浆引流收集并运送至场地内进行回收利用。

6)防腐层保护

由于山体溶洞地质复杂,回拖时防止管道防腐层损伤是施工的重难点之一。虽然在 3LPE 层外增加玻璃钢防护层可在一定程度上减少防腐层损伤,但由于山体岩石的特殊性,避免防腐层损伤最有效的措施还是保证孔洞的平顺、光滑和孔内清洁。为了达到此目的,可以采用测孔、修孔、清孔、试回拖等措施。

7)施工场地进场受限,进出场困难

采用模块化施工设备(如第 4 章中的模块化钻机),缩小设备运输尺寸,适应山区狭窄的道路。对于管道预制,可以采用多接一的模式进行管道回拖安装。

6.5.2 典型施工案例

1. 工程概述

国家管网华南分公司某互联互通工程定向钻穿越项目,水平长度为 2657m,是目前世界上长度最长的喀斯特地质山体定向钻穿越项目,管道规格为 $\Phi 323.9\text{mm} \times 7.9\text{mm}$,穿越入土角为 10°,出土角为 7°,钢级为 L415M,防腐采用加强级 3LPE+环氧玻璃钢防护层。建设地点位于贵阳市白云区牛场乡,穿越段场地主要为山地喀斯特地质,地势起伏较大,出土侧为山间盆地,地势较平缓。

管道穿越轴线主要在灰岩、白云岩等岩层中。穿越段上层主要为填土和黏性土,下层主要为泥灰岩、灰岩和白云岩,根据物探和钻探勘察发现穿越段内有 18 处低阻异常区。结合现场地质调查情况表明,穿越断面附近存在 2 处小煤窑采空区,分别位于进、出洞口附近,同时推断位于灰岩、泥灰岩中部分低阻异常中心附近存在岩溶,岩石较破碎,部分低阻异常中心可能存在溶洞和采空区。经过现场实地调查,在穿越中轴线右侧发现 1 处泉眼(图 6.60),泉水动态受气象、水文因素等影响,雨多泉大,干旱泉涸,具有季节性变化。

图 6.60 泉水出水口

本次定向钻穿越里程 2650~2700m 有明显的低阻异常区，现场调查表明是小煤窑通道，位于管道下方，距管道中线约 30m。该采空区上方岩层稳定，小煤窑封停近 20 年，判断采空区变形稳定。

在距离出土点 250~280m 存在明显的低电阻异常，经调查该处也是煤窑采空区，采空区中心标高 1285m，位于管道侧下方，距管道中线高程相差约 10m，该采空区距管道出土端很近，影响范围到达地表。高密度电法等视电阻率断面图见图 6.61。

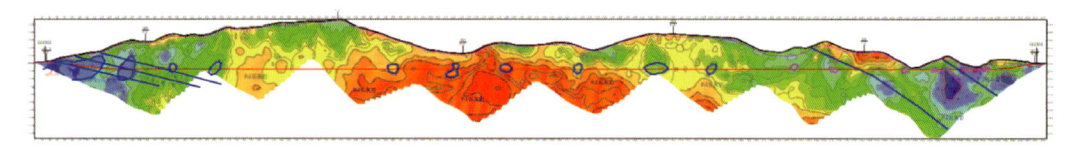

图 6.61　高密度电法等视电阻率断面图

2. 导向孔钻进

为了降低施工卡钻的风险，此次山体溶洞定向钻采用双钻机对穿导向孔，入土侧采用 600t 水平定向钻机，出土侧为 200t 水平定向钻机，钻具选用 8 5/8in 大直径无接箍钻杆，12 1/4in 防卡三牙轮钻头，以防止更换钻头回退时卡钻。

导向孔钻进时，遇到洞口塌孔卡钻、回退卡钻、漏浆等，具体处理措施如下。

1) 洞口松散地层的处理措施

在入出土点附近，受煤矿采空区的影响，地质松散，孔洞坍塌，掉块，施工时表现为导向钻头角度自动向上偏移，拔出钻头后无法沿原孔钻进，泥浆漏失。根据导向孔钻进情况，安装钢套管对该段进行隔离支护，套管规格为 $\Phi 630mm$，套管安装方法见第 6.3 节，此次套管长度约 60m。套管涌水返出碎石和煤渣照片见图 6.62。

图 6.62　套管涌水返出碎石和煤渣照片

2) 钻头防卡技术措施

(1) 导向孔钻进选用 12 1/4in 防卡钻头,加大钻孔与钻具间的空隙,有利于预防卡钻。

(2) 在钻头后安装专门的钻头防卡装置,在钻头回退时清理堆积在钻头后方的钻屑,以避免卡钻。

(3) 使用刚度较大的 8 5/8in 大直径无接箍钻杆,在穿越溶洞时可降低"掉钻""丢孔"现象发生的可能性。

(4) 及时进行洗孔。导向孔钻进一定距离(3~4 根钻杆长度)后应立即对此段进行扩孔、洗孔,清理钻头后方的环形空间,尽量将钻屑从孔内清除或将钻屑携带至溶洞位置。

3) 破碎地层的处理措施

出土侧导向孔钻进到 76.8m~115.2m 位置时遇到松散的碎石层,孔洞坍塌严重,导向非常困难,在此段钻进和回退洗孔过程中频繁发生卡钻情况。随后,使用添加固壁材料的堵漏液对孔壁进行处理(图 6.63),并取得了一定效果,有效预防了卡钻现象的发生。

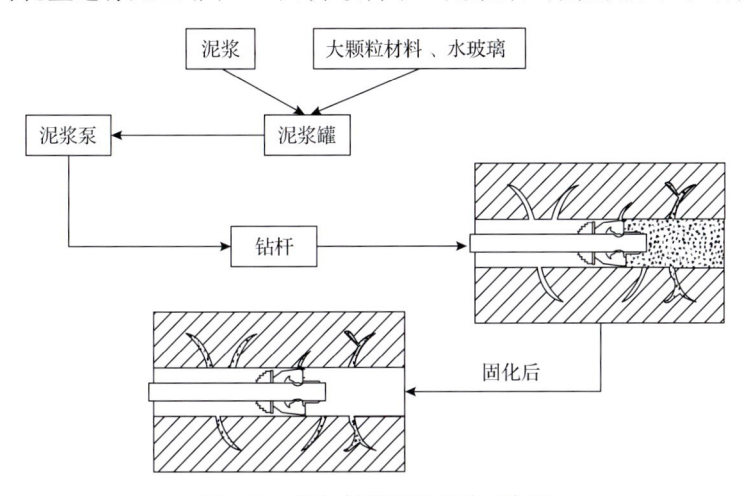

图 6.63　添加材料处理孔壁示意图

4) 地下水封堵的措施

出土侧导向孔钻进至第 20 根钻杆时,钻穿富含地下水的区域,洞口返水量激增,估计 5m³/min 以上,返出一段泥浆水后,水体逐渐变清,钻头回拔困难。

采用在钻杆与套管上安装封堵器的办法(套管封堵示意图见图 6.64),封堵器与套管之间填塞橡胶衬套密封,用流量平衡阀调节从导向孔返出的携屑泥浆量,使进入钻杆的泥浆量与洞内返回的岩屑泥浆平衡,对于从缝隙流出的少量浑水,使其流入沉淀池进行沉淀过滤。

5) 冒浆的处理措施

在冒浆场地条件允许的情况下,可采取自然沉降、添加絮凝剂和活性炭处理的方法。

(1) 沉淀池(图 6.65)。

① 将沉淀池分隔成四个区域,第一区为减速区和自然沉淀区,第二区为一级处理区,第三区为二级处理区,第四区为排放区。如果沉淀效果达不到预期,则可以增加上述功

能区域的个数，但应保证各个功能区域至少有一个且相同的功能区域处于相邻设置，相邻区域通过隔离墙壁分隔开，每一个区域中的泥水能够通过溢流越过隔离墙进入下一个区域。

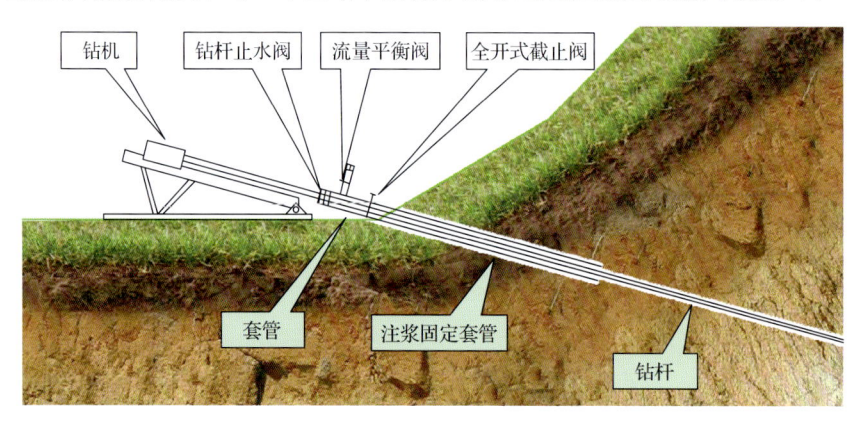

图 6.64　套管封堵示意图

图 6.65　沉淀池

② 初步物理处理：将待处理沉淀的浑水输送到第一区中，使浑水在第一区中减速并发生自然沉淀，通过向第一区连续注入浑水，使第一区中的浑水溢流越过隔离墙进入第二区。

③ 一级物理处理：在第二区进水口处设置絮凝剂投放装置，添加絮凝剂，当第二区中的水满了以后，自然溢流越过隔离墙进入第三区。

④ 二级物理处理：在第三区进水口处设置絮凝剂投放装置，添加絮凝剂进行沉淀，

当第三区中的水满了以后,自然溢流越过隔离墙进入第四区。

⑤抽排：在第四区沉淀池与蓄水池之间安装管路,通过水泵、管路抽排到蓄水池,蓄水池内的水作为施工用水。

(2)过滤。

在沉淀池的基础上在第二区和第三区沉淀池出水口设置纱网和活性炭过滤坝,过滤坝结构采用纱网+活性炭+沙袋,对流出的水进行充分过滤,过滤坝规格为3m×1m×1m。

6)导向孔贯通措施

导向孔对接位置距离入土侧 135 根钻杆,距离出土侧 145 根钻杆,原计划由入土侧 600t 钻机钻头钻入出土侧 200t 钻机的孔内,但受地层影响,临时改为由 200t 钻机的钻头对接进入入土侧 600t 钻机的孔内。对接时,入土侧钻杆扭矩超过 $20\times10^4\mathrm{N\cdot m}$,为了使导向孔顺利贯通,将钻头分别从出土侧拔出,更换为对接螺旋钻头,重新下钻,在孔内将两侧钻杆连接成一个刚性整体,入土侧 600t 钻机牵引并正向旋转钻杆,出土侧 200t 钻机反转推动钻杆,入土侧钻机扭矩为 $16\times10^4\mathrm{N\cdot m}$,出土侧钻机扭矩为 $6\times10^4\mathrm{N\cdot m}$,联合将孔内钻杆拉动并全程洗孔。洗孔采用洗孔短接,洗孔短接安装间隔约 600m,经过 150 根洗孔后,孔内钻杆的总扭矩下降至 $16\times10^4\mathrm{N\cdot m}$,最终实现导向孔贯通。

3. 扩孔与修孔

导向孔贯通后,首先采用正推动力扩孔工艺分别从入出土段开始扩孔,动力扩孔虽然扩孔效率较高,但其动力主要来自于泥浆的压力和流量,当动力扩孔遇到漏失地层时,施工过程中基本无返浆,所以回退更换动力扩孔器时发生卡钻、断钻的风险高。因此,本项目在入土侧正推扩孔约 300m 后,改用双钻机同步扩孔工艺施工,虽然扩孔效率降低了,但保证了扩孔施工的安全。

扩孔完成后,根据扩孔时安装在钻杆内的测孔器测孔数据,分析孔洞曲率是否满足回拖要求。但考虑到地层的复杂性,在扩孔完成后进行了修孔作业。修孔器直径为管线直径的 1.3 倍,扶正段管径与管线相同,修孔长度可根据扩孔的角度差进行调整,角度相差大,可适当减小修孔长度,防止扶正管过长,产生修孔死角。随着角度差的缩小,逐步增加修孔长度,直到满足设计要求的曲率半径为止,同时修孔应使管道顺畅通过且保证防腐层完好。

修孔作业钻具连接顺序如下:HY-6000 钻机→8 5/8in 钻杆→修孔器→扶正管段→8 5/8in 钻杆→HY-2000 钻机(图 6.66)。

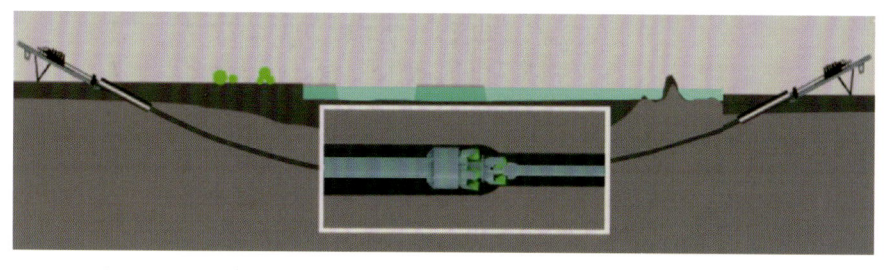

图 6.66 修孔作业示意图

修孔完成后进行试回拖,进一步检查孔洞质量和孔洞对防腐层的磨损情况,各方面条件确认满足要求后,开始进行管道回拖。

4. 管道回拖

由于管道预制受场地限制,2657m 长的管道采取"九接一"的预制方式(图 6.67),在回拖完成其中一段后与另一段管道进行连接,连头组焊、无损检测、补口完成后再继续管道回拖。

图 6.67 管道"九接一"预制

"九接一"施工方法是将穿越管道分成九段,按照设计要求分别进行组焊、无损检测、补口、试压、通球,通球合格后再将九段管道置于回拖区域。

扩孔完成后,先回拖第一段管道,第一段管道距离入洞长度约 150m,然后停止回拖,进行第一段与第二段管道的连接,管口组对完成后进行焊接,确保焊接一次合格。焊接完成后进行超声波检测,检测合格后再进行焊道的 X 射线探伤,合格后进行防腐补口,其中玻璃钢防护层改用光固化防护层,以缩短施工时间。剩余预制管道连接方法同上,由于管道回拖要尽可能连续进行,因此尽量缩短"九接一"连头焊接和防腐补口时间。

回拖钻机与钻具的组合:HY6000 钻机→无接箍 8 5/8in 钻杆→ϕ420mm 回拖扩孔器→ϕ300mm 旋转接头→U 形环→ϕ323.9mm 回拖管道。

在回拖过程中,管道入洞阶段扭矩和拉力的跳动相对较大,这主要与入洞套管和地层衔接段的岩石较破碎和成孔较差有关。管道经过一段回拖距离后,拉力和扭矩逐渐平稳。在回拖中段,拉力和扭矩突然增大,最终钻杆不能旋转,造成卡钻。卡钻的原因主要有两个,一是在钻进过程中,泥浆沿地下大量的岩石裂隙流失,无法有效携带钻屑,造成回拖孔洞堵塞。解决措施:应提高泥浆性能,配置悬浮能力大、流动性强、润滑效果好的泥浆；二是孔洞坍塌导致卡钻。本工程管线回拖使用无接箍大直径钻杆，由于钻杆没有接箍，可以减少回拖过程中卡钻的风险，但由于局部地层松散破碎，且位于穿越的中间位置，所以回拖时会发生扭矩和拉力突增的情况。经过分析，主要原因是地层塌落的碎石造成扩孔器的扭矩突然增大，此时应减小扩孔器的扭矩对破碎地层的扰动，避免整圈转动扩孔器，防止更大范围碎石的塌落。通过采取小拉力钻杆摆动扩孔器的解决方式，将碎石挤到管道周围，并逐渐通过破碎带，直到拉力和扭矩恢复正常。在管道回拖的后半程，拉力和扭矩逐渐减小，甚至比管道入洞时的拉力和扭矩还小，针对喀斯特地质条件下定向钻穿越施工采取的一些措施取得了较好的效果，回拖过程虽然有些惊险，但最终取得圆满成功，为以后喀斯特地质条件下的定向钻穿越施工提供了宝贵经验。回拖出土后的管道及防腐层见图 6.68。

图 6.68　回拖出土后的管道及防腐层

6.6　管道穿越工程实践与理论探讨

6.6.1　曲率半径的计算推导

在导向孔的施工过程中，由于受地下空间的限制，在穿越角度变化较大的情况下，应调整水平和垂直方向的角度。导向数据给定的控制参数为方位角和倾角，甚至曲率半径达到设计的下限，考虑三维空间的曲率半径比给定穿越的水平和垂直曲率半径小，为了符合设计要求，通常应校核三维空间的曲率半径。曲率半径的推导公式如下。

因为垂直和水平的曲线长度与三维空间对应的曲线长度是相等的，三维空间角度的平方是垂直和水平角度的平方和，即合成角的计算见图 6.69，公式为

$$\theta_c^2 = \theta_h^2 + \theta_v^2 \tag{6.70}$$

因为穿越角度对应的曲线长度相等，即

$$\theta_c \cdot R_c = \theta_h \cdot R_h = \theta_v \cdot R_v = l \tag{6.71}$$

$$\theta = \frac{l}{R} \tag{6.72}$$

$$\frac{l^2}{R_c^2} = \frac{l^2}{R_h^2} + \frac{l^2}{R_v^2} \tag{6.73}$$

$$\frac{1}{R_c^2} = \frac{R_h^2 + R_v^2}{R_h^2 R_v^2} \tag{6.74}$$

合成后的曲率半径：

$$R_c = \frac{R_h R_v}{\sqrt{R_h^2 + R_v^2}}, \quad R_c \geqslant 1200D \tag{6.75}$$

式(6.70)～式(6.75)中，θ_c 为空间调整角度，rad；θ_h 为水平调整角度，rad；θ_v 为竖向调整角度，rad；l 为空间的弧长，m；R_c 为弹性敷设叠加段的复合曲率半径，m；R_h 为水平弹性敷设段的复合曲率半径，m；R_v 为竖向弹性敷设段的复合曲率半径，m。

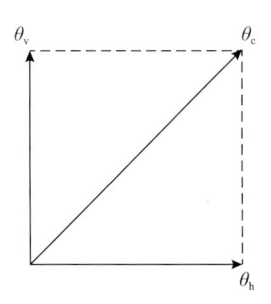

图 6.69 角度合成图

6.6.2 回拖入洞距离和高度("猫背")的计算推导

在管道回拖入洞过程中，为了减小入洞回拖阻力，应使管道入洞倾角与入洞角度吻合，尤其在岩石孔洞中，要严格调整管道的倾角使之与岩石孔角度相同，从而防止损坏防腐层、卡钻、钻杆扭断等。在大直径管道回拖过程中，一定要设置好入洞支撑墩的高度和入洞的距离(图 6.70)，确保管道在重力作用下产生的倾角与入洞角度相符。若处理

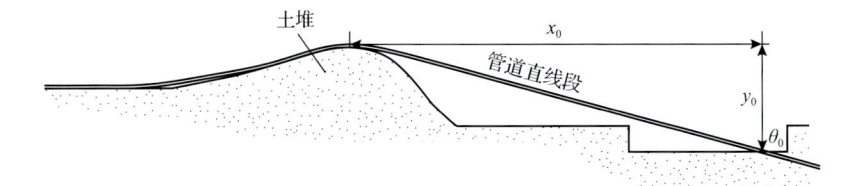

图 6.70 管道入洞高度和距离示意图

x_0 为支撑墩到入洞口的距离，m；y_0 为支撑墩高度，m；θ_0 为入洞角度，(°)

不好，一旦管道被拖入洞口，将发生因管道刚度大而卡在洞口的事故，造成回拖失败，严重时应切断管道重新调整入洞角度。因此，管道支撑墩的高度和入洞的距离应事先预知。入洞高度和距离的理论计算十分必要，其推导过程如下。

取一微段管道进行受力分析(图6.71)，建立方程：

$$M = \frac{q(x_0 - x)^2}{2} + G_0(x_0 - x) \tag{6.76}$$

$$-E_s I_s \frac{d^2 y}{dx^2} = M \tag{6.77}$$

$$\frac{d^2 y}{dx^2} = -\frac{q}{2E_s I_s}(x_0^2 - 2x_0 x + x^2) - \frac{G_0}{E_s I_s}(x_0 - x) \tag{6.78}$$

$$\frac{dy}{dx} = -\frac{q}{2E_s I_s}\left(x_0^2 x - x_0 x^2 + \frac{1}{3}x^3\right) - \frac{G_0}{E_s I_s}\left(x_0 x - \frac{1}{2}x^2\right) + A \tag{6.79}$$

$$y = -\frac{q}{2E_s I_s}\left(\frac{1}{2}x_0^2 x^2 - \frac{1}{3}x_0 x^3 + \frac{1}{12}x^4\right) - \frac{G_0}{E_s I_s}\left(\frac{1}{2}x_0 x^2 - \frac{1}{6}x^3\right) + Ax + B \tag{6.80}$$

代入边界条件：$y|_{x=0} = y_0$，得出 $B = y_0$；$\frac{dy}{dx}|_{x=0} = 0$，得出 $A = 0$；$y|_{x=x_0} = 0$，$\frac{dy}{dx}|_{x=x_0} = -\frac{\theta_0}{57.3}$，则有

$$y = -\frac{q}{2E_s I_s}\left(\frac{1}{2}x_0^2 x^2 - \frac{1}{3}x_0 x^3 + \frac{1}{12}x^4\right) - \frac{G_0}{E_s I_s}\left(\frac{1}{2}x_0 x^2 - \frac{1}{6}x^3\right) + y_0 \tag{6.81}$$

由 $y|_{x=x_0} = 0$，得出

$$y_0 = \frac{q}{8E_s I_s}x_0^4 + \frac{G_0}{3E_s I_s}x_0^3 \tag{6.82}$$

由 $\frac{dy}{dx}|_{x=x_0} = -\frac{\theta_0}{57.3}$，得出

$$\frac{\theta_0}{57.3} = \frac{q}{6E_s I_s}x_0^3 + \frac{G_0}{2E_s I_s}x_0^2 \tag{6.83}$$

当 $G_0 = 0$ 时，解得

$$x_0 = \sqrt[3]{\frac{6E_s I_s \theta_0}{57.3q}} \tag{6.84}$$

$$y_0 = \frac{q}{8E_s I_s} x_0^4 \tag{6.85}$$

式中，I_s 为管道的惯性矩，m^4；q 为管道单位长度的重量，N/m；G_0 为回拖机具重量，包括旋转接头、扩孔器等重量，N。

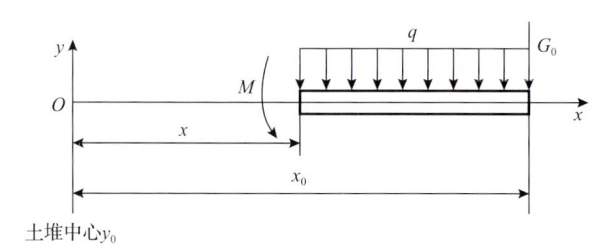

图 6.71　管道受力分析图

例如，在南拒马河穿越工程中，管径为 1016mm，壁厚为 26.2mm，管道入洞角度为 6°，经计算，支撑墩到入洞口的距离为 59m，支撑墩高度为 4.6m。

6.6.3　回拖力分析与推荐计算公式

第 2 章提到了常用的 3 种回拖力的计算方法，其理论与实际计算所得回拖力相比都存在一定误差，不能很好地与回拖过程相吻合，原因是对地层和扩孔工艺没有进行充分考虑，忽略了扩孔的质量和孔内岩屑的堆积，以及钻具、钻杆对回拖阻力的影响等。本节将针对 4 种典型回拖案例的实际回拖力曲线进行分析。

1. 外钓—册子—马目 813 管道穿越

外钓—册子—马目油库输油管道工程(菰茨水道穿越)的穿越水平长度为 3093.05m，管径为 Φ813mm。本工程主要穿越的地层为熔结凝灰岩，岩石饱和抗压强度的平均值为 123MPa，最高值达 148MPa，采用动力扩孔器扩孔并修孔，成孔效果较好。管道回拖采用边焊接边回拖的施工工艺，钻杆选用 7 5/8in 和 8 5/8in 两种，实际回拖力曲线见图 6.72。从起点到终点的拉力相对较平缓，回拖力变化速率约为 0.0293t/m。0～150m 下套管和地

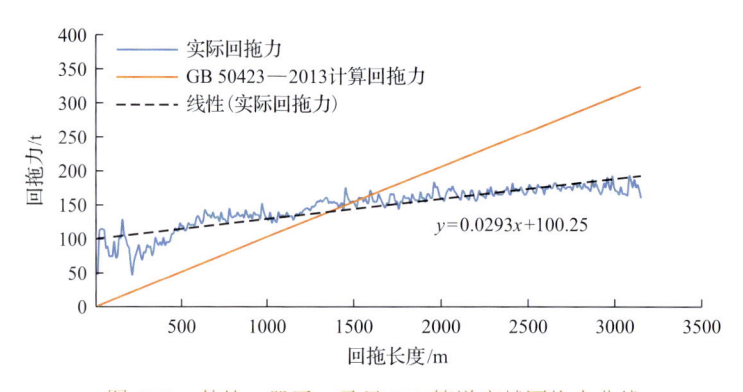

图 6.72　外钓—册子—马目 813 管道穿越回拖力曲线

层过渡阶段的成孔不好,造成回拖阻力增大;250m 以后一直到回拖结束,回拖力有轻微波动但基本保持稳定,主要原因是岩石成孔效果较好,孔洞内岩屑清理得比较干净,没有大块岩石脱落。虽然回拖时间长达两周,但回拖阻力未明显增加,即岩石孔处理好以后回拖时间对管道的回拖力影响不大。

2. 蒙西南拒马河 1016 管道穿越

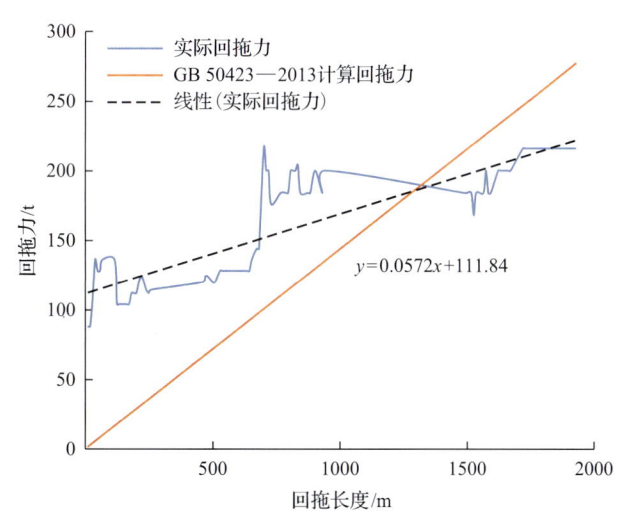

蒙西煤制天然气外输管道项目一期工程——南拒马河定向钻穿越工程的管道采用 Φ1016mm×26.2mm 钢管。穿越水平长度为 1927.1m。地层主要为粉土、粉质黏土、粉细砂等,穿越管道曲率半径为 1500D。采用牵引式常规扩孔器扩孔并修孔,回拖管道采用焊接预制,钻杆采用 7 5/8in 和 8 5/8in 两种,实际回拖力曲线见图 6.73,从初始拉力到终点拉力相对较平缓,回拖力变化速率约为 0.057t/m。入洞前后约 100m 处管道的回拖阻力较大,主要是入洞角度不合适。在入洞 600m 前后新旧孔连接处孔的曲率变化较大,从而造成瞬间回拖阻力增大。1000~1500m 拉力未增大的原因是钻杆摩擦阻力和管道摩擦阻力基本平衡;管道在 1500m 之后处于抬头阶段;在 1500~1700m 回拖力有所增加;1700m 后从入土点开始返浆,回拖阻力不再增加。整个回拖过程入洞和新旧孔交错处回拖阻力增加的主要原因是成孔变化角度较大,全部回拖过程比常用的国标回拖理论计算值偏小,孔处理得比较好,回拖过程较为理想。

图 6.73　蒙西南拒马河 1016 管道穿越回拖力曲线

3. 国家管网华南分公司贵渝线—国储一五八库互联互通工程定向钻穿越项目

贵渝线—国储一五八库互联互通工程的水平定向钻穿越入土角为 10°,高程为 1301m;出土角为 7°,高程为 1302.5m;曲率半径 R=1000m,穿越深度 35m(相对于入土点),穿越水平长度为 2657.27m,曲线长度为 2662m,管径为 Φ323.9mm×7.9mm。

本工程管道穿越曲线主要在灰岩、白云岩等中通过,该地层属于喀斯特地质,有三个采空区，分别在距入土侧238m处、1220m处、2560m处。溶洞21个，定向钻经过溶洞的最小直径为2m，最大的5m左右。穿越曲线与地下多条暗沟相通。在导向孔钻进过程中，几乎不返泥浆，不停地卡钻，每钻进几十米就要清孔，清孔后下钻经常找不到原孔，多次采取注浆堵孔，退钻扭矩高达 $200×10^3 N·m$ 以上，本次钻进采用对钻导向孔，导向孔贯通后采用"螺旋握手"对接的方式，钻杆多处加装分流器，并在沿途不断地注浆，钻机不间断地正反旋转，将出土点侧钻杆拉到入土点侧。

本工程采用动力扩孔器双钻机对扩孔施工工艺，因本工程所在地质极为复杂，是世界上穿越喀斯特地质距离最长的工程，扩孔过程中困难重重，几乎不返泥浆、扩孔器经常被卡、膨润土用量上万吨、经常有泥浆携带煤渣等杂质不断地从暗沟和废弃煤窑中涌出、环保处理措施难度大，因此钻导向孔和扩孔完成时间长，在完成 $\varPhi500mm$ 扩孔后进行全程洗孔，对孔洞内的岩屑进行清除，洗孔过程中随时监控拉力和扭矩，对拉力和扭矩较大的位置进行反复磨削洗孔，拉力和扭矩正常后，再进一步向前洗孔，直到全程洗孔完成。管道预制设置在北侧出土点施工场地一侧，由于管道预制受场地限制，因此采取"九接一"的分段回拖方式，回拖时选用 8 5/8in 钻杆。回拖力曲线见图6.74。

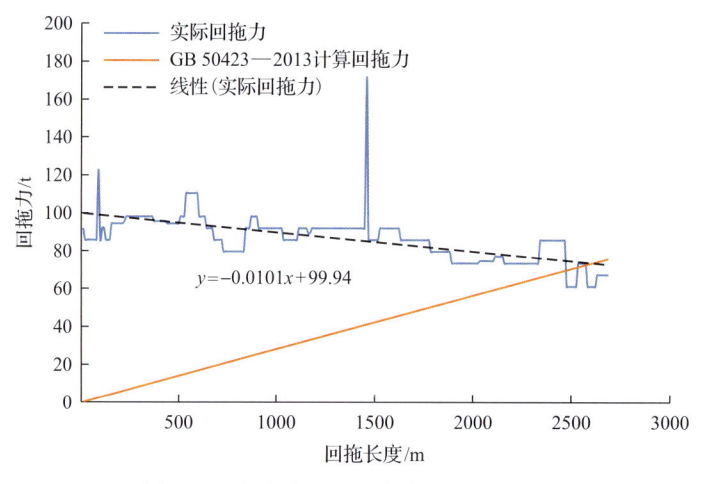

图6.74 贵渝线—国储穿越的回拖力曲线

从初始拉力到终点拉力除局部有凸跳的部分，其余均有所下降，凸跳部分主要是由溶洞塌落造成，其中最明显为1500m溶洞处，碎石严重塌落堵死回拖孔洞，造成回拖力和扭矩瞬间增高，经缓慢摆动扩孔器并降低拉力，将塌落岩石挤回溶洞，回拖管道通过堵塞段。回拖力逐渐降低，降低原因主要是钻杆的摩擦阻力较大，管道直径较小，管道自身重力与浮力几乎相等，因此管道摩擦力很小，管道的回拖阻力相应也小，回拖力的变化速率为-0.01t/m，主要原因是钻杆比管道摩擦阻力大，按国标理论计算所得回拖力与实际计算的最大回拖力十分接近，回拖过程曲线是钻杆与管道回拖阻力的合力。

综合分析此工程，回拖力的增大速率为负是因为穿越管道的直径比较小，孔洞内钻杆的回拖阻力比管道的回拖阻力大。对于大管径，回拖力的增大速率一般均为正值。

4. 黄冈—大冶天然气输气管道长江穿越工程

黄冈—大冶天然气输气管道长江穿越工程的水平定向钻穿越入土角为9°，南岸入土点高程为20m；出土角为10°，北岸出土点高程为18m；定向钻穿越曲线水平段高程为-39m，相对入土点穿越深度为59m；穿越曲率半径为915m。穿越水平长度为2677.3m，曲线长度为2686.3m，钢管规格为$\Phi610mm \times 15.9mm$。

管道主要从中等—微风化带穿过，与微风化带岩体相比，中等风化带的岩体相对破碎，裂隙较发育，岩心完整性较差，取出岩心多呈碎块状，沿裂隙多有风化加剧的现象。本工程采用双钻机扩孔、洗孔、修孔作业，以保证回拖前孔的平滑。由于管道预制受场地及水网的限制，因此采取"三接一"的回拖方式。回拖力曲线见图6.75。

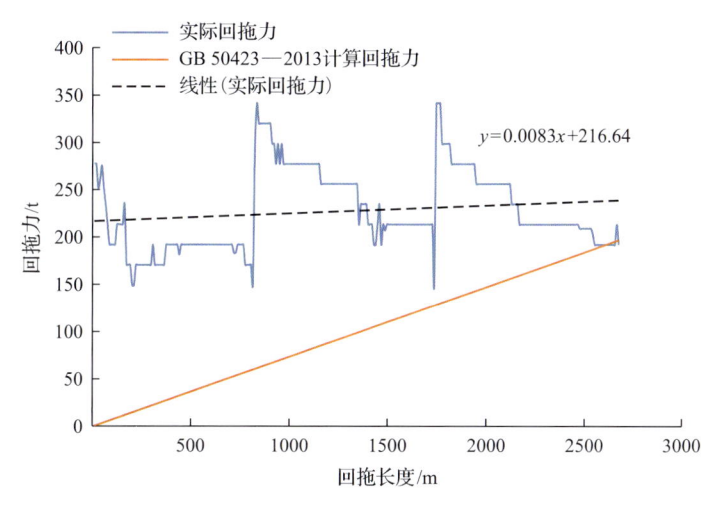

图6.75 黄冈—大冶穿越回拖力对比

本穿越曲线的回拖力呈阶梯状，是因为"三接一"管道预制在泥塘里，起步拉力非常大，起步之前采取了助推措施，在不断地回拖过程当中，淤泥对管道的包裹力逐渐降低，从起始点到终点拉力相对较平缓，回拖力变化速率约为0.0083t/m，孔洞处理得较好，比较稳定。实际回拖力与国标的理论计算回拖力相同。

5. 管道回拖过程的回拖阻力分析

根据以上几条管道在实际穿越工程中回拖阻力曲线的分析，按照华元科工采用的施工工艺，回拖到终点的实际回拖力与国标的回拖力理论计算基本相符，但也有些穿越工程的实际回拖阻力与理论回拖阻力相差较大，个别理论回拖力曲线偏差更大。产生原因之一是与理论计算的侧重点及常数的选取有关，此外还与工程施工方法、施工质量等有关，总结有以下几个方面。

(1) 对洞外管道阻力与洞内钻杆阻力的考虑不够充分。

(2) 没有考虑管道回拖前成孔的质量。

(3) 摩擦系数和泥浆的黏滞系数有待进一步验证。

(4) 特殊条件下穿越工程的理论计算与施工问题。

根据对以上实际几条穿越曲线的回拖阻力分析，回拖阻力的增长速率说明整个管道回拖过程是否顺利。成孔较好的回拖阻力的增长速率相对较小，无论是岩石孔还是黏土孔，经过修孔、洗孔、试回拖后，回拖阻力的变化速率一般在 0.1t/m 以下，拉力突跳的原因主要是孔的曲率半径变化较剧烈，出现台阶孔或塌孔，造成回拖阻力瞬间增大。回拖阻力增长速率较大的主要原因是孔清洁得不理想，孔洞内岩屑、沉淀物等杂质较多，曲率半径小及孔不顺畅也会造成沿程附加摩擦阻力增大，所以对回拖阻力和摩擦系数的取值产生了很大影响。综合考虑管道的回拖阻力、回拖过程中管道在洞外的阻力、孔内钻杆的摩擦阻力和成孔的质量因素等，得出如下分析结论。

(1) 管道未入洞前的摩擦阻力：是指管道在洞外因自身重力与地面、水、滚轮或其他支撑设施之间产生的摩擦阻力。

$$F(l)|_{l=0} = \mu_r \pi \delta D \gamma_s l_0 \tag{6.86}$$

式中，$F(l)$ 为计算的拉力，kN；μ_r 为管道入洞前的参考摩擦系数，采用水力发送沟时，$\mu_r=0.1$；采用滚轮支撑时，$\mu_r=0.3$；采用泥土支撑时，$\mu_r=0.3\sim0.6$；γ_s 取 78.5kN/m³；l_0 为回拖管段长度，m。

(2) 钻杆在洞内的摩擦阻力：是指钻杆与洞壁之间产生的摩擦阻力。

$$F(l)|_{l=0} = \mu q' \varphi l_0 \tag{6.87}$$

式中，μ 为管道回拖时与土体的摩擦系数，一般取 0.3；q' 为钻杆单位长度的重量，N/m；φ 为钻杆回转的参考系数，一般取 0.3~1.0，钻杆不旋转时取 1.0。

(3) 管道在孔内的回拖阻力：是指管道在回拖孔洞内产生的摩擦阻力，主要分为两部分，一是因浮力产生的摩擦阻力，二是因泥浆的黏滞力和孔的质量产生的摩擦阻力。

$$F(l) = \left(\mu \left| \frac{\pi D^2}{4} \gamma_m - \pi \delta D \gamma_s - W_f \right| + K\pi D \right) l \tag{6.88}$$

式中，l 为回拖过程管段长度，m；γ_m 可取 10.5~12.0kN/m³，对于小管径、短距离土层水平定向钻取小值，大口径、长距离岩石水平定向钻宜取大值；W_f 为回拖管道单位长度配重，kN/m；K 为孔洞综合评价系数，kN/m²，一般取 0.05~0.5。

(4) 总的回拖过程阻力：是指管道和钻杆在回拖过程中总的摩擦阻力。

$$F(l)_{总} = \left(\mu \left| \frac{\pi D^2}{4} \gamma_m - \pi \delta D \gamma_s - W_f \right| + K\pi D \right) l + (\mu q' \varphi + \mu_r \pi \delta D \gamma_s)(l_0 - l) \tag{6.89}$$

(5) 入洞前回拖阻力：是指回拖管道未入洞前钻杆和管道的摩擦阻力。

$$F(l)_{总}|_{l=0} = (\mu q' \varphi + \mu_r \pi \delta D \gamma_s) l_0 \tag{6.90}$$

(6) 回拖到终点的阻力：是指管道回拖完成后的阻力，也是管道理论计算的回拖力。

$$F(l)_{总}\Big|_{l=l_0} = \left(\mu\left|\frac{\pi D^2}{4}\gamma_m - \pi\delta D\gamma_s - W_f\right| + K\pi D\right)l_0 \tag{6.91}$$

(7)孔洞综合评价系数 K 值由式(6.88)可以得出：

$$K = \frac{4F - \mu l\pi D\left|D\gamma_m - 4\delta\gamma_s - \dfrac{4W_f}{\pi D}\right|}{4l\pi D} \tag{6.92}$$

孔洞的综合评价系数 K 值是评价成孔质量的参数，与孔的清洁程度、孔的平顺、泥浆的黏度、地质情况及施工的工艺等诸多因素有关。按照式(6.92)，对上述 4 个水平定向钻穿越工程分别计算 K 值，外钓—册子—马目 813 管道穿越 K 值约为 0.023kN/m²，蒙西南拒马河 1016 管道穿越 K 值约为 0.102kN/m²，国家管网华南分公司贵渝线—国储一五八库互联互通工程定向钻穿越 K 值约为 0.154kN/m²，黄冈—大冶天然气输气管道长江穿越 K 值约为 0.2kN/m²。

经过上述计算，再结合上述水平定向钻工程的穿越情况，外钓—册子—马目 813 管道和蒙西南拒马河 1016 管道穿越两工程的成孔较好，K 值较小；贵渝线—国储一五八库互联互通工程为喀斯特地质，黄冈—大冶穿越通过广济大断裂带岩层，地质条件差，所以 K 值较大。可以看出，K 值反映了成孔的情况，孔比较理想时，K 值很小；成孔不好、岩屑较多、地质较差时，K 值会偏大一些。

根据以上 4 个工程案例，采用 GB 50423—2013 的计算结果与实际回拖力的结果基本相符，甚至在管径较大的情况下，还有较大裕量。单纯计算管道的回拖阻力可采用 GB 50423—2013 公式，根据不同的施工工艺和地质条件可适当选择 K 值，能较好地符合工程实际情况。因此，K 值的选取很重要，也可以根据经验选择 K 值。

小结：(1)回拖过程钻杆的摩擦阻力：

$$F(l) = \mu q'\varphi(l_0 - l) \tag{6.93}$$

(2)回拖过程管道的洞外摩擦阻力：

$$F(l) = \mu_r \pi\delta D\gamma_s(l_0 - l) \tag{6.94}$$

(3)回拖管道的摩擦阻力：

$$F(l)_{总}\Big|_{l=l_0} = \left(\mu\left|\frac{\pi D^2}{4}\gamma_m - \pi\delta D\gamma_s - W_f\right| + K\pi D\right)l_0 \tag{6.95}$$

6.6.4 曲率半径较小时产生附加拉力的分析方法

在定向钻穿越施工中，通常曲率半径较大($1200D \sim 1500D$)产生的附加拉力影响不明显，在特殊情况下，有时选择的曲率半径较小，尤其在小管径时曲率半径相对更小，产生的回拖力增加得更明显,小的曲率半径在出土点对拉力的影响较小,而在入土点一侧产生的附加拉力的影响较大,转角(θ)较大时会产生很大的附加拉力,具体分析如下(图 6.76)。

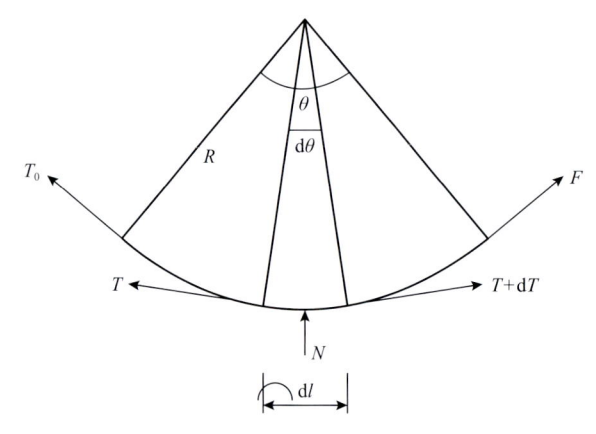

图 6.76 附加拉力计算受力分析图

N 为单位长度穿越管段在孔内因曲率产生的附加正压力,kN/m;T_0 为曲率影响之前的拉力,kN;F 为曲率影响后的回拖力,kN;θ 为管段弯曲段的包角,rad

根据图 6.76,建立方程:

$$T + \mathrm{d}T - T = \mu N \mathrm{d}l \tag{6.96}$$

式中,T 为管段因曲率影响产生的拉力,kN;μ 为穿越管段与孔内流体(泥浆)或管段与地面之间的摩擦系数,取 0.3。

$$N\mathrm{d}l = (2T + \mathrm{d}T)\sin\frac{\mathrm{d}\theta}{2} \tag{6.97}$$

在角度很小时,近似认为

$$\sin\frac{\mathrm{d}\theta}{2} = \frac{1}{2}\mathrm{d}\theta \tag{6.98}$$

则有

$$T + \mathrm{d}T - T = \mu(2T + \mathrm{d}T)\frac{1}{2}\mathrm{d}\theta \tag{6.99}$$

即

$$\mathrm{d}T = \mu\left(T\mathrm{d}\theta + \frac{\mathrm{d}T}{2}\mathrm{d}\theta\right) \tag{6.100}$$

去掉高阶小量,有

$$\mathrm{d}T = \mu T \mathrm{d}\theta \tag{6.101}$$

又因为

$$d\theta = \frac{dl}{R} \tag{6.102}$$

则有

$$dT = T\frac{\mu}{R}dl \tag{6.103}$$

即

$$\int \frac{dT}{T} = \int \frac{\mu}{R} dl \tag{6.104}$$

解得

$$T = Ce^{\mu\frac{l}{R}} \tag{6.105}$$

代入边界条件，$T|_{l=0} = T_0$，得出 $C = T_0$。则有

$$T = T_0 e^{\mu\frac{l}{R}} \tag{6.106}$$

得出

$$F = \mu q_{净} l + T_0 e^{\mu\frac{l}{R}} \tag{6.107}$$

式中，$q_{净}$ 为单位长度管道在洞内的重力与浮力差，kN/m；l 为管道弯曲段的弧长，m。

通过对推导结果的分析，因曲率半径产生的附加拉力，尤其在管径小、曲率半径也小的情况下，对管道回拖拉力的影响较大，特别是小曲率半径在钻机一侧，管道处于抬头阶段，拉力增大得更明显。因此在穿越曲线设计时，应适当考虑因曲率半径对回拖力的影响。

6.6.5 出土点与入土点高差对洞内泥浆稳定性影响的理论分析

在实际穿越施工中，有些工程的入土点和出土点相差较大，这时要考虑泥浆的流向问题，泥浆不能有效循环，施工成本增加，如果处理不好，会造成环境污染，尤其在岩石孔中，洞中由于高差，因无泥浆润滑很容易划伤回拖管道的防腐层，同时管道回拖时也会增大回拖力。在出、入土点高差相差很大时，甚至还需调整穿越导向孔的方向，保证泥浆能够返回入土点，所以对泥浆在洞中的状态进行理论分析也是十分必要的。

入土点与出土点的高差 H 见图 6.77。

1. 不考虑孔中钻杆的影响

取孔洞内泥浆稳定压力微小单元进行分析，如图 6.78 所示。

入土点(机场)　　　　　　　　　　　　出土点(沙洲岛)

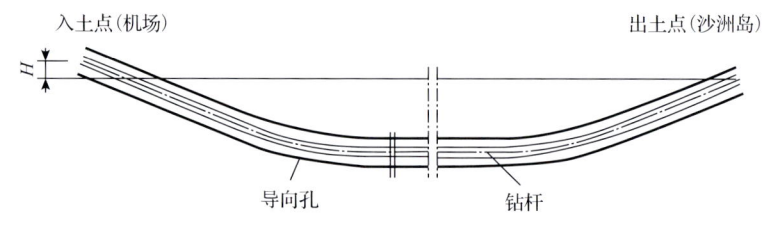

图 6.77　穿越高差示意图

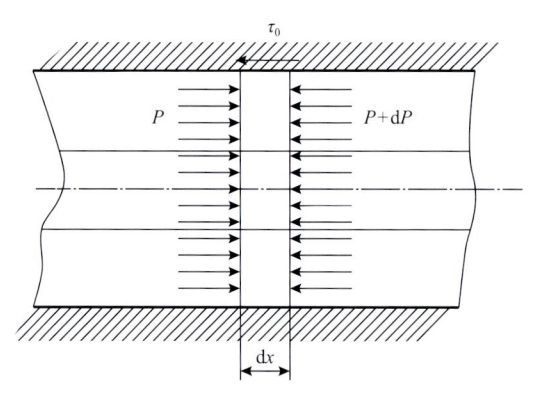

图 6.78　孔中泥浆受力图(不考虑孔中钻杆影响)

P 为泥浆的压强，Pa；τ_0 为孔壁处泥浆的动切力，Pa

建立方程：

$$-(P+\mathrm{d}P)\pi r'^2 + P\cdot\pi r'^2 - 2\pi r'\tau_0\mathrm{d}x = 0 \tag{6.108}$$

式中，r' 为孔洞半径，m。

得出

$$P = -\int\frac{2\tau_0}{r'}\mathrm{d}x \tag{6.109}$$

$$P = -\frac{2\tau_0}{r'}x + c \tag{6.110}$$

当 $x=0$ 时，$P=P_0$ [P_0 为从入土点与出土点相平位置(开始计长度 $x=0$)处的压强，Pa]，得出 $c=P_0$。有

$$P = -\frac{2\tau_0}{r'}x + P_0 \tag{6.111}$$

当 $P=0$ 时，得

$$x = \frac{P_0 r'}{2\tau_0} \tag{6.112}$$

式中，

$$P_0 = \rho g H \tag{6.113}$$

有

$$x = \frac{\rho g H r'}{2\tau_0} \tag{6.114}$$

式(6.109)~式(6.114)中，x 为泥浆不流动的临界长度，m；H 为以出土点所在位置为基准面，入土点相对出土点的高差，m；ρ 为泥浆密度，kg/m³；g 为重力加速度，取值 9.8m/s²。

2. 考虑孔中钻杆的影响

在考虑孔中钻杆的影响下，取一微段对孔中泥浆进行受力分析，如图 6.79 所示。

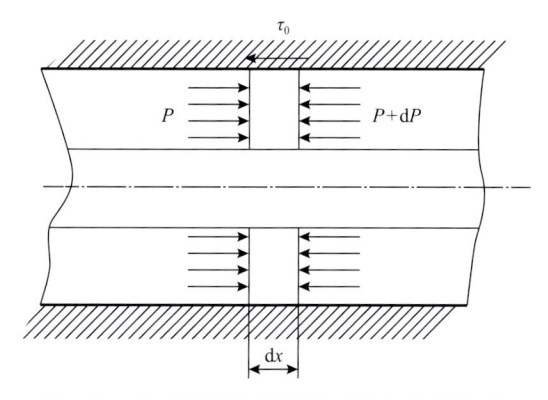

图 6.79 孔中泥浆受力图(考虑孔中钻杆影响)

建立如下方程：

$$-(P+dP)\pi(r'^2 - r^2) + P \cdot \pi(r'^2 - r^2) - 2\pi r' \tau_0 dx - 2\pi r \tau_0 dx = 0 \tag{6.115}$$

式中，r 为钻杆半径，m。

得出

$$P = -\frac{2\tau_0}{r' - r} x + c \tag{6.116}$$

当 $x = 0$ 时，$P = P_0$，得出 $c = P_0$。

则

$$P = -\frac{2\tau_0}{r' - r} x + P_0 \tag{6.117}$$

当 $P = 0$ 时，得出

$$x = \frac{\rho g H (r' - r)}{2\tau_0} \tag{6.118}$$

3. 典型实例

以香港机场入土点(机场岛)与出土点(沙洲岛)非工作状态下的泥浆阻力计算为例。

入土点(机场岛)比出土点(沙洲岛)高，高差约10m，穿越长度为5200m。理论计算在非工作状态下泥浆从低点溢出的最长距离，如果机场岛到沙洲岛的穿越长度大于理论计算的溢出距离，泥浆就不会从沙洲岛溢出，计算如下。

已知：$r'=0.381$m，$r=0.1095$m，$H=10$m，ρ取值1200kg/m³，g取值9.8m/s²，τ_0取值为10Pa(在扩孔阶段泥浆可以稠些，黏度大，τ_0会更大些)。

经计算，$P_0 = 1200 \times 9.8 \times 10 = 117600$（Pa）。

(1) 无钻杆状态：$x = \dfrac{P_0 r'}{2\tau_0} = \dfrac{117600 \times 0.381}{2 \times 10} = 2240$（m），远小于穿越长度5200m，所以在不工作状态，虽然出土点比入土点低10m，泥浆也不会从出土点溢出。

(2) 有钻杆状态：$x = \dfrac{P_0 (r'-r)}{2\tau_0} = \dfrac{117600 \times (0.381-0.1095)}{2 \times 10} = 1596$（m），远小于穿越长度5200m，所以在不工作状态，虽然出土点比入土点低10m，泥浆也不会从出土点溢出。

参 考 文 献

[1] 袁恩熙. 工程流体力学. 北京: 石油工业出版社, 1986.
[2] 梁贺强, 姚颖, 郭清泉. 中俄东线嫩江定向钻穿越回拖保障措施简析. 非开挖技术. 2019, 6: 5-9.
[3] 李朝仪, 唐学钫, 叶文建. 水平定向钻进技术在砂卵砾石层中的成功应用. 天然气工业, 2009, 29(12): 87-89, 148, 149.
[4] 纪晓光, 王旭超, 刘娟. 长输管道定向钻穿越卵石层处理. 中国科技期刊数据库工业 A, 2017, 2: 27.
[5] 乌效鸣, 胡郁乐, 李粮纲, 等. 导向钻进与非开挖铺管技术. 武汉: 中国地质大学出版社, 2004.
[6] 夏于飞, 史占华, 陈亚军. 卵石层地质条件下定向钻穿越工艺与设备优化. 油气储运, 2011, 4: 269-272.
[7] 白象忠. 材料力学. 北京: 中国建材工业出版社, 2003.
[8] 邹星, 贾旭, 尹刚乾. 海对海定向钻穿越技术研究. 管道技术与设备, 2015, (2): 43-46, 59.
[9] 张捷, 孙国民, 余志兵, 等. 海管水平定向钻穿越方案研究. 石油和化工设备, 2016, 19(8): 29-33.
[10] 韩行瑞, 郭密文. 岩溶工程地质学. 武汉: 中国地质大学出版社, 2020.

第 7 章　典型事故分析处理及案例

随着水平定向钻穿越技术的应用越来越广泛，高难度、高风险的穿越工程也越来越多，此类工程在施工过程中稍有处理不当则易发生事故，一旦发生事故，处理难度大、费用高、延误工期。因此，有必要对水平定向钻施工的常见事故加以分析，找出事故发生的原因，研究相应对策，以防止事故再次发生。

本章主要对钻杆断裂及打捞、卡抱钻、管道回拖受阻、孔壁失稳、冒浆与漏浆等几种典型事故原因进行分析，并结合实际事故案例进行分析和总结。

7.1　钻杆断裂及打捞

钻杆断裂是非常严重的施工事故，对施工成本和进度有较大影响，不仅会造成巨大的经济损失，还会直接影响工程总体工期目标的实现，甚至导致穿越工程的失败。

7.1.1　原因分析

在水平定向钻穿越过程中，钻杆在孔内随钻进工序的不同而异。在不同的工作条件下，钻杆有不同的运动状态，从而受到不同的力的作用[1]。钻杆在孔洞中的运动主要有以下三种形式。

(1)处于造斜段的钻杆。由于钻孔弯曲，钻杆也处于弯曲状态。在钻机旋转钻进、扩孔和回拖管道时，钻杆在自转的同时又围绕钻孔的轴线沿孔壁做旋转运动。

(2)处于直线段的钻杆。钻机旋转钻进时，在孔内无障碍物干扰的情况下，钻杆运动可以简单地看作自转运动。

(3)钻杆做无规则的旋转摆动。这种情况发生在钻孔内钻头遇阻或受卡而强行转动时，此时钻杆处于最不安全的状态，钻杆的受力极其复杂，常造成钻杆的强烈振动。

在水平定向钻穿越过程中，导向孔、扩孔、回拖时都可能有断钻杆的情况发生。工程实践表明，导向孔钻进造成钻杆断裂的主要原因是钻杆承受的弯矩过大，弯矩过大的主要原因是在导向孔钻进过程中，如果实际曲线与理论曲线的偏差较大或出现曲率变化较剧烈、折角较大等，都可能使钻杆产生过大的弯矩。

在大多钻杆断裂事故中，从钻杆断裂的断口形状看(图7.1)，一类钻杆断裂是由于弯矩过大，另一类钻杆断裂是因为抱钻承受的扭矩过大及钻杆使用时间较长而发生的疲劳破坏。从断裂位置来看，断裂一般发生在钻杆连接处附近(图7.2)。

而在扩孔(特别是大级别扩孔)和回拖时，钻杆通常处在拉、压、弯、扭的复杂应力状态下，造成钻杆断裂的原因也极其复杂。近年来，针对扩孔、回拖过程中钻杆断裂的理论研究取得了一定进展，其中扩孔阶段钻杆断裂的主要原因如下。

图 7.1　钻杆断裂的断口形状

图 7.2　不同位置钻杆断裂图

(1)钻杆产生不规则弯曲应力：虽然导向孔钻进时符合穿越曲线的参数要求，但在扩孔过程中，由于沿程地层的差异变化较大、软硬不均，产生台肩孔。软地层扩孔器下沉，硬地层扩孔器几乎不下沉，随着扩孔直径的不断增大，这种情况也愈加明显。在扩孔器自身的重力作用下，钻杆不断承受弯曲和扭转，尤其在台肩孔附近，容易造成钻杆断裂。

(2)扩孔器产生惯性冲击力：扩孔过程中，钻杆受扭矩波动产生的惯性冲击力使交变载荷过大；另外，如果扩孔器突然被卡也会造成较大的惯性冲击力，当扭矩超过被卡的临界值时，钻杆储存的变形能促使扩孔器加速旋转，在高速旋转的过程中，则可能把钻杆扭断。

(3)钻杆长时间弯扭交变载荷产生的疲劳应力:在扩孔过程中,尤其是遇到软硬差别较大的地层,在硬地层扩孔速度很慢,在地层软硬交错处,钻杆的弯曲角度较大,长期在原地旋转可造成弯曲较大的钻杆产生局部疲劳,很容易发生疲劳折断。

在不均匀地质条件下扩孔后的孔洞底部会形成波浪状,如在软地层,扩孔器下沉较严重(图 7.3)。所形成的孔洞断面不规则,在管道回拖时,回拖阻力增大,扩孔器与管道轴线形成夹角,夹角越大,钻杆的弯曲应力越大。

图 7.3 孔洞断面图

7.1.2 预防及处理措施

1. 确保导向孔的质量

对于导向孔施工,大口径管道与一般小口径管道的要求有所不同,小口径管道的导向孔曲率半径较小,大口径管道的导向孔则较大(如 $\Phi1016$mm 钢管,曲率半径一般不小于 1200m),大口径管道导向孔的曲线更平滑,这就要求每根钻杆的角度调整更小,控向精度更高[2]。根据水平定向钻穿越施工经验,一般建议采取以下措施保证导向孔的质量。

(1)严格控制穿越曲线,依据设计要求确定管线入出土角和穿越曲率半径及设计埋深等参数,严格测量每根钻杆的实际长度,确保探测器的计算精度、深度、倾角及所在水平面坐标位置等参数精确,并将探测器测量参数与给定穿越曲线参数进行逐点比较,以保证实际钻孔按设计曲线钻进。

(2)若实际曲线与理论曲线偏差较大,则要缓慢纠正,以防出现较大折角。

(3)当导向孔曲率半径过小或过大时都应重新调整钻孔角度。

(4)钻孔前对管道入土点和出土点自然地面的标高进行精确测量,并用导向系统测出穿越轴线处的方位角,方位角的测量点数一般不少于 10 个,取平均值作为输入的控向原始方位角。

(5)对于地面磁场干扰严重的区域(如高压线、铁塔等),采用外加人工磁场的办法进行控向,确保控向所测的参数与工程给定的穿越方向一致。

(6)导向孔钻进过程中,随着穿越长度的增加,钻杆推力随之增大。当出、入土段较软地层不能承受钻杆推力而导致钻杆产生弯曲时,安装一定长度且满足钻头自由进出的钢套管可有效预防钻杆断裂。

2. 合理配置扩孔钻具

在扩孔过程中应针对不同的地质情况,适当选择扩孔器类型和配套钻具,对于较松软的地层,应选择板式扩孔器、桶式扩孔器或桶板结合式扩孔器。对于较硬的地层或岩石地层,应采用铣齿牙轮或镶齿牙轮式扩孔器。扩孔钻具配置的主要注意事项如下。

(1)对于很软的地层,不宜单独采用板式扩孔器进行扩孔,因为板式扩孔器外表面积小,洞壁对其的约束作用小,容易下沉,使扩孔阻力增大。当扩孔直径较大时,也不宜单独采用与孔壁接触面积较大的桶式扩孔器,虽然不易下沉,但切削后洞内的钻屑不易被泥浆携带到洞外,容易形成孔洞堵塞,导致扩孔进尺缓慢,且容易冒浆。

(2)采用具有桶板综合结构形式的扩孔器进行扩孔,可保证大型扩孔器的土壤切削能力和泥浆流畅。但必须保证板式扩孔器比桶式扩孔器的直径稍大,以保证孔内泥浆的流动空间,达到较好的扩孔效果。

(3)当扩孔直径较大时,扩孔器前端应增加扶正器,这样可预防钻杆因疲劳而折断,扶正器应留有泥浆通道,否则扩孔器在扩孔时容易造成扶正器前端岩渣堆积较多,从而增加钻机拉力和钻杆扭矩,不利于扩孔。

(4)大级别扩孔可在扩孔器前后一段长度上分别安装级别稍小的扩孔器或扶正器,以减小钻杆在扩孔器两端过度弯曲而产生的疲劳应力。

3. 合理使用钻杆

钻杆选择应与工程实际情况和钻机性能相结合,在满足穿越工程施工要求的前提下,并结合钻机性能,在有条件的情况下尽量选择强度较大的钻杆,可以降低施工过程中的不确定风险。钻杆使用过程中的注意事项如下。

(1)钻杆选择应与钻机参数相匹配,施工中应注意控制钻杆的极限参数,防止拉力和扭矩过大造成钻杆断裂。

(2)钻杆应按《钻杆分级检验方法》(SY/T 5824—1993)进行检测分级使用,对于风险较大的工程应使用一级钻杆。

(3)应建立钻杆管理档案,全过程记录每根钻杆的使用情况,使用过程中应合理调整钻杆的使用时间,使各钻杆的寿命均匀。

(4)当扩孔直径较大时,为了防止钻杆应力集中,扩孔器前后两端应设置 1~2 根加重钻杆与普通钻杆连接过渡。

4. 严格控制回拖管道入洞角度

严格控制回拖管道的入洞角度是降低管道与钻杆夹角的一个重要措施。根据管道入洞角度可预先挖好坡道或用起吊设备吊起管道调整入洞角度,也可采取其他方式调整管道入洞,如预制支撑墩等方式,使管道与回拖钻杆的夹角接近,以尽可能降低钻杆的弯曲变形。

7.1.3 工程实例

结合上述对钻杆断裂的原因分析，以福州某输气管道工程为例，对施工中的钻杆断裂事故和处理措施进行介绍。折断钻杆的主要打捞过程(磁场在长直金属管周围的分布图见图 7.4)由以下五个步骤组成。

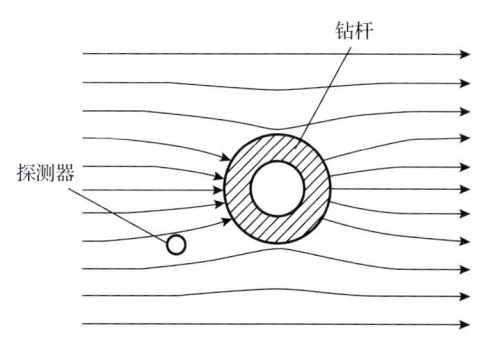

图 7.4 磁场在长直金属管周围的分布图

第一步：采用带有调向功能的打捞钩，在探测器引导下向折断钻杆的方向靠近。

第二步：接近折断钻杆后，用打捞钩扣上折断钻杆，并在泥浆压力作用下使打捞钩的卡板锁死折断钻杆。

第三步：下套管到打捞钩处，将折断钻杆套入套管内，放松打捞钩并退出套管外。

第四步：下打捞母锥，套牵折断钻杆头，并拉回套管。

第五步：下钻杆套洗筒，套洗折断钻杆直到套活钻杆，并同时回拔钻杆，完成钻杆打捞工作。

福州某输气管道闽江穿越工程，穿越管道规格为 $\varPhi$406.4mm 钢管，穿越长度为 2001.72m，出、入土角均为 8°，穿越管道最低点管底高程为–42.11m。由于场地限制，采用"三接一"回拖方式。根据地质勘察报告，穿越断面的地层主要为黏土和淤泥夹砂层。

该工程导向孔施工于 2017 年 8 月 8 日开始，导向孔钻具组合为 $\varPhi$244mm 刮刀钻头+$\varPhi$172mm 泥浆马达+5 1/2in 钻杆。

钻进 54m 后，安装 $\varPhi$325mm 套管 36.2m。在第 126 根钻杆直推钻进至 6m 处扭矩突然增大，发生钻杆断裂。

经现场分析，钻杆断裂的主要原因是长距离钻进阻力增大，距离入土点约 120m 处，钻杆在调向曲线段发生失稳，钻杆过度弯曲造成折断。

对事故情况分析后，决定对钻杆进行打捞，打捞钻杆于 2017 年 9 月 8 日开始，9 月 16 日打捞完成。打捞钻具组合为液压打捞钩+无磁钻铤(无磁钻铤内安装地磁导向系统)+6 5/8in 钻杆。使用的 HYGMS 地磁导向系统由探测器、控制终端和计算机组成，可测量钻头姿态及折断钻杆周围磁场的分布。当探测器接近钻杆时，磁场会发生有规律的变化，通过探测器内高精度磁传感器返回的数据，可分析折断钻杆的位置。

当打捞装置接近折断钻杆附近时，通过地磁导向系统测量磁场的变化，分析折断钻杆与打捞钩的相对位置。调整打捞钩造斜角度(打捞钩具有导向钻进功能和锁紧功能)，使之向折断钻杆方向推进。当地磁导向系统探测到打捞钩至折断钻杆 0.3m 以内时，扣上折断钻杆并通过泥浆压力推动卡板锁定折断钻杆，沿钻杆方向安装过渡套管，将折断钻杆套进套管内，退回打捞钩，再将钻杆连接打捞母锥后进入套管并拧紧折断钻杆，试拉折断钻杆，拉力约 200t（未拉动），然后拔回过渡套管，再采用钻杆连接套洗筒，沿连接母锥钻杆套洗遗留在洞内被抱死的 126 根折断钻杆。套洗完成后，拔折断钻杆和套洗钻杆，直到全部拔出地面，折断钻杆打捞工程结束。钻杆打捞示意图如图 7.5 所示。

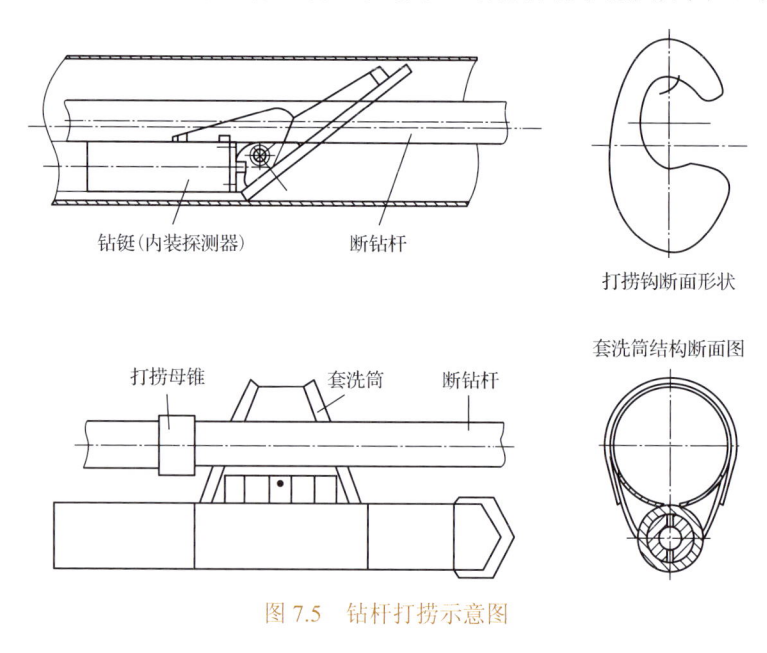

图 7.5 钻杆打捞示意图

7.2 卡 钻

在钻孔或扩孔过程中，由地层或设备等因素造成钻具在孔内不能自由拉动或旋转的现象称为卡钻。主要有以下几种情况：在导向孔钻进时，钻杆被抱死，不能拉动但能够旋转；在扩孔时钻杆和扩孔器被抱死，扩孔器能旋转但不能拉动。此外，地质条件差、泥浆性能不佳、操作不当等都可能造成卡钻，因此必须针对具体情况进行分析，以便有效解卡。

7.2.1 原因分析

1. 钻杆被抱死

钻杆被抱死现象的形成原因较复杂，通常有以下几种情况。
(1) 对于淤泥或黏土层，钻杆停留时间较长或泥浆性能不佳。
(2) 对于砂层，砂层的透水率较强，泥浆容易失水。
(3) 对于岩石层，岩屑排出不畅或地层不稳定造成坍塌。
(4) 孔内钻具损坏和设备故障造成钻具在孔内的停留时间较长。

2. 扩孔器被卡死

扩孔器被卡死的形成的主要原因。

(1) 对于较软地层扩孔，扩孔器的结构与泥浆使用不当，产生淤泥包裹现象形成了巨大的泥团，使钻机的扭矩加大。

(2) 对于砂质地层扩孔，泥浆容易失水，不成孔，扭矩增大。

(3) 对于岩石地层扩孔，岩屑排出不畅，有较大岩块塌落，造成扩孔器卡死或扩孔器损坏卡死。

7.2.2 预防及处理措施

1. 钻杆防卡措施

在较软的淤泥质地层钻导向孔时要保证钻孔的连续性，不要长时间停钻，同时要调整泥浆的润滑性能，保证足够的泥浆排量，适当维持泥浆的低黏度、低剪切力并增加循环泥浆的时间。当发现有抱钻迹象时，应停止钻进，反复抽拉钻杆，防止发生严重抱钻。同时，在不超过钻杆安全负荷的前提下，用最大的拉力回抽钻杆，破坏钻杆与泥包物之间的黏结力，拉回重新洗孔或采用泥浆分流器充填新的泥浆。严重抱钻时，可以采取套洗的办法解卡。

在砂质地层钻导向孔时，应提高泥浆的黏度，减少失水量，确保泥浆能够流畅地循环到洞外，同时钻杆也不能长时间在洞内停留；在砂质地层钻进过程中，由于透水率较强，容易造成泥浆失水，不易成孔，较大颗粒容易沉到孔底，严重时可造成砂水分离。长时间钻进可导致推力和扭矩增大，此时应调整泥浆性能，增加泥浆黏度和排量，如果效果不佳，可连续回拉钻杆直到扭矩和拉力下降为止。在砂水分离特别严重时，虽然钻杆能够旋转，但切忌往复推拉单根钻杆，防止钻杆在接头处形成挡墙。在钻杆强度允许的情况下，增大拉力，缓慢旋转，直到钻杆能够连续拉动为止。如果钻杆被彻底抱死，可采用套洗的办法解卡。

在岩石层中钻导向孔时，一定要保证岩屑循环到洞外，否则不能继续钻进。在岩石孔钻进过程中，泥浆性能是影响岩石钻孔成功的重要因素，一定要保证泥浆充分循环，以适当的黏度把岩屑带到洞外，防止较大颗粒的岩屑沉积到孔底。当钻导向孔距离较长时，钻杆之间应加分流器，进一步清洗残留到孔底的岩屑，防止钻杆被抱死；同时，要控制好泥浆压力以防止泥浆马达损坏，控制钻机扭矩防止扭矩过大造成泥浆马达内泄。循环使用的泥浆一定要符合要求，从而减少对泥浆马达的磨损，延长泥浆马达的使用寿命，减少卡钻。在岩石孔钻进过程中，一定要严格控制钻杆的扭矩、推拉力、泥浆马达及钻头的各项参数，如有异常，一定要拉回钻杆重新检查，找出原因后再下钻，以免造成不可挽回的后果。

2. 扩孔器防卡措施

在较软地层扩孔时，要选择较合理的扩孔器结构，因为地层较软易造成扩孔器下沉；

当扩孔的孔径较大时，由于逐级扩孔容易形成水滴形孔，造成扩孔阻力和扭矩增大，严重时还会使扩孔器被抱死，所以合理选择扩孔器结构十分重要。地层较软时，小孔径扩孔可选用板式扩孔器，大孔径扩孔可适当选用桶板式扩孔器，在地层较硬时可选用牙轮式扩孔器，扩孔器选择得当可提高扩孔效率。

在较软地层扩孔时，扩孔参数的选择也十分重要，从而保证一定的牵引速度，防止扩孔器下沉造成阻力增大。此外，转速不宜太快，避免淤泥包裹扩孔器形成泥团，牵引速度的提高也可以脱掉扩孔器上的泥团，降低附加扭矩，减少扩孔器被卡的可能。

在砂质地层扩孔时，泥浆性能直接影响扩孔器的扩孔效果。由于砂质地层的特点，有的地层较松软，不易成孔，而有的地层虽较密实，但透水率较高，因此要调整好泥浆的黏度、重度和携砂性能，降低失水率，选取适当的泥浆流速，使扩孔后的岩屑循环到洞外，减少岩屑在洞内的堆积。扩孔器的选择也很重要，因为砂质地层对扩孔器的磨损比较严重，一般选择耐磨的合金刀头和机体耐磨的焊接材料，也可选用牙轮式扩孔器以提高扩孔器的使用寿命。此外，扩孔过程参数也十分重要，所以应尽量避免在拉力很小的情况下原地旋转扩孔，防止扩孔器下沉导致扩孔失败或钻杆折断。

在岩石地层扩孔时，岩石地层的成孔很好，但扩孔周期长且相当困难，所以钻杆和扩孔器的磨损非常严重。对于有断裂带的岩石地层，经常有憋钻和卡钻的情况发生，折断钻杆和卡扩孔器的可能非常大，因此扩孔器的选择尤为重要，一般选择牙轮式扩孔器，软岩选用铣齿牙轮，硬岩选用镶齿牙轮，合适的选择可以提高扩孔效率，降低扩孔器牙轮损坏和扩孔器被卡的风险。

泥浆的性能非常重要，泥浆黏度大，携岩屑性能好，黏度小，携岩屑性能差，适当调整泥浆参数，岩屑应全部循环到洞外。在不影响扩孔效率的前提下，应经常洗孔，确保岩屑不在洞内堆积，阻卡扩孔器。有条件的情况下，最好选择动力扩孔器，以减少钻杆磨损并提高岩石孔的平滑度。动力扩孔效率通常是常规扩孔的 3～5 倍，且可以极大地减少钻杆折断和扩孔器被卡的风险。

3. 套洗解卡

将钻杆在导向孔洞口处断开，断开钻杆的母扣并用内丝封上，以防止杂物进入。套洗筒一端与钻杆连接，套在被卡钻杆位于地面部分上，另一端与带有泥浆喷嘴的钻头连接，然后连接在钻机的钻杆上，钻机低速驱动套洗筒内转轴，套洗筒沿被卡钻杆方向推进，同时泥浆通过套洗头冲洗被卡钻杆，使孔内泥浆循环到洞外。套洗钻杆周围应充满泥浆，直到套洗被卡钻杆能够被拉动为止。然后，用高黏度、大流量泥浆将孔内岩屑冲洗携带出孔洞，以保证整个导向孔通道的畅通无阻。最后用钻机回拔出套洗筒，再取出被卡钻杆，解卡完成。较长的导向孔可以采用双端套洗解卡的办法，即入土点和出土点两端钻机同时套洗解卡，岩石导向孔不能使用套洗解卡的办法。抱钻套洗示意图如图 7.6 所示。

4. 双钻机解卡

双钻机解卡是在出土侧安装一台钻机，并与钻杆连接，两钻机的转向相反，正转钻机的扭矩约为反转钻机的 2 倍(防止钻机反转扭矩过大发生脱扣)，两台钻机可交错以正

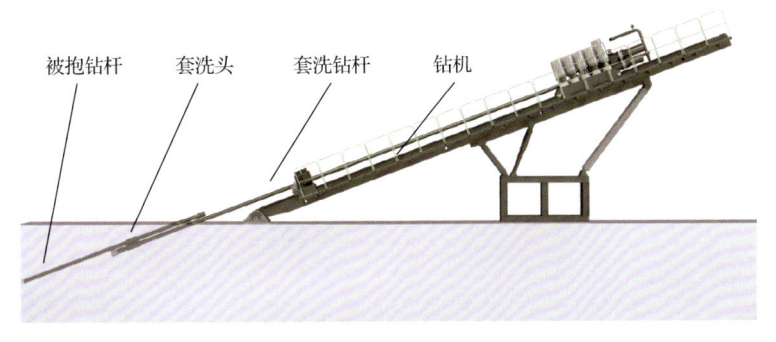

图 7.6 抱钻套洗示意图

反方向旋转,为了合理利用钻杆的额定参数,扭矩小的钻机可以适当提供较大的拉力,而另一侧钻机只提供大的扭矩,当交错旋转一定时间后,能达到钻杆正常旋转,沿较小扭矩一侧钻机拉动钻杆,另一侧钻机的钻杆加装泥浆分流器,向孔内注浆洗孔,同时提供大扭矩推送钻杆入洞。在推拉一定距离后,两钻机应定期同时正转,预紧钻杆扭矩防止脱扣,直到泥浆分流器从另一端拉出。如果拉力和扭矩仍然较大,可再次安装分流器洗孔,直到达到拉力和扭矩的正常参数为止,双钻机解卡结束。

7.2.3 卡钻事故实例

以国家管网华南分公司某互联互通管道项目定向钻穿越为例,该工程于 2021 年 3 月开钻,2022 年 4 月回拖完成,历时 13 个月,主要穿越地层为灰岩、岩溶地层,其间经历多次卡钻,工程概况可参阅 6.5 节相关内容。

导向孔钻进经过采空区、岩溶(溶洞)、破碎带,泵入的泥浆不能从入土侧钻孔返回,无法把岩屑带出钻孔,导致孔洞部分区域岩屑堆积严重且存在塌孔,每次最多连续钻进 3 根钻杆,就需要回退钻具进行洗孔。在导向孔钻进过程中发生过两次较严重的卡钻。2021 年 5 月 15 日导向孔钻进到 1248m 后卡钻,为了解决解卡,进行了一次全线回退洗孔;2021 年 5 月 27 日导向孔钻进到 1392m 后,进行常规回退洗孔,发生卡钻,回退到 1209.6m 时卡钻较为严重,到 2021 年 6 月 11 日,本次卡钻钻具全部退出,解卡用时 16d。

导向孔贯通后,扩孔时采用双钻机同步扩孔,同时增加泥浆黏度,加大漏浆点分级沉淀池,虽然也发生多次卡钻的情况,但最终均顺利解决。

7.3 管道回拖受阻

作为管道水平定向钻施工的最后一道工序,回拖作业直接决定整个水平定向钻工程。管道回拖受阻的原因有很多,主要有以下几种。

(1)回拖前钻孔成孔不好,回拖前准备时间较长,导致回拖孔坍塌;地质条件不适宜多接一管道回拖。

(2)地质情况复杂造成管道回拖受阻,如地质条件不适宜的多接一管道回拖。

(3)设备故障或其他因素引起的管道在孔内停留时间长,管道被抱死。

具体回拖受阻的原因需根据具体情况进行分析，选择合适的回拖方案，确保管道能一次回拖成功。

7.3.1 原因分析

1. 地质原因

水平定向钻穿越适宜在岩石、砂土、粉土和黏性土地层施工，不适宜在弱胶结的中粗砂层、卵砾石层。这些地层的结构松散，成孔稳定性差，极易发生塌孔埋钻。但工程通常有各种具体原因，需要水平定向钻穿越这些地层，这时就必须采取一些措施来降低施工风险，如采用夯套管隔离卵砾石，采用性能更好的泥浆护壁等。

尽管采取某些补救措施，但因地质原因使管道回拖受阻的情况时有发生。

2. 终孔直径和扩孔级数原因

水平定向钻最终扩孔直径一般为回拖管道直径的 1.2~1.5 倍。扩孔级差一般为 6in~12in（软地层可根据实际情况选择更大级差），扩孔级差因钻机吨位和与之匹配的泥浆泵排量有所变化。

终孔直径越大，扩孔级差越小，扩孔次数就越多。对于稳定的岩石层和黏土层来说，减少扩孔级差，多次扩孔有利于携带钻屑，成孔质量可得到保证，最终形成更大直径的终孔，从而利于管道回拖。但是，对于承载力较差的土层和砂层，扩孔器因自重产生下沉，扩孔器沉降幅度与扩孔次数和扩孔时间成正比。孔洞经过多次扩孔、洗孔、搅动，孔洞的成孔剖面已不是理论上的圆形，而是水滴形、梨形或葫芦形等多种形状，所以水平定向钻穿越轨迹存在偏差，而过大的纵向高度使孔洞的稳定性降低。另外，地层之间的差异也会造成孔洞错位，影响正常的管道回拖[3]。

3. 施工工艺原因

在入土段或出土段含有卵砾石复杂地层穿越中，通常采用夯套管工艺隔离卵砾石层，套管与基岩接合处容易形成台阶。扩、洗孔次数越多，形成的台阶越明显。此外，由于套管夯入过程中不能进行调向，大多数套管实际的入土角度与设计的入土角度存在误差。穿越轨迹的不平滑过渡也会增加所形成的台阶，这些台阶会阻卡管道，增加回拖阻力，甚至使回拖失败。

除上述影响管道回拖力的因素外，回拖管道的配重、管道吊装位置、滚轮架装量或发送沟的长短曲直都会影响管道的回拖力[3]。

7.3.2 预防及处理措施

水平定向钻管道回拖受阻是继续助力回拖还是反向回拖进行重复洗孔，可根据回拖力增加速率、回拖速度减缓程度及回拖管道剩余长度进行综合考虑。如果大部分管道已经回拖入孔，且回拖力增加有限，一般可继续回拖。

为了避免加力造成折断钻杆的风险，通常采取助力回拖的方式。助力回拖最常见的方式是夯管锤助力回拖和推管机助力回拖。夯管锤助力回拖适合阻力突然增加的情况，推管机助力回拖适合管道速率增大较快的情况。当管线回拖距离相对较短时，宜采取向出土侧回拉的方式；当管线回拖至接近出土点时，可采取向钻机侧助推的方式；当回拖管线位置处于中间段时，两个方向均可考虑。在软地层受阻时，用助推方式成功的概率较大；在岩石地层受阻时，尽可能考虑向出土侧回拉的方式，以免损坏防腐层甚至钢管。

管道助力、救援设备及人员应在管道回拖前 12h 内到达指定施工场地待命。在管道回拖或回拖二次起步时，如遇到回拖力超出预计的最大安全拉力时，可判断管道在孔洞中遭遇抱管现象，此时应立即在管尾安装夯管锤或推管机进行助力解卡。

7.3.3　管道回拖受阻工程实例

1. 河南某供水管道水平定向钻穿越工程

该工程[4]穿越沙颍河，穿越管道规格为 $\Phi1016mm \times 16mm$，材质为涂塑复合钢管，穿越水平长度为 558.5m，入土角和出土角均为 7°。管线曲率半径为 1829m(1800D)，穿越地层主要为夹有钙质结核的粉质黏土层和密实细砂层，管线最低点埋深为河床下 14m，最大埋深与入土点高差为 24.5m，与出土点高差为 23.1m，最大水深为 5.3m。

该穿越工程 2 号管自 2014 年 2 月 28 日开钻，3 月 16 日导向孔完成，其间由于各种原因，导向孔重新钻进多次，且导向孔曲线与设计曲线的吻合度不高。扩孔共分 7 级，分别采用 500mm、650mm、800mm、950mm、1100mm、1250mm、1400mm 桶式扩孔器，从 3 月 19 日开始扩孔，4 月 24 日扩孔结束，其中前 4 级回扩过程较容易，后 3 级回扩过程较困难。扩孔结束后使用 1400mm 扩孔器进行了两次洗孔，其中第一次洗孔过程中钻机的旋转扭矩较大，第二次的旋转扭矩变小，认为达到回拖条件，决定拖管。

回拖时的钻具组合：$\Phi140mm$ 钻杆+$\Phi1250mm$ 桶式扩孔器+万向节+U 形环+管道。4 月 29 日 13 时 50 分开始回拖管道，回拖完第 2 根钻杆(共 62 根钻杆)后，泥浆泵启动器出现问题导致泥浆泵无法启动，然后在无浆状态下回拖至第 12 根钻杆，此时钻机的旋转扭矩明显增大，于是停止回拖等待泥浆泵修好；16 时 35 分泥浆泵修好后继续回拖，此后扭矩不稳定；21 时回拖到第 24 根钻杆时钻机动力头主轴突然断裂，原因是钻机大梁角度与入土角不一致导致动力头受弯矩过大。4 月 30 日 9 时更换了新的主轴，重新拖管时还能拉动，但钻机的旋转扭矩明显增大，回拖一根钻杆需 30～40min，一直到第 50 根钻杆时回拖速度才变快。回拖到第 52 根时，由于管道尾端焊盖板作业再次停止回拖，1h 后重新回拖时又变得困难，回拖到第 54 根钻杆时扩孔器主体与轴连接处发生了断裂事故，余下约 50m 管道未能顺利回拖到位。

分析事故原因，2 号管导向孔钻进多次，为解决钻头无法上抬的问题，部分轨迹段采取主动偏离设计曲线 2m 的办法，虽然解决了钻头上抬问题且导向孔顺利完成，但导向孔的成孔轨迹的平滑度不高，图 7.7 为由控向数据拟合的部分成孔轨迹。从成孔轨迹可以看出有多处曲折，而最明显的拐角是图中 A 点，此处曲率最大，当扩孔器回拉至此处时比其他地方承受了更大的扭矩、拉力和弯矩，而扩孔器发生断裂的地点恰恰在此，可见成孔轨迹不平滑是导致扩孔器断裂的主要因素。

图 7.7 沙颍河穿越工程 2 号管导向孔成孔轨迹

Φ1250mm 桶式扩孔器是在沙颍河穿越工程中使用最频繁的扩孔器,经历过 1 号管和 2 号管的 1250mm 扩孔和回拖,共使用 4 次。从施工记录上看,该扩孔器的纯工作时间长达 3890min,使用该扩孔器进行扩孔或回拖工作时,钻机的旋转扭矩多在 50kN·m 波动,两次回拖时钻机的拉力都超过了 2000kN。而使用钻机的额定最大扭矩为 110kN·m,最大拉力为 3000kN,由此可见该扩孔器在较长时间处于高负荷工作状态。

无论是扩孔还是回拖工作,由于每回扩(拉)一根钻杆后都要短暂停滞并进行卸钻杆操作,所以扩孔器的受力状态是反复加载、卸载,而在这种交变力的作用下很容易发生疲劳断裂。

回拖扩孔器主体与轴连接处断口的宏观形貌如图 7.8 所示。从断面来看,整个断口有多处平坦台阶区和倾斜区,平坦区为疲劳形貌,倾斜区为断口最后断裂形成的韧性断口,整个断面未见塑性变形。另外,疲劳断裂对材料的应力集中区比较敏感,因为应力集中可使局部应力增大至工作应力的数倍,从而使这些部位有利于成为疲劳开裂的源点,而扩孔器断裂的位置恰好在扩孔器主体与轴的变径连接处,属于应力集中区域。

图 7.8 回拖扩孔器主体与轴连接处的断口形貌

综合以上对扩孔器工作状态、断口形貌和断裂区域的分析,可以初步推断扩孔器断裂的根本原因是疲劳断裂:当扩孔器不断受到交变拉力、扭矩和弯矩作用时,在应力幅值大于材料的疲劳强度时,经过疲劳裂纹萌生期后,疲劳裂纹源就在扩孔器主体与轴的变径连接处(应力集中区域)形成并逐步扩展,最终裂纹贯穿导致整体截面断裂。

回拖过程中一旦暂停时间过长,再次启动回拖时便会出现扭矩和拉力增大的情况,因此要尽量保证回拖连续进行。本次穿越工程在回拖前未对钻机、泥浆泵等设备进行检修保养，也未准备好应急处理工具和充足的配浆膨润土材料，因此直接导致回拖过程中因钻机、泥浆泵出现问题和膨润土用完等情况暂停回拖施工的情况发生。

针对本次回拖管道过程中遇到的问题，总结经验教训，提出以下改进措施。

(1) 导向孔轨迹应尽量平滑，为回拖管道打好基础。本次穿越工程中导向孔来回钻进多次，导致钻头自然向下的趋势严重，最终在入土段主动向上偏离设计轨迹 2m 才完成导向孔钻进，同时导向孔轨迹的平滑度远不如设计轨迹，这可能是导致后续扩孔和回拖不顺利的主要原因。

(2) 钻具应适时更换。当回拖扩孔器已在之前的扩孔阶段频繁使用或扩孔工况较恶劣时，回拖时应尽量更换新的扩孔器，以避免发生类似的回拖扩孔器疲劳断裂事故。

(3) 应准备充分管道回拖前工作。包括以下方面：①对钻机地锚进行加固，确保回拖过程中不出现地锚松动；②对回拖扩孔器、旋转接头、U 形环等进行检查，确保工作可靠；③做好管道地表减阻措施；④对已预制完成的管线长度、焊缝、防腐层进行检查；⑤管道回拖组合连接后，应进行试喷泥浆，确保泥浆通畅；⑥准备好必要的应急工具，如夯管锤、滑轮组等。

2. 辽宁某输气管道水平定向钻穿越工程

该工程穿越辽河，穿越管道规格为 $\Phi1016mm \times 26.2mm$，采用水平定向钻穿越河堤、主河道，大开挖敷设河漫滩，长度为 1578m，穿越段管道采用 3LPE 加强级防腐。管道穿越经过的地层主要为中砂层(图7.9)。该层广泛分布于穿越范围内，且分布较均匀。在局部孔位含有粉细砂透镜体。该层在本次勘察中未揭穿，最大揭露厚度为 35.80m，最大揭露深度为 40.00m，最大揭露标高为 –22.48m。

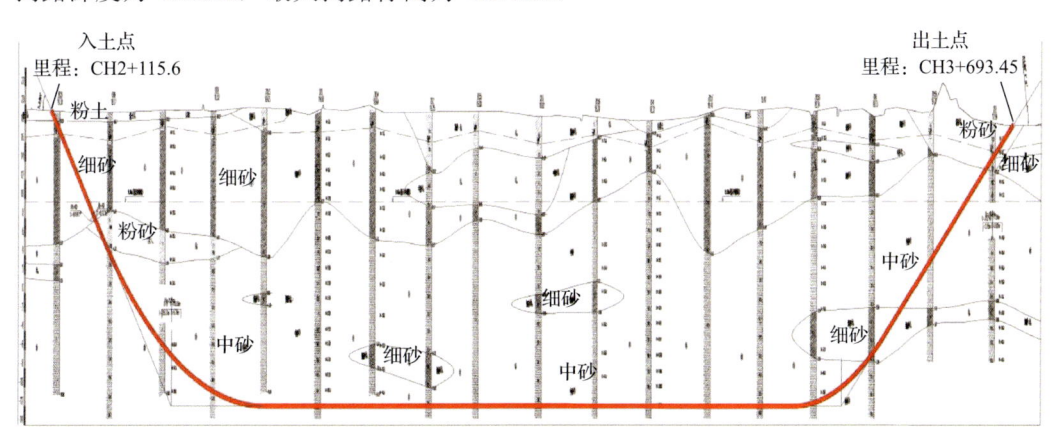

图 7.9 穿越断面图

该工程于 5 月 25 日开钻，5 月 28 日完成导向孔钻进，随后进行九级扩孔，一次洗孔。于 6 月 20 日进行主管道回拖，当管线回拖入洞 530m 时，扭矩、拉力突然增大，旋转接头损坏。7 月 3 日将管线从出土点(管道入洞点)用 2000t 滑轮组+200t 钻机拉回。使用滑轮组+200t 钻机进行解卡的安装使用示意图如图 7.10 所示。

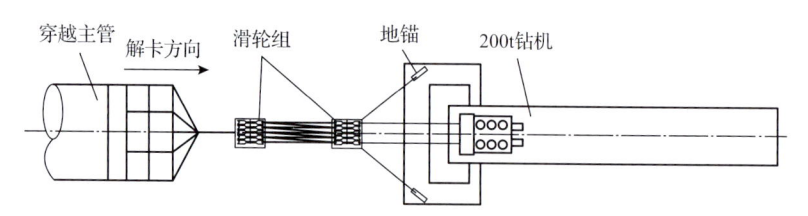

图 7.10 使用滑轮组+200t 钻机进行解卡的安装使用示意图

基于第一次回拖失败的教训，改进施工工艺后，7月9日开始进行第二次回拖。前530m 无异常变化，一切顺利，但此时发现拉力呈规律性增加，每100m 增加 15～20t 拉力。随后启动应急预案，管道回拖至 1200m 时(此位置为管道抬头的起始点)，拉力约为340t，此时扭矩突然跳动较大，钻杆发生断裂，断裂处无旧痕(在主管回拖施工前已请专业人员对钻杆进行全部检测)。7月15日用 2000t 滑轮组+2000t 夯管锤+300t 钻机将 1200m 管线拉回。使用滑轮组+夯管锤+300t 钻机解卡的安装使用示意图如图 7.11 所示。

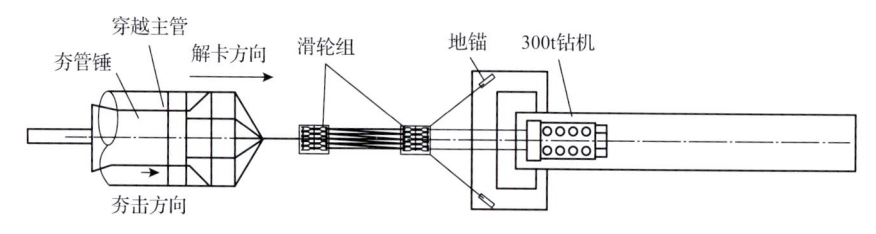

图 7.11 使用滑轮组+夯管锤+300t 钻机结合解卡的安装使用示意图

虽然本工程的地质大部分为中砂层，但地层标贯值的变化很大，也就是在地质中存在软硬不均的情况。扩孔时，单根钻杆的扩孔时间不一，有的地段推进一根钻杆的扩孔时间不到 10min，但有的地段单根(约 10m)扩孔时间就超过 20min。

回拖至 530m 的位置，是前一家施工单位放弃该工程导向孔钻进抱钻的位置，从地面大面积冒出的泥浆可以看出正在施工的主管中心线与前一家施工单位的导向孔相距5m，周围地层被泥浆长期浸泡，使孔洞周围砂层变软塌孔。在回拖主管时，由于塌孔的影响和管道所受的浮力产生错孔，在此位置旋转接头受侧拉力的影响而被拉断。

综上，第一次回拖失败的原因主要有两点。

(1)孔不平滑，局部存在较大折角，回拖时管线的方向与钻杆拉力的方向不一致，从而造成局部拉力、扭矩突增。

(2)旋转接头的拉力和弯矩同时作用时的安全储备系数不大。

穿越地层的透水率高，泥浆失水严重，管道回拖孔处于塌孔状态，地下压强大，作用在管壁上的摩擦阻力大，这势必会造成回拖阻力较大。在第二次回拖之前，对此问题就有了一定的认识，并制定了使用 HY-2000 钻机在管尾助力回拖的应急预案，但仍存在对风险估计不足的问题。由于阻力速率增大较快，在管尾距实施助力点仅剩 5m 的位置钻杆突然发生断裂，功亏一篑。

穿越地层的土压力较高造成与管道之间的摩擦力较大，且管径大、距离长，所以要回拖 1578m 左右的管道已经超出了钻杆的极限拉力。按照回拖过程中回拖力的增大速率，此次管道回拖的最终回拖力约为 450t。采用 5 1/2in 壁厚，10.5mm 钻杆回拖，钻杆拉断的风险较大，无法满足本次回拖管道的回拖力要求。

总结前两次回拖的经验，第三次回拖采用 HY-9800 钻机(最大回拖力为 1000t)和 HY-500T 推管机(图 7.12)管尾助力的总体回拖方式，实现成功回拖。

图 7.12　助力回拖设备

针对前一次失败的教训，在主管回拖前，经过一次测孔和两次修孔、洗孔后，最终符合施工穿越曲率规范的要求，用经过改进的旋转接头，并充分考虑地下的各种工况，从而保证在任何条件下都有较大的安全裕度。

回拖时采用 5 1/2in S-135 钢级，壁厚为 10.54mm 的钻杆。在回拖过程中控制钻杆的拉力在 200t 以内，回拖力大于 200t 时由推管机助力，整个回拖过程中的最大回拖力达到 420t，其中钻机驱动钻杆提供 200t 回拖力，推管机提供 220t 推力。

7.4　孔壁失稳

孔壁失稳包括水平定向钻施工过程中的孔壁坍塌或缩径，以及地层破裂或压裂两种基本类型。孔壁失稳严重影响导向孔钻进、扩孔、管道回拖，严重时可造成整体工程失败。为了保证水平定向钻穿越工程中的孔壁稳定，必须找出孔壁失稳发生的原因，并预先制定措施，防止孔壁失稳发生[5]。

7.4.1　原因分析

孔壁失稳的实质是力学不稳定问题，当孔壁岩土所受的应力超过其本身的强度就会发生孔壁不稳定，原因十分复杂，主要可归纳为以下三个方面。

1. 力学原因

地层钻进之前，地下的地质结构在上覆压力、水平方向地应力和孔隙压力的作用下处于应力平衡状态。采用水平定向钻施工时，孔内泥浆作用于孔壁的压力改变了原有地下的稳定结构，破坏了原有地层和应力平衡，引起孔壁周围应力的重新分布。如孔壁周围地质结构所受应力超过其本身的强度而产生剪切破坏，对于胶结不良的地层就会发生坍塌，孔径扩大；而对于塑性地层，则发生塑性变形，孔径缩小。孔壁发生剪切破坏的临界孔洞压力称为坍塌压力，此时的泥浆密度称为坍塌压力当量泥浆密度。

孔壁的应力分布受很多因素影响，主要包括以下方面。

(1) 孔隙压力。孔壁处的压力随孔隙压力的增加而增大。

(2) 地层渗透性。地层裂隙越发育或越破碎，泥浆越容易进入，渗透性越大。渗透性影响泥浆在地层中的渗透压力，从而导致孔壁周围的孔隙压力发生变化。

2. 物理化学原因

地层被钻开后，孔洞中泥浆与地层孔隙流体之间的压差使泥浆滤液进入孔壁地层。当泥浆与孔壁地层接触，地层中所含的黏土矿物吸水发生水化膨胀，形成水化应力，从而改变了孔壁周围地层的孔隙压力与应力分布，引起孔壁岩石强度的降低，发生岩石剥落等现象，导致孔壁不稳定。

水化作用机理分为表面水化和渗透水化两种。

(1) 表面水化作用。表面水化是黏土水化的第一阶段，黏土晶体表面上吸附水分子，使其晶格发生膨胀。交换阳离子的水化是引起黏土表面水化的主要原因，因为水分子与黏土硅氧片的氧原子形成的氢键较弱，而水分子和阳离子是靠静电引力，结合比较牢固。表面水化吸附水最多四层，因而表面水化引起黏土的体积增加不大，但产生的膨胀压力较大。

(2) 渗透水化作用。渗透水化作用是黏土水化的第二阶段，即完成了离子水化和黏土表面层水化后才进行的。这种情况发生在 100% 的相对湿度条件下，当黏土暴露在自由水中，黏土表面的阳离子浓度大于溶液内部的浓度，水发生浓度扩散，形成扩散双电层。渗透水化引起的体积增加比表面水化大得多，可高达原体积的 20~25 倍，但产生的膨胀压力较小。

影响黏土水化作用的因素较多，包括以下方面。

(1) 黏土矿物种类。不同的黏土矿物，其交换阳离子组成各不相同，因而其水化膨胀程度的差别很大。例如，蒙皂石的阳离子交换容量很高，易水化膨胀，分散度也高；而高岭石、绿泥石、伊利石都属于非膨胀型黏土矿物，不易水化膨胀。同种黏土矿物，其交换阳离子不同，水化膨胀特性也不相同，如钠土的膨胀比钙土、钾土大得多。

(2) 泥浆性能。泥浆成分对水化作用的影响非常大。此外，泥浆的 pH 越高，黏土矿物的水化膨胀越强烈。当泥浆滤液的 pH 低于 9 时，对黏土水化膨胀的影响不大；而当 pH 超过 11 时，地层中黏土矿物的水化作用加剧，加速地层坍塌。

(3) 黏土晶体部位。黏土晶体层面上所带的负电荷多，吸附的阳离子多，形成的水化膜厚；而黏土晶体端面上的带电量较少，故水化膜较薄。

(4) 地层条件。地层的裂隙越发育，水化作用越强。无机盐含量越高，水化作用越强。

(5) 水化作用的环境与时间。温度升高，黏土的水化膨胀速率和膨胀量都明显增高，而压力增高可抑制黏土的水化膨胀。黏土水化膨胀随地层中的黏土矿物与泥浆滤液接触时间的增加而加剧。

3. 施工工艺原因

钻进工艺是影响孔壁稳定性的一个重要因素，可归纳为以下几个方面。

(1) 孔内压力激动过大。在钻进和回拖过程中，如果起下钻速度过快、泥浆静切力过大、开泵过猛、钻头泥包等都可能发生抽吸，形成过高的激动压力，降低泥浆作用于孔壁的压力，造成孔塌。

(2) 孔内液柱压力大幅降低。钻进过程如果发生孔漏或起钻未灌满泥浆均可能造成孔内液柱大幅下降，引起孔壁岩石受力失去平衡而导致孔塌。

(3) 泥浆对孔壁的冲蚀作用。对于破碎性地层或层理裂隙发育的泥页岩层，如泥浆环形空间返速过高，在环形空间将形成紊流，对孔壁产生强烈的冲蚀作用，极易造成孔塌。

(4) 孔洞质量差。如孔洞方位变化大、"狗腿角"（从孔内的一点到另一个点，孔内前进方向变化的角度）过大，易造成应力集中，加剧孔塌的发生。

(5) 对孔壁过于严重的机械碰击。钻进易塌地层时，由于钻具剧烈地碰击孔壁，从而加速孔塌。

综上所述，影响孔壁不稳定的钻进方法都会改变孔壁的应力分布，导致孔壁不稳定。

7.4.2 预防及处理措施

孔壁失稳的情况很复杂，为了防止孔壁失稳，要根据所钻地层的地应力、孔隙压力、岩石的力学性质、岩性、矿物组分及结构特征等因素来制定相应的措施。防止孔壁失稳可以采取以下措施[5,6]。

1. 合理选择钻进轨迹

对于条件复杂和性质很差的不良地层，容易发生钻进事故，处理难度较大，在设计钻进曲线轨迹时，应该尽量避开。

2. 控制泥浆压力

泥浆压力对孔壁稳定有至关重要的作用，既要防止压力过小而欠平衡，造成内撑压力不足而缩径；又要防止压力过大而超平衡失水，造成地层软化而扩径。孔内的泥浆压力应该控制在与孔深处地应力相平衡的数值。

3. 优化施工工艺

压力失衡和失水软化造成的缩径程度是随时间增加而递增的，同时根据钻孔围岩的蠕变性质，所以水平定向钻穿越工程应该以快速、紧凑、连续完成施工为原则，尽量抢在地层蠕变、泥浆失水而引起缩径抱管趋势明显增大之前完成管道敷设。优化现场操作程序，做好各工序的高效衔接。为此施工前还应备齐备件，做好维修准备，如果设备发生故障，应在尽可能短的时间内修复。另外，泵循环排渣要尽量维持，避免钻渣聚集而引起孔内泥浆阻断，造成泥浆平衡压力无法传递到被阻断孔段而缩径抱管，应力加剧。在一些复杂地层，可采用足够刚度的套管进行护壁，防止管道损伤。必要时采用超前灌浆固结岩土体,以防止钻孔时孔壁坍塌。

4. 选择合适的泥浆

泥浆性能对孔壁稳定有重要影响,对于不同地层,使用的泥浆各有不同。为了便于在现场根据孔壁不稳定的地层特性,选用针对性的泥浆,下面简单介绍各类地层的组构特点、孔内潜在的复杂情况、发生孔壁不稳定的原因及泥浆技术对策的要点。

1) 胶结差的砂、砾、黄土层

地层组构特征:胶结差、未成岩的流沙层和砾石层。

潜在的孔内复杂情况:塌、漏。

孔壁不稳定发生的原因:胶结差。

泥浆技术对策:一般采用高黏切、高膨润土含量的膨润土浆或正电胶膨润土浆;对于大或特大砾石层,可适当提高泥浆密度和环形空间返速,以利于钻屑的携带。

2) 层理裂隙不发育的软砂岩与泥岩层

此类地层依据其膨胀性和分散性可分为两个种类。

(1) 对于易膨胀且强分散的砂岩与泥岩互层。

地层组构特征:此类地层的黏土矿物以伊蒙无序间层为主;大多属于新近系—古近系或白垩系地层,成岩程度低,呈块状,处于早成岩期;分散性强,回收率大多小于20%;阳离子交换容量高(15~30mmol/100g 土);泥岩易膨胀,膨胀率高达 20%~30%;砂岩渗透率高;绝大部分地层属于正常压力梯度,极个别地区此类地层出现异常压力梯度;岩石可钻性级别低。

潜在孔内复杂情况:造浆性强,地层自造浆密度高,切力大,含砂量高;钻孔过程中易缩径,灌不进泥浆,处理不当易发生卡钻、孔塌、钻进或扩孔时憋压、孔漏。

发生孔壁不稳定的原因:泥岩中伊蒙无序间层吸水膨胀、分散、缩径;高渗透砂岩形成厚泥饼;钻速高,环形空间的岩屑浓度过高。

泥浆技术对策:采用聚丙烯酸盐聚合物、正电胶阳离子聚合物、正电胶等类型泥浆;在保证钻屑携带的前提下,应尽可能降低黏切度。提高泥浆的抑制性与返速,降低滤失量,改善泥饼质量,控制环形空间钻屑浓度。

(2) 对于不易膨胀且强分散的砂岩与泥岩互层。

地层组构特征:黏土矿物以伊利石、绿泥石为主;成岩程度低,呈块状;大多属于新近系—古近系、白垩系地层;分散性强,回收率小于 10%;阳离子交换容量高(18~26mmol/100g 土);泥岩不易膨胀,膨胀率低(7%~12%);地层压力梯度正常;可钻性级别低;部分地区地层水的矿化度高。

潜在孔内复杂情况:易造浆,自造浆膨润土含量低,膨润土与钻屑比值可高达 1:(5~10);砂岩或粉砂岩孔段易缩径;遇卡时能灌进泥浆;一旦发生卡钻,能恢复循环,泡解卡剂加震击器均能解卡。

发生孔壁不稳定的原因:此类地层以砂岩、粉砂岩为主,易分散,渗透性好,极易形成虚厚泥饼,泥饼摩擦系数高,故易发生黏卡事故;个别层段的机械钻速过高,造成环形空间的钻屑浓度过高；环形空间返速低，钻孔净化不好。

泥浆技术对策：采用强包被聚丙烯酸盐聚合物、正电胶等类泥浆，抑制岩屑分散，控制低密度；钻进过程中补充优质预水化膨润土浆并降滤失剂及润滑剂，在高渗透砂岩地层快速形成低渗透的内泥饼，并使外泥饼薄且润滑性能好；在可能的条件下，尽可能提高环形空间返速，形成紊流，控制环形空间的钻屑浓度不宜过高，加强固控措施，降低含砂量。

7.4.3 孔壁失稳工程实例

以武汉某输气管道水平定向钻穿越工程（穿越倒水河）为例[7]，该工程施工时间为 2009 年 12 月～2010 年 5 月，施工地点位于武汉市新洲区李集镇倒水河。穿越入土点位置位于倒水河南岸，距离南岸河坝 270m 处，出土点位置位于倒水河北岸，距离北岸河坝约为 225m，入土角约为 10°，出土角约为 8°。穿越水平长度约为 945m，敷设直径为 1219mm 的天然气管道。穿越曲线剖面图见图 7.13。

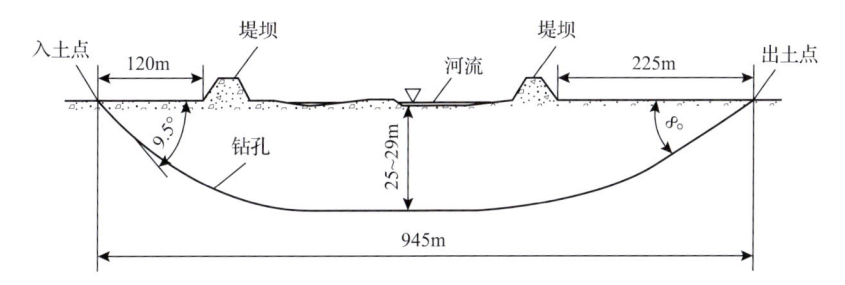

图 7.13 穿越曲线剖面图

在出土端，地质情况从上至下为 0.5m 厚的粉质黏土、15.5m 厚的粉细砂层（图 7.14），以及未揭穿的砂岩层。为了保持钻孔的稳定，在出土端安装了长为 50m 的套管（图 7.15）。

在逐级扩孔过程中，在距出土点 50～60m 的位置，沿钻孔轴线地面逐渐出现塌陷，先后形成了 3 个塌陷坑（图 7.16 和图 7.17）。其中，1 号塌陷坑距出土点最近，也最先出现；2 号塌陷坑随后出现，3 号塌陷坑距出土点最远，出现也最晚。

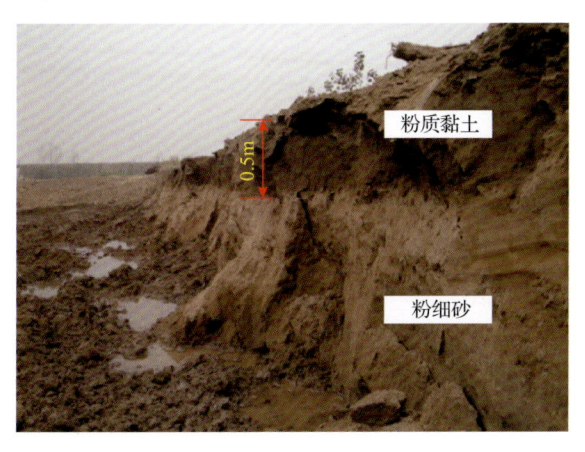

图 7.14 出土端的粉质黏土及粉细砂层

图 7.15　出土端的套管

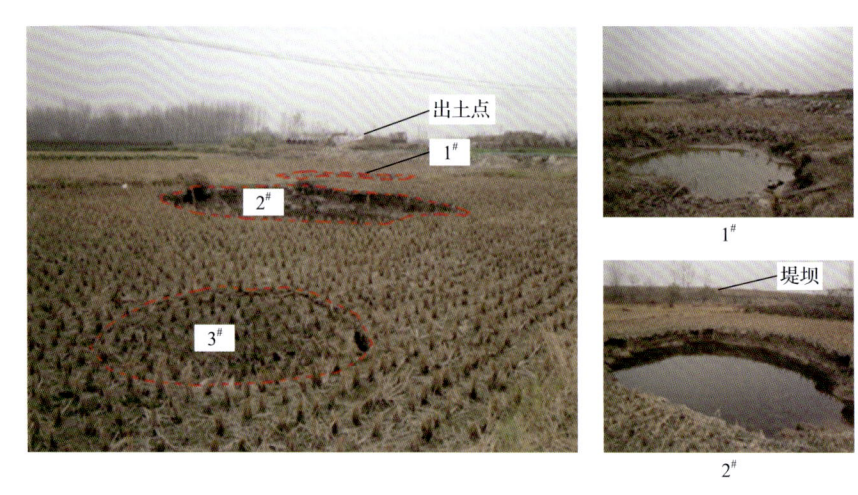

图 7.16　沿钻孔轴线的三个塌陷坑

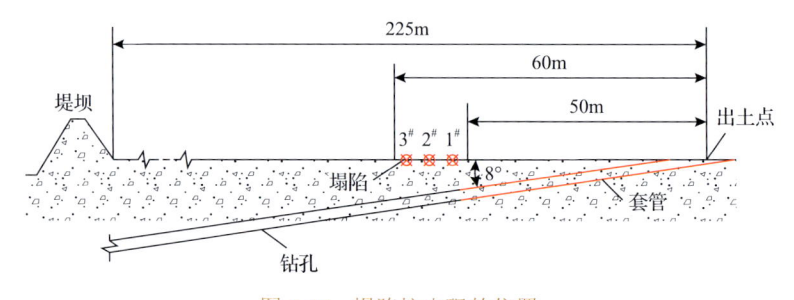

图 7.17　塌陷坑出现的位置

通过分析，发现塌陷位置刚好脱离了套管的保护范围，而且埋深也比较浅，最浅的位置只有 7m 左右。引起地面塌陷的原因主要是孔壁失稳坍塌，在逐级扩孔中，坍塌的细砂越来越多，最终扩展到地面，引起地面塌陷。本工程中孔壁失稳的原因主要有几个方面。

(1) 地质条件。孔壁失稳的钻孔位于粉细砂地层，地层黏聚性差，稳定性差。

(2) 在下套管过程中，掏挖长度超出套管长度，掏挖量过大，造成地层下沉。

(3) 扩孔对周边地层的扰动较大，使粉细砂层变得更为松散，易坍塌。

由于孔壁失稳位置距离出土端较近,埋深较浅,并且坍塌下来的砂土很快便被清孔排除,所以未对扩孔及管道回拉造成影响。在管道回拖后,坍塌部位用土回填并恢复成原有地貌,未对环境造成影响。

在今后施工中应引起足够重视,尽量加大穿越深度,选择密实的砂层穿越,上部套管的安装长度也应尽量加大。另外,加强泥浆的护壁性能,尽可能减小泥浆失水量,控制泥浆压力,减少扩孔对孔洞的扰动。

7.5 冒浆与漏浆

水平定向钻施工中,冒浆一般是指地层被压裂或原本有裂隙,从而使孔洞中泥浆冒出至地面的现象。漏浆一般是指孔洞中泥浆沿地层裂隙漏失。泥浆漏失是在钻导向孔、扩孔、回拖作业过程中,泥浆在压差作用下进入地层,漏浆可发生在浅层、中层及深层,而且各类岩性的地层中都可能出现。漏浆事故不仅会耗费大量时间、损失泥浆,而且还可能引起孔塌、卡钻等系列复杂情况与事故,甚至导致工程失败,造成重大的经济损失。

7.5.1 原因分析

1. 冒浆原因分析

水平定向钻穿越工程施工中,通过泥浆循环系统将钻头或扩孔器切削下来的岩屑从切孔洞内携带至地表排出。为了保证岩屑的顺利排出,通常要保持孔内环形空间较高的泥浆流速,所以孔内泥浆的压力较大。如果泥浆流速不大,会造成岩屑无法全部排出,在孔内堆积形成减小过流断面的岩屑床,造成局部泥浆压力上升。当孔内泥浆压力超过地层的极限压力时,会压裂地层并连通天然孔隙和裂缝,在上覆地层形成新的泥浆通道,造成泥浆从地表涌出,这种现象就是冒浆(图 7.18)[8]。

图 7.18 冒浆现场

在其他条件不变时，泥浆压力越大，流速越快，岩屑的排出效率越高。泥浆压力过小可导致岩屑堆积，泥浆压力过大则可能引发冒浆。因此，泥浆压力通常应控制在一定范围，即位于孔底最大泥浆压力(极限地层压力)和最小泥浆压力之间。

对于孔底最大允许泥浆压力，现在多数领域仍然使用 Delft 公式来计算水平定向钻施工过程中的最大允许泥浆压力，如下所示[9]。

$$P_{\max} = \left(P'_\mathrm{f} + c\cot\varphi\right)\left[\left(\frac{R_0}{R_{\mathrm{p,max}}}\right)^2 + Q\right]^{\frac{-\sin\varphi}{1+\sin\varphi}} - c\cot\varphi \tag{7.1}$$

式中，

$$P'_\mathrm{f} = \sigma'_0(1+\sin\varphi) + c\cot\varphi \tag{7.2}$$

$$Q = \frac{\sigma'_0\sin\varphi + c\cot\varphi}{G} \tag{7.3}$$

其中，c 为黏聚力，kPa；φ 为内摩擦角，(°)；σ' 为初始有效应力，kPa；R_0 为初始孔径，m；$R_{\mathrm{p,max}}$ 为最大允许塑性区半径，m，最大塑性区半径一般可以取孔轴线距离地表高度 H_0 的 2/3；G 为切模量，kPa。

为了保证泥浆能从钻孔返回地面，钻孔的泥浆压力应大于最小所需泥浆压力。最小所需泥浆压力包括两部分：静态泥浆压力和泥浆压力损失。

静态泥浆压力计算公式如下：

$$P_\mathrm{S} = \rho g h \tag{7.4}$$

式中，P_S 为静态泥浆压力，Pa；ρ 为泥浆密度，通常取 $1.1\times 10^3 \sim 1.2\times 10^3\mathrm{kg/m^3}$；$g$ 为重力加速度，9.8N/kg；h 为从地面到研究地点的深度，m。

泥浆常用的流动模型有三种：牛顿流动模型、宾汉塑性流动模型和幂律流动模型。在岩层中钻进时，采用大泵量泥浆为钻杆与孔壁之间的环空提供高速泥浆流，流动模型一般为幂律流体模型，其在环空层流作用下的泥浆压力损失方程如式(7.5)所示：

$$P_\mathrm{l} = \left[\frac{4v}{D_\mathrm{h}-d_\mathrm{l}}\frac{(2n+1)}{n}\right]^n \frac{4kL}{D_\mathrm{h}-d_\mathrm{l}} \tag{7.5}$$

式中，P_l 为泥浆压力损失，Pa；L 为泥浆流动长度 m；v 为泥浆的平均流速，m/s；D_h 为钻孔直径，m；d_l 为钻杆直径，m；n 为流性指数，无量纲；k 为稠度系数，$\mathrm{Pa\cdot s^\mathit{n}}$。

地层冒浆的预判主要是通过钻孔泥浆环空压力和地层冒浆临界压力计算模型的计算，并比较相应的计算值得出。在施工现场，输入泥浆性能参数、泵量、钻速和地层各层的土地性能参数和地层厚度等，通过两个计算模型分别计算钻孔泥浆环空压力和地层冒浆临界压力，当泥浆环空压力大于地层冒浆临界压力，则地层容易发生冒浆，反之则不会发生冒浆。

2. 漏浆原因分析

地层漏失发生的主要原因：孔洞中泥浆的压力大于地层孔隙、裂隙或溶洞中液体的孔隙压力；地层中存在漏失通道及较大的足够容纳液体的空间，且此通道的开口尺寸大于外来泥浆中固相的粒径。

在钻孔过程中，当地层存在天然漏失通道时，若泥浆作用于孔壁的动压力超过地层的漏失压力就会发生地层漏失；或者当动压力大于地层的破裂压力时，压裂地层形成新的漏失通道，发生泥浆漏失。

地层漏失可发生在各种地层，发生漏失的直接表征是泥浆的损失，并且具有一定的漏失速度；但漏失的特征还与地下孔、缝的性质，孔壁上的漏失面积，泥浆性能及压差等多种因素有关。因此，要清楚漏层的特征，并将漏层按一定方式进行分类，才能寻找出正确的处理方法。漏层的分类方法有很多，并从不同侧面反映了漏失规律。下面仅介绍现场常用的按漏速与漏失地层通道的分类情况[5]。

1) 按漏失量分类

漏失量是最直观、最易测、最能被人们所接受的，依据它可以粗略地了解漏失的严重程度。按漏失量可将泥浆漏失程度分为五类，见表 7.1。

表 7.1 泥浆漏失程度分类表

程度描述	漏失比例/%	漏失级别
轻	<10	一
中	10~20	二
重	20~50	三
严重	>50	四
极重	100	五

2) 按地层漏失通道分类

按漏失通道形成的原因可分为自然漏失通道和人为漏失通道两大类。按漏失通道的形状又可分为孔喉、裂缝、洞穴及混合型。

7.5.2 预防及处理措施

1. 冒浆的预防措施

通过理论研究可知，泥浆在土层中渗流时很容易封堵渗流通道，冒浆的形式是破坏土体形成新的渗流通道。根据路径影响因子模型理论，可以提高泥浆的封堵能力，并减小钻孔内的泥浆压力，达到防治冒浆的目的。

1) 合理选择穿越层位

设计人员应根据不同的地质情况，正确选择合适的穿越位置，只有选择合适的穿越位置和穿越地层,才能确保穿越的成功。水平定向钻穿越应尽量避开不良的地质场地,如松散的砂土、粉土和软土等对水平定向钻不利的场地[6]。

选择合适的设计参数,确定适宜的入出土角、曲率半径和埋深。设计人员应根据地质情况和钻机设备的能力及场地要求,选择尽量大的入出土角和曲率半径,使穿越曲线尽快到达稳定地层。

因为冒浆时泥浆的压力大于其上水和土壤的自重(地下水位以下的土应取浮重度)之和,而水的自重和土壤的自重与深度成正比,所以水平定向钻曲线布置的深度必须满足水和土壤的自重之和大于泥浆压力的要求,使上覆地层具备足够的压力。

为了防止穿越堤坝时冒浆,在场地允许的条件下,设计人员应适当延长穿越曲线的水平段,将曲线的变坡点设计到大堤以外,保证大堤下管道的埋深,同时也增加了土体对泥浆的自重压力。当然,这样会造成穿越段的增长,整个工程费用增加。

2) 合理选择钻具

例如,某河流的地质情况主要为黏土,钻进导向孔、扩孔、回拖时的泥浆压力基本相同,均在 0.8~1.0MPa。钻进导向孔和回拖时没有冒浆,但在扩孔时发生冒浆,经分析认为扩孔时的泥浆压力可能大于 1.0MPa,造成冒浆的原因是孔洞中出现憋压和人为增压,因此应该选择适当的扩孔器及合理的施工参数。板式扩孔器一般适用于黏土、粉质黏土和一些塑性较好的土层;桶式扩孔器一般适用于淤泥质黏土和塑性差的土层;岩石扩孔器中,铣齿牙轮适用于岩石硬度小于 30MPa 的岩层,镶齿牙轮适用于岩石硬度达到 30MPa 以上的硬质岩层。

出现憋压情况是因为在粉质黏土层中使用了桶式扩孔器扩孔。桶式扩孔器为圆筒锥状,扩孔时与孔壁完全接触,且自身又是完全封闭的桶状,没有泥浆循环的通道,所以如果孔壁周围的土质是塑性较好且密实的黏土,会造成泥浆循环不畅通,局部升压,在一些土体不密实的地方就会形成冒浆。

3) 合理选择施工工艺

泥浆压力有时与钻具的扭矩成反比,与钻进速度成正比。如果为了加快进度而在扩孔时不断增大泥浆压力,就会造成冒浆。所以,施工时不能为了施工进度而忽视冒浆带来的经济损失和环境破坏,要将泥浆压力、钻具扭矩、速度调整到一个最佳状态。

4) 合理选择泥浆参数

泥浆是水平定向钻穿越必备的润滑剂,合理选择泥浆配比,保持泥浆的饱和度,可以保证孔壁不塌方,减小摩擦。在满足水平定向钻施工要求的前提下,泥浆越稠,泥浆的颗粒与颗粒之间就不会有足够多的自由水,此时的泥浆实际上是一种可塑和流动状态的混合体。冒浆时,该混合体从水平定向钻孔上方土体的颗粒间隙中通过,如果泥浆比较稠,那么通过上方土体的颗粒间隙时就会受到阻碍和约束,从而起到阻止冒浆的作用。

通常根据地质情况,考虑护壁要求,确定泥浆中膨润土和各种添加剂的用量,但同时还应根据不同地质条件与孔中操作压力,综合确定泥浆成分配比,避免施工过程中发生冒浆。

5) 软弱地层预处理

冒浆现象大部分发生在出入土端管道埋深较浅和一些地质局部软弱的位置。如果把比较薄弱的部位通过地基处理的方式进行加强，冒浆现象也能得到有效控制。对于易造成冒浆或有潜在冒浆风险的地质，可以采用在入出土点下套管的方式解决两边入出土段的冒浆问题。

薄弱部位加强的方式还有许多，如注浆、换填、预压、强夯、强夯置换，这些都是整体加固的办法。另外，也可以采取局部加强的办法，如采用一些挤密桩挤密地基土，减小土壤的孔隙比，提高土壤的密实度；也可以想办法降低地下水位，减小水浮力，提高水平定向钻穿越管位处土壤的自重等。地面上的主要措施是在薄弱部位堆载，可以堆土或其他重物，但堆载必须均匀，覆盖所有薄弱部位和冒浆面。目的是增加土壤的附加应力，提高其抗冒浆能力。

2. 漏浆预防措施

应对泥浆漏失应坚持预防为主的原则，尽可能避免人为失误而引起漏失。漏失的预防主要有以下两种方法[5]。

1) 降低孔内泥浆的动压力

过高的泥浆动压力是造成漏失的主要原因之一，因此可在钻孔过程中采取以下措施来降低泥浆的动压力。选用合理的泥浆类型，控制泥浆的固相含量，降低泥浆的环形空间压耗。

2) 提高地层承压能力

地层的漏失压力主要取决于地层特性。可以通过人为方法来封堵近孔洞的漏失通道，增大泥浆进入漏失层的阻力来提高地层承压能力，防止漏失。通常采用以下三种方法。

(1) 调整泥浆性能。钻进孔隙型渗透性漏失层时，进入漏层前，可通过增加泥浆中的膨润土含量或加入增黏剂等措施来提高泥浆的动切力、静切力，达到提高地层的承压能力。

(2) 泥浆中预加堵漏材料随钻堵漏。对于孔隙型到裂缝型漏失层，进入该层段之前，可在泥浆循环过程中加入堵漏材料，在压差作用下，进入漏层，封堵近孔洞漏失通道，提高地层承压能力，起到防漏作用。

(3) 先期堵漏。当钻孔下部地层的孔隙压力超过上部地层的漏失压力或破裂压力时，为了安全钻进，进入高压层前必须按下部高压层的孔隙压力确定的泥浆密度进行钻孔，由此必然会引起上部地层漏失。为了防止因上部地层漏失而引起地面漏浆的情况发生，可在进入高压层之前，对上部易漏地层进行先期堵漏，提高上部地层的承压能力。方法是对地层进行压载或地质改良，通过先期堵漏，使上部地层的承压能力超过下部地层压力，再钻开下部地层。

当钻孔过程中发生漏失时，为了堵住漏层，必须利用各种堵漏物质，在距孔洞很近范围的漏失通道内建立堵漏隔墙，用以隔断漏失通道。各种堵漏物质按下述方式在漏层建立漏隔墙,当堵漏物质到达漏层时,其固相颗粒的形状、尺寸、浆液的流变性能等都要适应漏失通道的复杂形态,堵漏剂才能按设计的数量进入漏层;堵漏剂进入漏层后,不能让其源源不断地进入地层深处。进入地层的堵漏剂必须能够抵御各种流体充填物的干扰,在各项流动阻力的作用下,在近孔洞漏失通道的某处发生滞流、堆集,从而充满一定范围的漏失通道空间;充满一定范围漏失空间的堵剂,在压差或化学反应等的作用下,以机械堆砌方式或化学生成物的堆集,建立具有一定机械强度的隔墙并与漏失通道有牢固的黏结强度,这样才能有效地封堵住漏层,不至于发生暂堵现象。

确定漏层的位置是堵漏措施中一个非常重要的环节,确定漏层的方法有以下几种。

①观察钻进情况。

凭经验观察钻进时的反应可以判断天然裂缝、孔隙或洞穴地层一类漏层的位置。例如,当钻开天然裂缝性岩层时,泥浆通常发生突然漏失,并伴随有扭矩增大和憋跳钻现象。

②综合分析钻孔过程中的各种资料。

综合分析钻孔过程中钻孔参数、泥浆性能、地层压力、地层破裂压力、地质剖面、岩性、曾漏失过的层位等资料,从而判断漏失的位置。

3. 冒浆、漏浆处理措施

采取堵漏措施时应根据实际漏浆程度选用合适的堵漏方法,常用的堵漏方法有以下几种。

1) 调整泥浆性能与钻进措施

采用提高或降低泥浆的黏切度,调整泵量,改变开泵措施等方法。主要作用是降低孔内液柱压力、动压力和环形空间压耗,改变泥浆在漏失通道中的流动阻力,减小地层产生诱导裂缝的可能性。此方式是处理泥浆漏失的基本措施,可应用于各种程度的泥浆漏失,一般在轻—中程度泥浆漏失处理中有明显效果。

2) 静止堵漏

静止堵漏是将钻具起出漏失孔段,静止一段时间(8~24h),漏失现象即可消除。此方式一般可结合孔洞稳定情况应用于重、严重和极重程度的泥浆漏失。

3) 桥接材料堵漏法

桥接材料堵漏法是利用不同形状(颗粒、片状、纤维状)、尺寸(粗、中、细)的惰性材料,以不同的配方混合于泥浆并直接注入漏层的一种堵漏方法。采用桥接材料堵漏时,应根据不同的漏层性质,选择堵漏材料的级配和浓度。否则,漏失通道中不能形成"桥架"或是在孔壁处"封门",使堵漏失败。此方式一般应用于重和严重程度的泥浆漏失处理。

4) 高失水浆液堵漏法

高失水浆液堵漏法是用高失水堵漏剂,采用清水配制,泵入孔内遇到漏层,在压差作用下迅速失水,形成具有一定强度的滤饼,封堵漏失通道。此方法一般用于严重和极严重程度的泥浆漏失处理,在漏层位置比较确定的情况下使用。如漏层位置不能确定,也可采用此法进行盲堵。为了提高完全漏失的堵漏效果,也可依据漏失通道的特征,在高失水堵漏浆液中再加入桥接材料堵漏剂。

5) 暂堵法

暂堵法是指应用暂堵材料对地层进行封堵,可采用石灰乳—泥浆、PCC 暂堵剂、盐粒、油溶性树脂等。此方法一般用于中、重和严重程度的泥浆漏失处理。

6) 化学堵漏法

利用化学堵剂(如化学凝胶、脲醛树脂、堵漏浆、水解聚丙烯腈稠浆、硅酸盐、合成乳胶等)注入漏孔,形成凝胶,封堵漏失通道。此堵漏浆液的密度较低,凝固时间调节范围大,浆液的能力较强,滤液也能固化,可以封堵微孔缝漏失通道,堵漏后钻碎的塑胶屑对泥浆性能没有不良影响,在孔底条件下固化的塑胶堵塞体强度高且稳定性好。此方法对于含水漏失层具有特殊效果,可用于严重和极重程度的泥浆漏失处理,但此法所用的堵漏剂价格较高,广泛使用可能受到影响。

7) 无机胶凝物质堵漏法

无机胶凝堵漏的物质主要以水泥浆及各种混合稠浆为基础,采用水泥浆堵漏一般均要求确定漏层位置,大多用来封堵裂缝性、破碎性石灰岩及砾石层的漏失。堵漏时必须清楚漏失层位置和漏失压力,使用"平衡"法原理进行准确计算,才能确保施工质量和安全。施工时必须在孔中留一段水泥塞,避免水泥浆被顶得过远而不能封堵住漏失通道,造成堵漏失败。此法一般用于严重和极严重程度的泥浆漏失处理。

8) 软硬塞封漏法

软硬塞指的是所形成的堵塞不固化,靠形成不流动的黏稠物体封堵漏层。此法适用于较大的裂缝或洞穴漏失,特别是人为裂缝造成的漏失,因为软塞切力大,流阻大,可限制人为裂缝的发展,且因软塞不固结,在人为裂缝稍增大的情况下,它也会变形从而起到堵漏作用。在挤压时,软塞不仅能封堵大裂缝,也能封堵小裂缝。常用的软硬塞堵漏浆有剪切稠化浆、正电胶膨润土浆。此方法一般用于中、重和严重程度的泥浆漏失处理。

9) 复合堵漏法

由于不同类型的漏失十分复杂,尤其是水层大裂缝和大溶洞的漏失,采用单一的堵漏方法成效不大,采用复合堵漏可极大地提高堵漏的成功率。

7.5.3 工程实例

以广东浈江某输气管道穿越工程[10]为例,该工程穿越管道规格为 $\Phi 1016mm \times 26.2mm$ 钢管,穿越长度为 737.21m,设计压力 10MPa,穿越工程等级为中型。

浈江穿越工程存在两处冒浆点:一处是入土点位置,另一处位于入土点 540m 的位置。通过对现场每个因素进行分析,最终确定了浈江水平定向钻冒浆的主要原因。

(1) 地质发育较差,岩石存在裂隙。地勘报告提出该处地质岩石发育较差且地质薄弱,存在地质裂隙的可能，入土点为较厚卵砾石层。对该处(入土点至出土点 540m 处)采取减小曲率半径(原设计 1500D 变成 1400D)以增加该处的深度，规避地质薄弱处，然而在施工中依然出现冒浆事故，证明该处地质岩石发育较差且地质薄弱的位置远比地勘时的深度及区域更加广泛。

(2) 未能同步控制泥浆压力。泥浆循环过程中泥浆泵和司钻操作人员没有紧密配合，泥浆压力与排量不能充分匹配可造成泥浆压力过高、孔洞内憋压，造成泥浆外泄冒浆。

(3) 扩孔器选择不当。溴江水平定向钻岩层的软硬变化较大，泥岩岩屑与泥浆混合成黏泥状，形成"泥包卡钻"，现场起初使用的扩孔器为滚刀封闭式扩孔器，该扩孔器在扩孔时与孔壁完全接触，且自身是半封闭状态，造成泥浆循环不畅通，局部升压，在土体不密实和地质薄弱的地方形成冒浆。

根据前期的调查分析，冒浆处位于距穿越入土点 540m 位置，针对该地质发育较差，岩石存在裂隙的条件，制定了两套施工方案。第一套方案：添加堵漏剂进行堵漏；第二套方案：利用溴江水平定向钻自身地质的高差优势，在距主管道导向孔 1m 处的冒浆一侧，开钻一条导流孔(长度为钻至冒浆处即可，孔径和导向孔的孔洞一致)，使其通过地质裂隙与主导向孔形成连通，同时利用地质高差(出土点高于入土点 6m)使冒浆泥浆返回入土点的泥浆池。

采用第一套方案进行导向孔施工，即采用锯末堵漏剂进行堵漏，但未达到堵漏效果。经分析是因为地质裂隙较大且面积较广，如果采用此方案不但堵漏材料使用较多，效果不好，而且还会延长工期。采用第二套导流孔施工方案进行导向孔施工，自始至终冒出的泥浆都是通过导流孔流向入土点的泥浆池，整个导向施工过程无冒浆发生。

在地层稳定的条件下，泥浆泵排量压力及泥浆泵配比相对稳定，但在地层出现软硬变化时，钻头及孔洞泥浆压力会在瞬间发生巨大变化，所以应及时控制好泥浆压力和排量，防止泥浆压力过高、孔洞内憋压，从而造成泥浆沿途外泄。对泥浆泵操作人员和钻机操作人员进行专业岗位配合培训，要求在下步施工中的泥浆泵操作人员和钻机操作人员紧密配合，双重监控；同时将原来由司钻下达泥浆用量数据指令改为双向协调下达指令，泥浆压力不稳时可由泵站操作人员下达停钻指令，压力调节完成后再继续钻进。

导向孔在施工中泥浆泵操作人员和钻机操作人员紧密配合，双重监控，自始至终泥浆的最大压力没有超过 3.5MPa，整个导向施工过程中无冒浆现象。

前期扩孔器选择不当造成的孔洞憋压冒浆现象。对滚刀封闭式扩孔器进行改良，采用"镂空"式滚刀扩孔器，既减轻了扩孔器自重，同时也确保了在扩孔时泥浆循环通道的畅通。

在采用"镂空"式滚刀扩孔器后，扩孔时的泥浆压力一直保持在 1.0~2.0MPa，孔洞压力平稳，确保了溴江水平定向钻 7 级扩孔顺利完成，无冒浆发生。

参 考 文 献

[1] 李彦, 王坤坤. 定向钻施工中钻杆受力及断裂原因分析.非开挖技术, 2014, (2): 46-48.
[2] 李顺来, 朱立志, 任素青. 大口径管道定向钻穿越中钻杆断裂原因及预防措施. 石油工程建设, 2003, 29(4): 46, 47.
[3] 刘艳利, 周号. 水平定向钻管道回拖受阻原因分析及措施.石油工程建设, 2016, 42(2): 55-58.

[4] 袁玉石, 苗红昌, 张志强, 等. 沙颍河穿越工程回拖扩孔器断裂事故分析及处理. 非开挖技术, 2015,(3): 18-21.
[5] 续理. 非开挖管道定向穿越施工指南. 北京: 石油工业出版社, 2009.
[6] 孙宏全, 詹胜文, 张洪洲. 定向钻穿越的冒浆分析及对策. 石油工程建设, 2007, 33(2): 41,42.
[7] Shu B, Ma B S. Study of ground collapse induced by large diameter horizontal directional drilling in a sand layer using numerical modeling. Canadian Geotechnical Journal, 2015, 52(10): 1562-1574.
[8] 曾聪, 马保松. 水平定向钻理论与技术. 武汉: 中国地质大学出版社, 2015.
[9] 舒彪, 马保松, 孙平贺. 岩石水平定向钻工程. 长沙: 中南大学出版社, 2021.
[10] 贾西濮. 浅议水平定向钻穿越防冒浆施工措施. 工程施工, 2020, 5: 256,257.

第 8 章　水平定向钻施工质量控制

水平定向钻穿越具有不破坏地貌状态和保护环境的优点，但穿越管道回拖完成后不便进行后期检修。因此，穿越施工过程中的质量控制、回拖就位后的管道质量检测和防腐层质量检测尤为重要，其结果将作为工程验收和存档资料，以备管道运营期间的运行维护。

8.1　施工过程质量控制

8.1.1　导向孔钻进

导向孔钻进是定向钻工程施工的基础，质量控制的主要指标为出土角、入土角、曲线偏移等。出土角和入土角的控制相对简单，需确保钻机精确就位和准确地随钻测量。而对曲线偏移的控制，则需要操作人员具备精确的控向技术和丰富的经验。在穿越施工中，地质不均匀或操作存在失误，都容易造成导向孔与要求不符。因此，施工前需掌握地质资料，并进行实地勘察，以确保在实际作业中的顺利穿越，避免出现拐点等问题。

导向孔钻进施工应注意以下质量控制点。

(1) 导向孔钻进前，应根据设计文件使用测量仪核实入土角与入土点高程、出土角与出土点高程、钻头至传感器距离、钻机基准点至入土点距离等参数，进行控向系统初始参数录入和记录[1]。

(2) 导向孔钻进前，应确定地面信标磁场的布置位置，并对线圈控制桩进行定位测量，以保证地面信标磁场布置的准确性。测量完成后与设计文件进行对照，如出现较大误差应重新进行复测校正。

(3) 导向孔钻进前，应对钻机、钻具、泥浆泵等设备完好性进行检查，钻机、钻具、泥浆泵性能应满足设计要求。导向孔钻进使用旧钻杆时，应按照现行标准《钻杆分级检验方法》(SY/T 5824—1993)对钻杆检测、标识，并选用一级钻杆。根据工程的重要性确定使用钻杆的等级，建议对具有挑战性的重大工程选用全新钻杆，控制性工程选用一级以上钻杆，普通工程选用二级以上钻杆[2,3]。

(4) 导向孔应根据设计曲线钻进，并随钻随测，数据记录宜为设备自动记录，以确保数据的准确性。

(5) 导向孔钻进过程中泥浆的马氏漏斗黏度、塑性黏度、动切力、表观黏度、静切力、滤失量、pH 应满足现行国家标准《油气输送管道穿越工程施工规范》(GB 50424—2015)的规定和设计要求。

(6) 导向孔钻进过程中的泥浆泵排量应满足钻屑携带的需求，一般不应小于 $0.3\text{m}^3/\text{min}$。

对于2000m以上的长距离水平定向钻，泥浆排量一般不宜小于$1m^3/min$[参见《石油天然气建设工程施工质量验收规范 管道穿跨越工程》（SY 4207—2007）]。对于土层水平定向钻，可参照7.5节，对泥浆压力进行计算，以防冒浆。

(7) 穿越长度大于2000m的工程，宜使用对穿工艺。穿越两端使用套管隔离法来处理不良地质情况时，必须采用对穿工艺[4]。

(8) 导向孔实际曲线与设计曲线的横向允许偏差为$-0.01\sim 0.01L$（L为穿越水平长度）且小于等于$\pm 3m$，上下允许偏差为$-0.01\sim 0.01L$，目标控制在$-2\sim 1m$。

(9) 出土点的纵向允许偏差为$-3\sim 9m$。

(10) 导向孔钻进钻杆折角需要满足每根钻杆的最大折角和4根钻杆累加的最大折角，同时应按表8.1进行控制。

表 8.1　钻杆折角控制表

穿越管径/mm	每根钻杆最大折角/(°)	4根钻杆累加最大折角/(°)
325以下	2.1	6.0
377	1.7	5.7
406	1.6	5.4
508	1.4	4.3
610	1.2	3.6
711	1.1	3.0
813	1.0	2.6
914	0.9	2.4
1016	0.8	2.2
1219	0.65	1.8
1422	0.4	1.5

(11) 当穿越距离大于2000m时，为了进一步增加钻杆稳定性，可提高钻杆导向孔的最大钻进长度，减小钻进阻力。在导向钻进过程中的入土端可设置定位钢套管，导向孔施工完毕后再将套管拔出并进行扩孔。

(12) 当采用对接施工方案时，导向孔对接区应根据地表是否适合布置磁场、对接区地层、钻杆承压能力等情况进行综合确定，如果穿越处有江心洲或较大范围的滩地，一般选江心洲或滩地下的较好地层处。

(13) 导向孔钻进过程中，应根据钻杆强度确定最大推力、扭矩和转速，钻进过程中保证钻进技术参数均匀，平稳推进。

8.1.2　扩孔

当导向孔钻通后卸掉导向钻头、探棒仓，换装扩孔器，逐级将导向孔扩至略大于穿越管道直径。

扩孔施工应注意以下质量控制点。

(1) 扩孔应采用分级、多次扩孔，在钻机有一定扩孔速度且地层条件及辅助设备允许的情况下，可减少扩孔级数[5]。

(2) 扩孔级差一般为 100~250mm。

(3) 当管径>610mm 时，最终扩孔直径不应小于管径+300mm；当管径在 219~610mm 时，最终扩孔直径不应小于 1.5 倍管径；当管径<219mm 时，最终扩孔直径不应小于管径+100mm。

(4) 扩孔时应采取措施防止出入土端的杂物进入穿越孔洞中。

(5) 扩孔过程中泥浆的马氏漏斗黏度、塑性黏度、动切力、表观黏度、静切力、滤失量、pH 应满足现行国家标准《油气输送管道穿越工程施工规范》(GB 50424—2015)的规定和设计要求。扩孔过程中的泥浆泵排量应满足钻屑携带需求。

(6) 扩孔过程中，如发现空转扭矩达到或超过 25kN 时，宜采取洗孔作业；扩孔结束后，如发现扭矩、拉力仍较大，可再次进行洗孔作业。当穿越长度和管径较大时，空转扭矩可适当加大[6]。

(7) 扩孔过程中出现长时间停钻时，应间隔一段时间向孔内注入泥浆，尽量保持洞内泥浆性能的稳定，防止悬浮颗粒下沉堆积。

(8) 一般情况下，应在回拖前进行洗孔。多级扩孔时，应根据扩孔扭矩变化和泥浆携带情况确定是否洗孔及洗孔次数。对于岩石地层，每级扩孔后宜进行洗孔作业，以保证孔洞畅通。在管道回拖前，对于有凸台或曲线不符合要求的扩孔应进行修孔作业。

8.1.3 管道回拖

管道回拖施工应注意以下质量控制点[7]。

(1) 管道回拖前，应对钻机、钻具、泥浆泵等设备完好性进行检查，回拖前应采用扩孔器进行洗孔，对于大直径管道回拖建议配备推管机或夯管锤等应急设备[8]。

(2) 管道回拖前，对管道防腐层进行全程检测并补伤，回拖过程中在管道入土前用防腐层针孔检测环连续检测补伤，确保管道入洞前防腐层的完好性。

(3) 通过降浮能有效减小管道与孔壁的摩擦力，达到降低钻机回拖力的效果，使管道回拖安全顺利地完成。常用的降浮配重主要措施：PE 管内充水和 PE 管外充水。施工前应根据计算确定是否采取降浮措施，采取降浮措施后管道在钻孔内应保证浮力与重力差值的绝对值不大于 2kN/m，且降浮时不得破坏管道内外防腐层[9]。

(4) 实施回拖的司钻人员应具备丰富的水平定向钻穿越经验和业绩。

(5) 回拖可采用发送沟+水道或滚轮架发送，具体方式可根据施工情况自行确定。采用发送沟方式应符合以下规定：发送沟下口宽度一般应为管径+500mm，深度不小于管径，管道发送沟内应注水，管沟内最小注水深度应确保管道能够漂浮在发送沟内。对于管道发送现场高低不平，发送沟无法全程注水的情况，可采用分段开挖注水，其余地段采用滚轮架支撑相结合的方式。当采用滚轮架发送时，应计算确定滚轮架的间距，滚轮架上应采取防止防腐层划伤的措施。

(6) 回拖时采用吊车、吊篮或托架，使管道入洞角度与实际钻孔角度一致。在管道入土前端的适当距离搭起"猫背"，并在此处抬高管道，使管道入土端的自然挠度(入洞角)与实际钻孔的出土角一致。

(7) 回拖应连续作业，若进行管道连接或需要暂停回拖时，停留时间不宜超过 4h，对于停留时间过长的钻孔，应维持泥浆在孔内的环空流动，钻杆也应低速旋转。

(8) 回拖过程中，最大回拖力不能超过钻机允许的最大回拖力。当回拖过程中发生异常情况时，应停止回拖并采取应急方案。

(9) 穿越河流时，油气管道回拖就位后，要对管道穿越河流两岸大堤的孔洞进行密封处理，油气管道与孔洞之间环形空间的充填应满足水利部门和设计的要求。回拖完成后，需根据设计文件对管道进行管道位置检测和馈电检测。

8.1.4 泥浆

水平定向钻穿越成孔过程中，泥浆的一项重要作用就是使钻屑悬浮并将其携带出孔外。在泥浆流变性较差的情况下，可能使大量被钻具切削的泥屑沉积在孔中，而使回拖阻力加大。因此，需保证泥浆流变性良好，尽量将孔中岩屑携带干净，保证扩孔质量。

泥浆的配置和使用应注意以下质量控制点[10]。

(1) 泥浆应采用环保泥浆，泥浆的配置、施工和排放应满足当地环保部门的要求。

(2) 砂层水平定向钻穿越使用的泥浆主要应考虑较低的滤失量和良好的流变性、较薄的泥饼厚度，可形成良好的护壁作用，同时还应具备较低的摩擦系数和良好的润滑性能。

(3) 岩层水平定向钻穿越使用的泥浆主要应考虑良好的流变性和携渣性能，同时还应具备较低的摩擦系数和良好的润滑性能。

(4) 泥浆的常用配方：不同地层的泥浆配方详见本书第5章，实际配方比例应根据地质地层的岩土特征和选用的泥浆材料和处理剂确定，通过室内实验，并以此基本配方为基础，根据泥浆性能需求进行调整。配置泥浆应采用高效膨润土，并且符合《钻井液材料规范》(GB/T 5005—2010)检测要求。

(5) 水平定向钻穿越用泥浆配制应采用洁净水，施工开始前，须采取现场水样，结合所穿地层的具体情况对泥浆配方进行必要修正，如所用水的 Ca^{2+} 或 Mg^{2+} 的含量大于200mg/L，则应加 Na_2CO_3 或 $NaOH$ 处理使其软化。先进行实验室测试，后用于工程实际。在施工过程中，不能更换泥浆配方，也不能更换其他品牌的膨润土和水。施工过程中，对新配制的泥浆和回收泥浆应进行定时检测，确保泥浆指标稳定[11]。

(6) 配制的泥浆性能应根据实验确定，推荐泥浆性能应满足表5.9中的条件。

(7) 泥浆应进行回收循环利用，除砂、除泥，必要时可采用离心机进一步除泥，降低泥浆重度，保证泥浆处理后的性能。维持泥浆性能的稳定，经过泥浆回收系统处理后循环使用的泥浆含砂量不宜大于0.5%。

(8) 泥浆排量应满足钻屑携带的要求，泥浆泵排量大，流速快，携渣能力强，功效高。随着扩孔级别的增大应加大泥浆排量，穿越距离较长时应在钻杆中间增加喷浆短节，促进泥浆循环流动。

(9) 为避免冒浆，应在钻头附近安装泥浆传感器，全程监控孔内泥浆压力的情况，如遇到泥浆压力过大发生冒浆或突然压力异常升高，则将钻头抽回，进行洗孔后再继续钻进。

8.2 地下管线探测技术

地下管线的精准探测是水平定向钻施工前对周边设施调查、施工后对穿越轨迹与设计曲线偏差确认的有效方法，也是管线运营期间维护的必要手段。准确调查、记录、测量水平定向钻区域范围内的地下管线和附属设施，才能为后期水平定向钻的施工提供依据和保障。

8.2.1 地下管线探测要求

在水平定向钻管道施工前，除需按照《岩土工程勘察规范(2009年版)》(GB 50021—2001)等规范要求勘察地质条件外，还应对施工范围内其他地下管线的位置进行勘察，从而为设计钻进轨迹提供依据。首先，地下管线勘察需全面收集、整理和分析施工范围内的已有地下管线资料和有关测绘资料，并与地方政府相关部门（如通信、电力电缆、供水、排水）核对地下管线信息。通常地下管道探测的范围应覆盖管线工程敷设的区域，穿越路由周围不应小于管径的3倍，且不应小于3m。其次，应采用合适的地下管线探测技术确定地下已有管线的分布、位置、种类、管径、走向和埋深，确保水平定向钻管道与其他地下设施净距符合《水平定向钻法管道穿越工程技术规程》(CECS 382)要求。

在施工阶段(管道回拖后、回填前)，应对管道的实际轨迹进行测量，勘测水平定向钻管道中心线的数据，复核管道平面位置、埋深（或高程）、走向等。管道实际轨迹测量限差应满足设计要求。

在管道运行阶段，应定期通过内检测等手段复核和更新测绘数据。埋地管线的探测精度要求详见《油气输送管道工程测量规范》(GB/T 50539—2017)，油气管道中心线测量坐标的精度要求应达到亚米级。

8.2.2 地下管线探测质量控制要点

地下管线测量精度的影响因素可大致分为人员、机具、方法和环境四方面。在地下管线探测过程中，技术人员需要坚持"从已知到未知，从简单到复杂"的原则，根据工程实际情况，合理选择测量机具和方法。对于水平定向钻穿越管道，若遇种类繁多、分布复杂的其他地下管线干扰时，由于无法进行开挖验证，技术人员更要重视在实施阶段加强质量控制，以提高管线探测的准确性[12]。

1. 常规的质量控制措施

(1) 为防止探测仪器本身存在的某种不足而影响探测质量，在探测前应对探测仪进行一致性对比试验，以确定该仪器的修正系数。

(2) 对因直埋管线土质情况不同而影响管线探测精度的，需进行探测验证，以确定是否需加埋深和平面位置的修正系数。

(3) 由于探测仪器的探测效果受管道埋深影响较大，所以需要针对不同情况合理选择探测技术进行探测。

(4) 由于管线材质及导电性能的不同，对不同材质的管线需选择合适的探测技术。

2. 复杂情况下的质量控制措施

(1) 对于近距离平行管线探测[13]。地下管线排列相对密集、种类各异，所以探测这类管线主要是避开相邻管线的干扰。此时，可采用水平、垂直线圈感应的方式或直连、变频等方法区分管线，或者利用发射机发射圈正交于干扰管线、不向干扰管线施加信号的特性灵活改变发射机放置的位置，抑制非目标管线信号，达到加强目标管线信号的目的，进行管线探测。

(2) 对于上下重叠管线的探测。上下管道探测信号的异常叠加会增加定深难度。一般可在重叠管道分叉处分别定深，推算出重叠处的管道深度，也可在旁侧其他管线的小室内，把侧壁当作地面，对重叠管线进行定位，通过量取重叠管线位置获取重叠管线各自的深度。

(3) 对于深埋管线的探测。水平定向钻的管道施工深度一般超过 5m，因管道埋深大可导致探测信号衰减，从而严重影响探测精度。此时，可采用远端接地直流检测方法，增加信号检测和传输之间的距离，减少因传输距离导致的信号衰减、干扰等影响。另外，也可以选择稳定性好、精度高的探测技术进行探测。

(4) 对于穿越复杂地质的管道探测。勘察时应对在地表沉降影响范围内的地面建(构)筑物或地下管线进行调查。勘察前，应根据地表允许的沉降范围或参照有关规定的允许沉降值制定管道及周边管道的合理监测和保护技术措施。

8.2.3 常规探测技术

埋地管道探测的常用方法包括电磁法、直流电法、声波法、地震波法等[14]，各种方法和适用范围参照《地下管线探测技术规程》(DGJ08-2097—2012)。

水平定向钻管道穿越一般具有埋深深(5～30m)、口径大、路由呈曲线状、存在周边管线干扰等特点，在电磁干扰大的区域，常规的管道探测技术对定向控向和探测设备的干扰很大，从而影响管线平面和垂直方向的探测精度。目前各穿越施工单位的工程竣工图和管道实际空间位置的误差较大(10%～30%)，国内也发生过多起因穿越管道竣工资料不准及物探成果误差大引发的管道损害事故[15]。

对于埋地长输金属管线，目前应用较多且精度较高的探测技术有基于电磁波法的探地雷达探测技术(低频管线探测技术、导向仪探测技术)、基于惯性测量的陀螺仪探测技术和 ONE-PASS 探测技术。

1. 探地雷达探测技术

探地雷达(图 8.1)是利用电磁波在地下介质电磁性差异界面产生反射来确定地下目标体的一种探测技术。它利用发射天线向地下发射高频、宽频短脉冲电磁波，电磁波在介质中传播时，遇到与周围介质电磁性差异较大的地下管线将产生反射，通过接收天线可接收来自地下介质界面的反射波。来自地下界面的反射波其路径、电磁场强度与波形将随通过介质的电磁性质和几何形态而变化，由此再根据反射波的传播时间(双程旅行时间)、幅度、波形及介质电磁波速度等资料，推测地下管线的空间位置和埋深[16]。

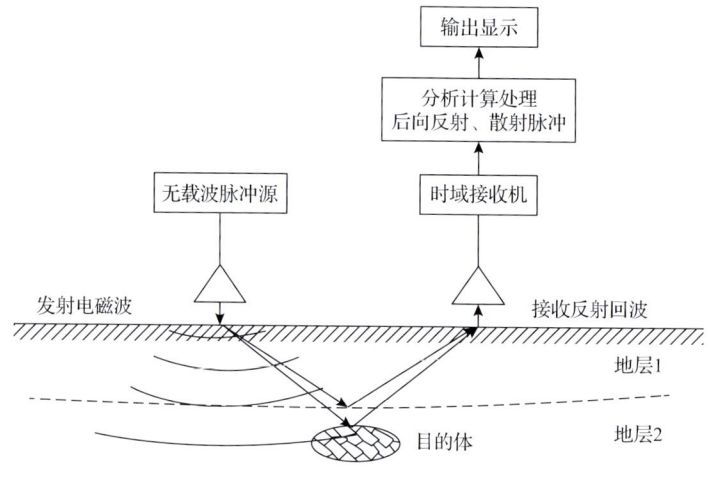

图 8.1 探地雷达探测示意图

1) 低频管线探测技术

低频管线探测仪也是一种常规的管线探测仪，如 PCM+探测仪（图 8.2），低频管线探测仪一般指探测频率在几赫兹到 1000Hz 之间，特点是电磁信号在传播过程中的衰减较慢，故探测深度较大，探测距离较远。常用方法有单端连接和双端连接，由于水平定向钻管线的露出点较少，双端连接要用到长导线，所以多用单端连接探测。管线探测仪的理论方法较为成熟，使用方便，可作为首选方法，尤其对长输油气管线的效果较好，探测深度可以达到 20m。

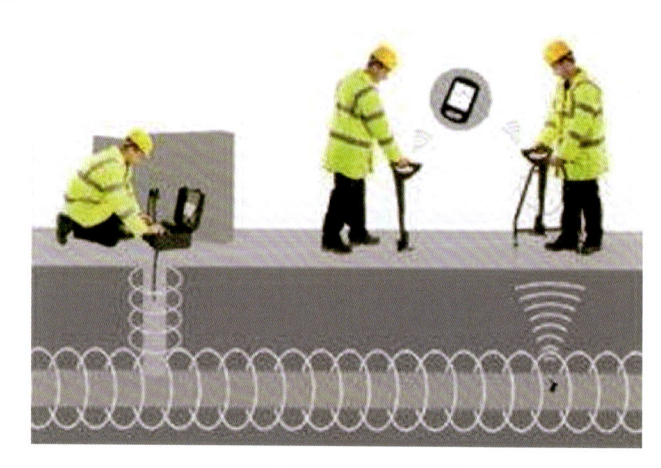

图 8.2 PCM 测试示意图

2) 导向仪探测技术

在一端或两端开口的管线探测，通过深入管线的探头发射信号，对探头发射的信号进行地面接收，分析接收信号确定金属或非金属管道的位置和埋深。该探测方法可探测深度在 15m 左右，当探头上方有能自主发射电磁信号的物体，如电力管线等，会对埋深的探测产生影响，但平面影响不大，见图 8.3。

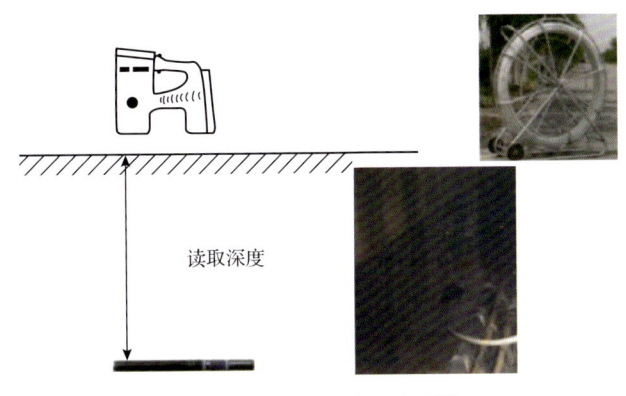

图 8.3　导向仪测试示意图

2. 惯性导航探测技术

惯性导航探测技术的基本原理是牛顿力学运动定律[17]。管道惯性测绘系统加挂在几何检测工具或漏磁检测工具上，通过主时钟与所搭载的其他内检测器进行时钟同步，整个系统在油或气的推动下前进。管道中心线和管道位移检测采用高精度惯性测量装置（IMU）进行。

惯性导航的核心功能部件是由三维正交的陀螺仪与加速度计组成的 IMU。分别利用陀螺仪（图 8.4）和加速度计测量物体 3 个方向的转动角速度和运动加速度（图 8.5），将采集、记录的数据使用专门的计算软件进行积分等运算处理，便可得到检测器在任一时刻的速度、位置与姿态信息。IMU 还可以测量管道曲率，进一步判定管道的应变情况。

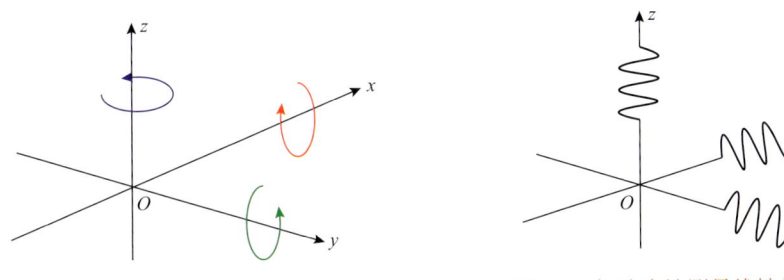

图 8.4　陀螺仪测量转动角速度　　图 8.5　加速度计测量线性加速度

内检测器在管道中行进时，IMU 以一定的频率采集三轴陀螺仪、三轴加速度计和里程计数据并保存在系统存储器中。系统经过地面 GPS 参考点时，与定标盒进行通信，记录其经过地面定标点的时刻。完成整条管道检测后，系统将所有数据下载到地面计算机中，再结合地面高精度参考点的 GPS 位置信息，利用组合导航软件进行数据处理，得到整条管道的位置数据和中心线轨迹图形。因此，以惯性导航系统（INS）为基本测量手段，结合 GPS 和里程仪进行修正（每 1~2km 利用 GPS 信号进行一次位置修正，利用里程仪数据进行实时速度修正），可以充分发挥各自优势，实现高精度位置测绘。

惯性测绘内检测（图 8.6）是基于捷联惯性导航系统实现的自主式测绘，具有独立工作、全天候、不受外界环境干扰、无信号丢失等优点，非常适合在管道内长时间自动运行。但由于惯性器件存在漂移，误差随时间累积迅速增加，所以需要采用 GPS、里程计等其他导航方式予以修正。因此,惯性测绘内检测系统(图 8.7)除核心部件 IMU,还包括辅助定位的里程计和地面定标盒等。

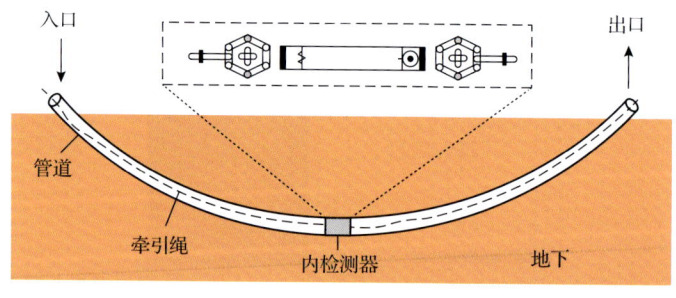

图 8.6 内检测示意图

图 8.7 内检测器(搭载 IMU)

陀螺仪探测不受管线材质及地面条件的影响,探测精度较高。该仪器无探测深度限制,定位方式与数据采集不受外界场源干扰,无需人员在道路上进行追踪定位。陀螺仪三维精确定位技术可作为管线定位仪、GPR 探地雷达、CCTV 摄像系统等检测方法的有力补充手段,可精确定位大埋深地下管线。运用惯性陀螺定位仪三维精确定位技术探测管线时必须具备以下条件:该方法为管内探测法,需满足该设备在管道内部行进的条件,如煤气管、油管、水管等密闭运行的管线,必须在单管敷设完成后并在分段敷设的管线连接前实施探测;在电力、通信等群管敷设具有空管的情况下或竣工完成时均可实施。

3. ONE-PASS 探测技术

"ONE-PASS"是一种利用电磁信号定位水下穿越管道的检测系统[18],见图 8.8,可用于探测河流穿越管道的平面和剖面情况,既可用于测量小型河流穿越管道,又可用于测量约 40m 深的大型河流穿越管道。该系统的精确度已经在国内外水平定向钻穿越河流工程中得到验证。

"ONE-PASS"系统利用一根绝缘的绞合电缆穿越河底,并与河流穿越管道平行,将其连接到能和管道外壁通电的点上,使整个河流穿越管道形成一个"闭环"电路。然后利用河流穿越管道附近的阀室或智能阴保桩,通过信号发生器发射低频电磁信号在管

图 8.8 "ONE-PASS"检测系统及数据图

道上方产生 250~1500Hz 的磁场，随着管道和接收天线系统之间距离的增加，电磁信号的振幅递减。"ONE-PASS"系统利用一台电磁接收机读取从管壁辐射出来的信号，利用 DGPS 坐标和同一平面的水深获得河流深度信息，再利用自带的'ARIVER'软件，通过两种方法计算管道位置和埋深。"ONE-PASS"系统可将地磁信号数据与 DGPS 坐标对应存储。"ONE-PASS"系统可应用在最小 15ft[①]的船上，操作人员只要坐在小船内以 1 脉冲每秒的速度即可俘获准确的等高线信息。该系统全部采用蓝牙无线技术，除去了连接电缆的必要性。

8.3 防腐层完整性检测

管道水平定向钻施工完成后，由于管道埋设较深，针对防腐层完整性方面的检测手段很难实施，即使发现防腐层破损也无法进行修复，因此对管道防腐层的质量控制措施十分必要。根据工程经验，管道及补口的防腐层质量已成为管道完整性质量控制的关键环节，本节主要介绍回拖前和回拖后定向钻管道的防腐层完整性检测方法。

8.3.1 回拖前检测

水平定向钻穿越管道回拖前应采用电火花检漏仪按设计要求对全部管线进行漏点检测，穿越管道防腐层应无漏点后方可回拖。水平定向钻管道若需对防腐层进行整体防护，应在外护层施工前完成防腐层的漏点检测，并在外护层施工完成后再次进行漏点检测。

三层聚乙烯防腐层(3LPE)的漏点检测应符合现行国家标准《埋地钢质管道聚乙烯防腐层》(GB/T 23257—2017)的相关规定，熔结环氧粉末防腐层(FBE)的检漏应符合现行国家标准《钢质管道熔结环氧粉末外涂层技术规范》(GB/T 39636—2020)的相关规定，无溶剂环氧防腐层的检漏应符合现行行业标准《埋地钢质管道液体环氧外防腐层技术标准》(SY/T 6854—2012)的规定。

增强型聚乙烯防腐层破损的补伤，当损伤直径不超过 30mm 时，采用热熔棒进行修补；当损伤直径超过 30mm 时，按补口方式进行修复。加强级双层熔结环氧粉末+无溶

---

① 1ft=0.3048m。

剂环氧耐磨防腐层的补伤采用无溶剂环氧耐磨涂料。加强级三层结构聚乙烯+改性环氧玻璃钢防腐层的补伤，首先采用环氧树脂进行填充，然后包覆玻璃钢[19]。

8.3.2 回拖后检测

定向钻管道回拖后主要使用馈电法测试定向钻管道的防腐层电导率，整体评价防腐层的质量。目前国际通用的检测方法来源于美国标准 NACE TM0102 "Measurement of Protective Coating Electrical Conductance on Underground Pipeline"，国内标准 GB 50424—2015、SY/T 6968—2021、SY/T 7368—2017 均等效采用该标准的检测方法。中国腐蚀与防护学会团体标准《管道定向钻穿越段防腐层评价标准》(T/CSCP 0001—2021)在 NACE TM0102 的基础上，加入了使用馈电电流密度辅助评价防腐层质量的方法[20]。

馈电法测试人员应具备阴极保护的工作经验，在准备好相关工具后，按照以下步骤进行现场测量。

(1)测试应当在管道回拖完成 15d 后，并在管道未连头之前进行。测试前应确保管道两端裸露的金属不与土壤接触。

(2)首先，在管道的出土端和入土端使用便携式硫酸铜参比电极和万用表分别测量并记录管道的交流及直流电位。测试过程中，硫酸铜电极的位置应固定不变。如果记录的交流管地电压超出了最大电压准则，应采取减缓措施使交流管地电压达到可以接受的安全工作电压，才可以进行下一步测试工作。

(3)在定向钻管道一端安装临时强制电流阴极保护系统，采用输出可调的直流电源，电源正极通过导线与临时阳极床(阳极床应远离管道 100m 以上)连接，电路中串联电流表，电源负极与定向钻管道连接(设置强制电流阴极保护系统的管道端标记为 a，管道的另一端记为 b)。现场测试示意图如图 8.9 所示。

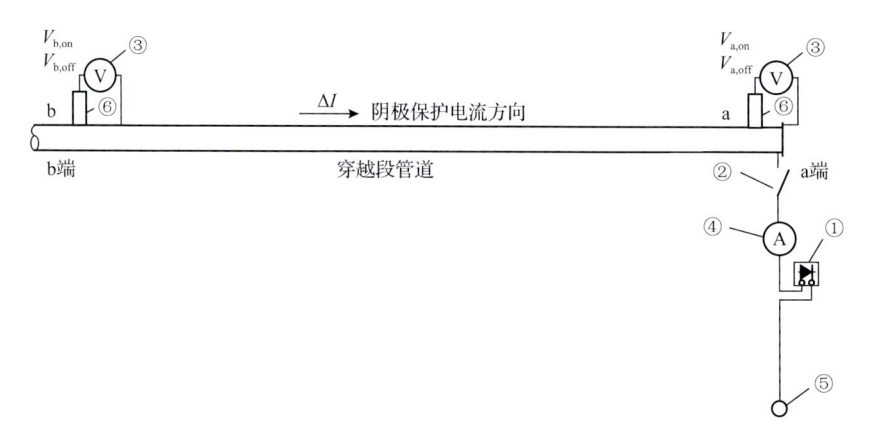

图 8.9　馈电试验现场设备布置图

①恒定电位仪；②电流中断器；③直流电压表；④直流电流表；⑤临时阳极地床；⑥硫酸铜参比电极；$V_{b,on}$、$V_{b,off}$ 分别为 b 端的通电电位和断电电位；$V_{a,on}$、$V_{a,off}$ 分别为 a 端的通电电位和断电电位；ΔI 为测试电流

(4)启动阴极保护系统，极化半小时，待管道电位稳定后，测量并记录阴极保护系统通电和瞬间断电时管道两端的电位(通电电位和断电电位)。断电电位值应在－1100～－

850mV。

(5) 在进行电位测试的同时记录电流表的读数。

(6) 采用温纳四极法测量并记录管道穿越处两端的土壤电阻率，土壤电阻率测试深度应与管道最大埋深相同。对管道两端的土壤电阻率取算数平均值，用于防腐层电导率的计算。

(7) 根据测试结果，通过下面的方法计算涂层的归一化电导率。

(a) 计算测试点 a 和 b 的电位变化。

测试点 a/管道 a 端：

$$\Delta V_a = V_{a,on} - V_{a,off} \tag{8.1}$$

测试点 b/管道 b 端：

$$\Delta V_b = V_{b,on} - V_{b,off} \tag{8.2}$$

(b) 计算电位变化比。

电位变化比：

$$a = \frac{\Delta V_a}{\Delta V_b} \tag{8.3}$$

(c) 如果电位变化比 a 在 0.625~1.6，则采用通用法进行计算评价。两端电位变化的算术平均值可认为是管道穿越段的平均电位变化：

$$\Delta V_{平均} = \frac{\Delta V_a + \Delta V_b}{2} \tag{8.4}$$

施加并记录的测试电流为 ΔI。则管道穿越段的电导为

$$g = \frac{\Delta I}{\Delta V_{(平均)}} \tag{8.5}$$

(d) 如果电位变化率不在 0.625~1.6，可采用电位或电流衰减方法评价。

电位衰减法：

$$\alpha = \ln[\Delta V_a / \Delta V_b] / L$$

电流衰减法：

$$\alpha = \ln[\Delta I_a / \Delta I_b] / L$$

式中，L 为测点 a 与 b 之间的距离；α 为所测管段的衰减系数。

管段的电导：

$$g = \alpha^2 / r$$

式中，r 为单位长度管段的纵向电阻，Ω；g 为所测管段的漏失电导率，S。

(e) 平均电导为

$$G = \frac{g}{A}$$

式中，G 为穿越段管道涂层的平均电导率；A 为穿越段管道的表面积 πDL，其中 D 为管道外径，L 为管道穿越长度。

计算穿越段管底深度的平均土壤电阻率：

$$\rho_{\text{平均}} = \frac{\rho_1 + \rho_2 + \cdots + \rho_n}{n}$$

(f) 计算 $1000\Omega \cdot cm$ 特定土壤电阻率中的涂层归一化电导率：

$$G_n = \frac{G\rho_{(\text{平均})}}{1000\Omega \cdot cm}$$

式中，G_n 为在电阻率为 $1000\Omega \cdot cm$ 土壤中的归一化电导率；G 为穿越段管道涂层的平均电导率。

(g) 评估并记录涂层质量，将得到的 G_n 值与表 8.2 做比较。

表 8.2　$1000\Omega \cdot cm$ 土壤中的涂层电导率与涂层质量

涂层质量	归一化电导率范围 $G_n/(\mu S/m^2)$
优秀	<100
良好	101~200
一般	501~2000
差	>2000

涂层归一化电导率至少应达到良好级质量，即低于 $500\mu S/m^2$。否则应增加阴极保护措施。

根据中国腐蚀与防护学会团体标准《管道定向钻穿越段防腐层评价标准》(T/CSCP 0001—2021)的规定,达到阴极保护时的馈电电流密度也可作为评价定向钻防腐层质量的依据,电流密度与涂层质量的对应关系如表 8.3 所示。

表 8.3　定向钻管道电流密度与涂层质量对应关系

涂层质量分级	电流密度/$(\mu A/m^2)$	
	3LPE 防腐层	FBE 防腐层
优	<10	<100
良	10~20	100~200
可	21~200	201~700

8.3.3　馈电法测试应用实例

本实例管道直径 323.9mm，壁厚 12mm，材质为 X42N PSL2 无缝钢管，外防腐层为常温型加强级 3LPE，采用光固化环氧玻璃钢防护层保护 3LPE 外防护层，整体包覆穿越管段，总厚度不小于 1.5mm。管道补口采用热收缩带，管道入土侧有钢套管 121m。项目穿越段管道距离大桥最近21m，距离新城C区最近距离不小于45m，定向穿越段管道长度为1963.6m。

本实例根据《管道定向钻穿越段防腐层评价标准》(T/CSCP 0001—2021)及相关标准对定向穿越段管道防腐层质量进行检测与评价，具体内容工作如下。

(1) 测试入土侧、出土侧管道的自然电位。

(2) 结合现场实际情况，测试并分析管道所在位置土壤电阻率数据。

(3) 临时阳极地床安装。

临时阳极地床应选择在地面低洼潮湿、土壤电阻率低的位置，距离管道宜大于100m，也可通过实际测量计算阳极电压场，确定临时阳极位置，阳极地床在管道位置产生的地表电位梯度宜小于0.5mV/m。将临时阳极打入土壤或放置在水中，用导线连接到电源的正极。本项目根据现场情况，在定向穿越段管道出土侧部署了临时阴极保护系统。

(4) 管道通/断电电位测量。

启动阴极保护系统，给管道施加电流，调节可调电阻的阻值，监测管道电位的变化，将馈电侧管道通电电位稳定在-1250mV$_{CSE}$左右，保持通电状态，直到管地电位基本稳定。测量管道两端断电电位，远端管道的断电电位应负于-0.85mV$_{CSE}$。通电电位稳定后，连续测试管道两端管道的通/断电电位各3次。测量时，断电持续时间小于3s，断电电位宜在断电后0.3~1s内读取。

(5) 管道馈电电流的测量。

保持阴极保护系统运行状态，读取串联在电路中的电流表示数。

(6) 数据处理。

现场测试数据如表8.4所示。

将现场测试数据依次代入防腐层电导率计算公式中，得到本实例定向钻管道防腐层归一化电导率，计算过程如表8.5所示。

表8.4 现场测试数据表

位置	回路电流/μA	通电电位/V	断电电位/V
定向钻入土端	183	0.995	0.968
	213	1.024	0.996
	284	1.044	1.012
定向钻出土端	183	1.067	1.039
	213	1.084	1.048
	284	1.112	1.081

表8.5 穿越管道防腐层质量计算评价过程及结果

项目	回路电流/μA	ΔV(平均)/V	管道表面积/m²	电导 g/S	平均电导 G/(μS/m²)	平均土壤电阻率/($\Omega \cdot$m)	相对于1000$\Omega \cdot$cm土壤电阻率的归一化电导率/(μS/m²)
第一次测试	183	0.028	2110.8	0.0067	3.17	69.94	22.2
第二次测试	213	0.032		0.0067	3.17		22.2
第三次测试	284	0.032		0.0090	4.26		29.8

表 8.5 计算了穿越段管道 3LPE 防腐层馈电电流密度的结果。三次测试结果分别为 $0.09\mu A/m^2$、$0.10\mu A/m^2$、$0.13\mu A/m^2$，馈电电流密度均小于表 8.3 中 $10\mu A/m^2$ 的标准，因此根据馈电电流密度评价准则，本穿越管道防腐层质量为优秀。

表 8.5 计算了穿越段管道 3LPE 防腐层的电导率结果。三次测试结果相对于 $1000\Omega\cdot cm$ 土壤电阻率的归一化电导率的值分别为 $22.2\mu S/m^2$、$22.2\mu S/m^2$ 和 $29.8\mu S/m^2$，平均值为 $24.7\mu S/m^2$，此平均值小于 $100\mu S/m^2$。根据涂层的归一化电导率评价指标，如表 8.2 所示，可知穿越管道防腐层质量为优秀。

8.3.4 防腐层评价注意事项

观察回拖出土管道防腐层的划伤情况是防腐层完整性评价的重要组成部分。管道回拖宜拖出至少 2 个完整管节以进行外观和电火花检测[21]。3LPE 防腐层（包括热缩带及防护层）电火花检测检漏电压应为 15kV，无漏点为合格。FBE 防腐层电火花检测检漏电压应按设计涂层厚度乘以 5V/μm 计算确定，检漏探头的相对移动速度应小于 0.2m/s，无漏点为合格。出土管道防腐层表面应平滑、光亮，无贯穿刮伤。出土管段防腐层如有刮伤、脱落或破损，应记录长度、宽度、深度，并进行拍照和形态描述，辅助馈电法进行防腐层质量综合评价。

参 考 文 献

[1] 宋祎昕, 姚安林, 蒋宏业, 等. 天然气管道水平定向钻穿越事故及其后果分析. 中国安全生产科学技术, 2011, 7(4): 5.
[2] Ariaratnam S T. Quality assurance/quality control measures in horizontal directional drilling. International conference on pipelines and trenchless technology. 2009.
[3] 符碧犀, 胡郁乐, 陶扬, 等. 非开挖水平定向钻进导向孔的轨迹控制. 油气储运, 2012, 31(3): 3.
[4] 闫相祯, 丁鹏, 杨秀娟, 等. 长距离复杂地层水平定向钻穿越管道施工技术. 油气储运, 2007, 26(2): 4.
[5] 冒乃兵. 石油天然气管道水平定向钻穿越工程质量控制研究. 石化技术, 2020, 27(2): 44, 49.
[6] 尹东莉, 刘丽妍. 水平定向钻技术在天然气管道穿越工程的应用. 煤气与热力, 2009, 29(12): 44-46.
[7] 王忠孝. 长输管道定向钻穿越施工技术和管理分析. 全面腐蚀控制, 2020, 34(6): 14, 15.
[8] 董家利, 李鹏飞. 砂卵复杂地质条件下的定向钻穿越施工. 化工管理, 2018, 484(13): 164, 165.
[9] 杨敬杰. 管道定向钻穿越河流施工风险控制. 油气储运, 2014, 33(3): 315-317.
[10] 李俊. 水平定向钻铺管工程潜在安全隐患及对策研究. 北京: 中国地质大学, 2011.
[11] 柴丽霞, 白雪宾. 地下管线测量的方法和质量控制要点. 建筑工程技术与设计, 2014, (14): 438, 440.
[12] 张向红, 樊蓉. 智慧城市中地下管线的探测方法及质量控制探讨. 低碳世界, 2020, 10(10): 50, 51.
[13] 张瑜峰. 地下金属管线电磁感应定位技术的研究与应用. 北京: 北京工业大学, 2016.
[14] 潘正华, 叶初阳. 深埋管线的几种探测技术与规程精度探讨. 城市勘测, 2009, 105(2): 134-137.
[15] 周京春, 田庆福. 浅谈昆明市地下管线普查技术标准及其应用. 城市勘测, 2010, 2(01): 151-153.
[16] Xi J J, Cui D D. Technology of detecting deep underground metal pipeline by magnetic gradient method. IOP Conference Series: Earth and Environmental Science, 2021, 660(1): 012074.
[17] 谢崇文, 陈利琼, 何沫. One-Pass 水下管道检测系统在定向钻穿越管段中的优化应用. 油气储运, 2021, 40(1): 66-70, 77.
[18] 李明, 王晓霖. 埋地油气管道防腐层检测与评价. 当代化工, 2013, 42(7): 980-983.
[19] 李建波, 胡正海, 张莉梅, 等. 油气管道的腐蚀监/检测技术研究分析. 全面腐蚀控制, 2014, 28(11): 48-52.
[20] 吴志平, 陈振华, 戴联双, 等. 油气管道腐蚀检测技术发展现状与思考. 油气储运, 2020, 39(8): 851-860.
[21] 窦宏强, 马晓成, 郭娟丽, 等. 水平定向钻穿越管道防腐蚀层质量评价方法的研究现状. 腐蚀与防护, 2020, 36(5): 56-60.

第9章 水平定向钻穿越的发展前景和展望

随着不断的技术革新,水平定向钻技术在钻进设备、钻杆工具、导向技术和施工技术方面日趋成熟。为适应智能化、数字化发展的需要,水平定向钻领域更是涌现出许多智能化的新工艺与新设备。但在长距离、大口径管道穿越复杂、坚硬地层等穿越工程中,水平定向钻尚存在一定的技术瓶颈。水平定向钻进技术在未来具有广阔的市场前景,也面临诸多挑战。

9.1 总体发展趋势

9.1.1 Φ1422mm 及以上的大管径穿越

未来几年里,油气管道将向 Φ1422mm 及以上管道发展。大口径管道建设对水平定向钻穿越技术提出了更高的要求,这必将促进我国水平定向钻成套设备、11in(约280mm)大直径钻杆、大级别扩孔钻具、新型泥浆体系、降浮措施等技术的提升,进一步推动水平定向钻的技术进步。

9.1.2 5km 以上超长距离穿越

2018年,河北华元科工股份有限公司在香港国际机场航油管道改线工程中,完成两条长5200m、Φ508mm 的水平定向钻穿越工程,创造了新的世界纪录。目前,我国正在筹划4000m、Φ1016mm 的水平定向钻穿越工程,此类工程极具挑战性,因此需要加紧设计和研制超长距离穿越工程使用的大钻杆、大扭矩钻机及配套装备。

9.1.3 复杂地层和坚硬地层穿越

针对如中粗砂层、砾砂、卵石、砾岩、破碎岩层等一系列具有复杂地质构造、地层岩性较为坚硬的水平定向钻穿越工程需继续进行深入研究,在原有基础上提升工艺、工法,特别是对坚硬岩石(抗压强度超过180MPa)实施高效钻进扩孔工艺的研究,提高工效,逐步总结出一套在复杂和坚硬地层穿越施工的技术体系、流程和技术标准,提高一次穿越的成功率。

9.2 水平定向钻穿越技术应用领域的拓宽

9.2.1 向陆对海、海对海等海洋管道穿越领域延伸

滩海表层一般地质承载能力低,采用普通的管道敷设办法,埋深很难达到技术要求,管线运行后,将产生不均匀沉降,对管线的安全运行造成严重影响;另外,滩海的登陆

段堤防一般不能破坏，很难进行开挖施工。如果采用水平定向钻穿越施工，管道既可以敷设在较深的稳定地层，又可以不破坏地表环境，是一举多得的施工方案。目前对接穿越技术已经能够解决滩海穿越中超长距离的施工。

随着沿海开发速度加快，长距离上岸管道登陆条件越来越复杂，在上岸过程中有时会与已有或规划的港口航道等设施发生交叉现象。由于航道通常需要疏浚或扩容，以满足更大吨位船舶的入港要求，这就要求海管的埋深必须满足航道规划深度，并需要考虑合适的安全裕量，以防止抛锚或拖锚对管道的破坏[1]。

以往海管穿越航道时，常规做法是开挖敷设管道，即先在海床上开挖较深的管沟后，利用铺管船预制管道并敷设在管沟内，然后进行人工回填。这种方式最大的缺点在于挖方量和回填量巨大，不仅需要申请专门的倾倒区，施工过程还会影响航道的正常通航，施工费用十分昂贵。

水平定向钻穿越在海洋油气工程领域作为一项新的施工技术，在海底管道穿越航道、冲刷区和障碍物等技术难题上提出了新的解决思路和实践方案。水平定向钻穿越应用在海洋管道敷设，不影响航运、不破坏环境，并可达到理想埋深。目前对接穿越技术已经能够解决海洋穿越中超长距离的问题，钻机平台的搭建、深海套管夯入、回拖时铺管船配合等问题也已有相应的研究成果。水平定向钻技术未来将更广泛地应用于海洋管道施工。

9.2.2 向山体穿越领域纵深发展

水平定向钻穿越山体具有施工成本低、周期短等优势，同时可以很好地保护植被和减少施工弃渣对环境的污染。但是，山体穿越的入土点和出土点高度相差较大，容易出现泥浆漏失，加上岩石强度大，对钻具要求高，容易形成大量岩屑并堆积在较低处，造成卡钻，传统工艺已无法满足山体穿越的要求。目前，采用水平定向钻技术穿越山体溶洞已有成功案例，如国家管网华南分公司某互联互通项目，采用定向钻成功在灰岩岩溶地区完成长度为 2660m 的山体定向钻穿越。河北华元科工股份有限公司采用山脚钻机正推扩孔、推管机正向推管安装管道方式完成高差近 200m 的国家管网华南分公司遵义—江津成品油管道綦江穿越。随着水平定向钻技术的发展，山体穿越向高度差更大、穿越距离更长的方向发展。

9.2.3 向地质勘察等其他领域发展

"十四五"期间，国家实行交通强国建设工程，加快了出疆入藏、中西部地区骨干通道建设。随着我国公路、铁路建设向西部地区延伸，山区超长距离、大埋深隧道工程越来越多，这类隧道工程沿线区域通常具有地震烈度高、构造挤压强烈、高地应力场、岩性复杂、海拔较高、埋藏深面大、施工环保要求高、不良地质体发育等特点[2]。因此，对于穿越该地区的隧道工程，探明隧道沿线围岩体的地应力、岩性、不良地质情况(如断裂带发育、岩溶地层、涌水等)等参数信息，对隧道工程投资决策、线路选择、施工工艺方法、设备选型及配置、支护形式及施工参数、工期与造价、风险控制等方案确定起到决定性作用。这些关键基础信息的欠缺或失准将严重制约工程方案的合理性，增加工程的安全与投资风险。

传统的地质勘察主要是垂直钻孔取心，或者采用高密度电法、地震反射法等物探方法。然而，山区超大埋深隧道建设面临高海拔山区设备运输、供水、场地、人员健康及环保等因素的制约，无法大范围开展传统垂直钻孔勘察。传统垂直勘察孔通常沿隧道轴线间隔200~400m布置，不仅无法有效获取轴线上地层的完整信息，而且大部分成本都用于上覆地层钻进，有效地层信息的获取率低。

因此，有学者提出将非开挖技术中的水平定向钻进技术作为变革性的地质勘察技术。将地质勘探中的垂直孔改为沿隧道轴线的水平钻孔，配合垂直钻探的取心技术、现场试验、测井技术，可克服传统隧道勘察"一孔之见"的局限性，实现超长距离大深埋隧道沿线围岩工程特性评价，有效反映隧道沿线的地质情况。

目前，水平定向钻进技术在石油和天然气领域、煤矿和固矿的勘探采集上已取得不错的成效[3]，但实际运用到隧道地质勘察的例子却很少。在国外，日本、挪威相继对本国隧道建设进行了水平定向取心[4,5]；国内方面，中交第二公路勘察设计研究院有限公司和中山大学等单位合作，采用水平定向钻进技术对天山胜利隧道进行地质勘察，水平钻孔长度达2271m，是目前国际上采用水平定向钻技术开展专门地质勘察的最长钻孔，分别在1000m和1900m的位置进行了岩心采取，并采用专门研发的孔内高清电视对钻孔进行全程扫描，获得了高清的钻孔孔壁形貌，取得了良好效果[1]。国内许多相关行业的学者对水平定向勘察技术持认可态度[6-8]，提出其相比垂直勘探的优势，并促成该领域体系的建成和技术装备的研发，其中陈湘生院士也大力提倡将水平定向钻进与物探技术相结合用于超长隧道的地质勘察。

9.3　水平定向穿越装备及技术发展趋势

9.3.1　钻机

水平定向钻机的主要功能是为钻杆提供足够大的扭矩和推拉力，以实现导向钻进和回拉扩孔敷设管道。与之相匹配的辅助功能有钻机的钻架与水平面之间的夹角可调，以满足不同入射角的要求。钻机的入射角也是衡量钻机性能的主要指标，与钻机的总体布置及结构设计有关，直接影响了成孔轨迹的设计。基于此，目前国内大型通用钻机技术的发展趋势如下。

（1）多功能：钻机同时具备软土和坚硬岩层的钻进施工功能，且能以干、湿钻进，增强其适应性和作业能力。此外，目前水平定向钻机使用时会遇到如负载变化、钻杆安装黏扣等研究不多的突发情况，为了满足现代地下施工要求，亟须研究多功能型钻机以满足变负载、性能可靠、施工准确、环境友好等要求。

（2）大吨位模块化：目前国内已有多个钻机厂家生产了超大型定向钻机，但大型钻机因主机自重大，对设备运输的临时道路要求高、运输成本高及使用率低，不适用于小型工程。基于此，未来钻机还应体现在集成化上，将动力系统、泥浆泵送系统、钻杆装卸系统、地锚系统、行走系统、监控系统等模块化分区域安装，统一信息传递，实时参数匹配，便于集中控制。

（3）个性化：主要体现在电驱动钻机、地锚自动安装与拆卸、钻进架角度调节、支腿调节、自动更换钻杆、自动润滑钻杆前后端丝扣、更换钻杆时钻液泵送系统自动启闭控制、自动钻进与回拉扩孔作业等。这些个性化操作使地钻机安装和搬迁方便、噪音低且极大地减轻工人的劳动强度，从而提高作业质量和作业效率。钻机的自走功能对钻机转移工作场地、快速就位非常必要，主要有履带式和轮胎式底盘两种形式。履带式底盘钻机具有爬坡能力强、接地比压小、机动灵活、地面适应性强等特点。

（4）智能化：目前，水平定向穿越技术对水平定向钻机的智能化提出了更高的要求。需要从钻机标准化、系列化、模块化三方面展开研究[9]，具备以智能网络、专家系统等为依托实时解决问题的能力，同时综合自动化、智能化、微电子、机器人技术等学科，这必将是未来水平定向钻穿越技术发展的重要方向之一。

（5）电驱化：驱动钻机包括交流电驱动、直流电驱动。电驱动钻机与液压驱动相比，具有传动效率高、调速特性好、运行成本低、易维护，操作方便、灵活、易于实现自动控制等优点，特别是全数字控制系统的出现使电驱动控制系统的性能更完善，可靠性更高，调整及更改功能更便捷，故障诊断及维修更方便。电驱动可通过编程控制器获得很多液压驱动无法实现的功能，是当代钻机的发展趋势。

9.3.2 钻杆

随着孔内环境不断地复杂化，水平定向钻施工对钻杆的性能要求也逐渐提高。水平定向钻杆在三维空间中承受着复杂交变的压、拉、扭、弯曲、振动等荷载，加上磨损腐蚀等作用在经过一段时间后即在应力集中部位折断。因此，需要从尺寸、材质、加工、智能化等方面提出新的要求。

（1）尺寸：目前钻杆的尺寸规格中常用尺寸有 3.5in（约 89mm）、4.5in（约 114mm）、5in（约 127mm）、6.5in（约 168mm），随着水平定向穿越技术的推广和新技术的研发，传统的小直径钻杆显然不能满足如今的工程需要，且大直径、长距离的水平定向穿越技术要求钻杆能够满足施工回拖力大等要求。因此，需要研制大尺寸定向穿越专用钻杆，并且在设计过程中还需要对射孔角度、井眼实际情况和地层地质作用等方面进行综合分析。

（2）材质：目前水平定向钻进的钻杆材质大力提倡采用 S135、V150、U165 等强度高的钢材。同时，大力发展非钢材料，例如，复合材料钻杆具有质量轻、强度高、超高的抗腐蚀性能和抗疲劳性能，纳米材料、纤维材料具有较好的性能，钻杆中加入这类材料可提高其综合性能，因此复合型材料钻杆势必成为未来发展的趋势。

（3）加工：钻杆的加工流程大致可分为下料、粗车、调制热处理、螺纹机加工、渗氮处理、摩擦焊、喷涂、包装[10]。钻杆的生产工艺技术对钻杆物理性能的影响很大。在钻杆焊接时，若焊接技术参数未控制得当，极容易产生如粒状、块状氧化物和非金属夹杂物等不规则产物，这些产物会导致钻杆在使用过程中产生较大的残余应力，甚至会造成钻杆断裂；在热处理过程中，需要消除材料内部的内应力，同时降低脆性、提高韧性，操作不当可使钻杆的疲劳性能和冲击韧性继续下降，因此要求提高整体式制造成型工艺，尤其是提高镦粗、热处理、焊接、精加工、双台肩等技术要求较高的加工工艺，保证钻杆整体的强度，避免因焊缝质量问题造成断钻事故。

(4) 智能化：具备通信能力是区别传统钻杆和智能钻杆的一个显著特征。针对长距离、大埋深的水平定向穿越工程，智能钻杆要求其能够作为井下随钻测量工具并将测得信息上传至地面的高速信息通道，且满足信号传输速度快、容量大、可为井下工具提供电力。目前，美国的国民油井华高公司(National Oilwell Varco, NOV)、菲伯斯(FibersPar)公司相继研发出具有传输功能的智能钻杆，美国北达科州采用有线钻杆的井下自动化系统(DHAS)实现了司钻闭环控制。智能钻杆在钻井质量、钻井时间、钻井事故发生率等方面都具有传统钻杆无法比拟的优势，因此大力提高水平定向技术与人工智能的结合能够更好地推动水平定向穿越技术的长足发展。

综上所述，复杂地层水平定向钻施工技术对钻杆的性能提出了更高的要求，因此新型钻杆的研发迫在眉睫。由于新材料的快速发展，给钻杆材料的研发提供了更多可靠的保障，这使制造出高强度、轻材质、高智能化的钻杆成为了可能。

9.3.3 钻具

水平定向钻钻具发展至今，逐渐向多品种、专业化方向拓展。目前，钻具的发展方向主要体现在如下方面。

(1) 智能钻头：智能化钻头是智能钻进的一个重要方面，钻头是钻进过程中最核心的工具，在钻进过程中，影响钻头钻进的主要因素为钻压、钻速、切削量、齿形材质、齿形结构等。传统钻头在钻井过程中，上述参数除钻压、钻速外都是不可改变的。智能钻头必然与井下传感器相结合，使钻头在钻井过程中能够自动感知地层压力、地层温度、钻头角度和深度等信息，并能结合传感器反馈的信息，根据地层的结构和性质自动调节切削深度、降低黏滑效应。目前，国外在智能钻头的研发方面投入了很多精力，如剪切钻头公司(Shear bits)研发的Pexus组合钻头、NOV公司研发的FuseTek融合钻头、贝克休斯公司(Baker Hughes)研发的Kymera组合钻头、IRev孕镶钻头等。国内也需在这方面加强研发力度。

(2) 延长使用寿命：钻具可采用高强度材质和优化结构实现轻量化设计，降阻增效；延长寿命设计，重点需要提高岩石扩孔用牙轮的寿命，提高扩孔效率。主要包括结构优化，提高牙轮轴承的寿命，增加防脱设计；增加切削刀头等关键部位的耐磨性。同时，水平定向钻进穿越技术中，扩孔非常关键且工作量巨大，对规模较大的工程常采用多级回扩，以延长钻杆的使用寿命。

(3) 保证质量控制：为了在水平定向穿越中即时获取地下钻进过程中的有效数据，应有效改进施工工艺，避免施工事故，提高施工效率。可采用孔内钻进工艺参数实时测控装置，包括地下检测发射装置和地面接收装置，用于检测泥浆压力、钻杆拉力、钻具扭矩、回拖力和转速等参数，并将参数调制成低频信号并通过天线发射出去，地面接收装置在地面上接收信号并进行处理后显示，供地面人员读取使用。

(4) 其他研究：针对岩石扩孔，可研究螺旋式和减阻滚柱式新型扶正器，研发双向扩孔器，采用双级扩孔器提高扩孔效率，并能够克服岩屑床，以满足要求；针对钻具性能，可研制包括液力推进器、减阻降扭接头等提高钻具适应条件的装置；针对钻具组合应用，可研究优化钻具组合方案，达到最佳使用效果等。

9.3.4 导向仪器

水平定向钻在实际工作中一般都配备有相应的导向仪器辅助完成任务，近几年国家在仪器方面的研究投入量大，也取得了十分明显的进步，仪器能够实时获取钻进参数，从而用于评价大位移、高难度钻井的工程控制能力和地层评价能力。

目前，水平定向钻穿越技术使用的导向仪器分为无线导向、有线导向两种。无线导向仪设备简单、操作方便，定位深度较浅（0～15m），按照传输通道又可分为泥浆脉冲、电磁波、声波和光纤几类，主要品牌有英国雷迪、美国 DCI、日本向导系列和中国的金地；有线导向仪主要是通过地磁或人工磁场对探棒进行定位，用于长距离、大埋深水平定向穿越工程，国外品牌主要有德国 Prime 公司 ParaTrack2 和美国 Sharewell 公司的 MGS（Magnetic Guidance System），国内以华元公司的 HYMGS 地磁导向系统为代表。在进行长距离、大埋深水平定向穿越技术时，受限于穿越深度的影响，通常采用有线导向技术，又称随钻测量技术。

目前导向仪器的发展迅速，除具有原本的基本功能外，结构愈加复杂，还增加了用于地层评价的参数传感器，如补偿双侧向电阻率、自然伽马、方位、中子密度、声波、补偿中子密度等。随钻测量技术仪器的发展极大程度地促进了水平定向钻穿越技术的发展，其在钻孔导向方面发挥着无与伦比的作用。

未来的研究方向主要针对无线导向仪器目前存在的一些问题，例如，受限于测量深度，在大深度情况下信号易受干扰、电池电容量有限、无法满足长距离进尺要求等问题，采用新技术和新工艺研制出新型导向仪器，使其能够满足大口径、长距离水平定向钻穿越技术的工程需求。

另外，随着一些超长距离和大埋深的水平定向钻工程的建设需要，传统单一技术的控向方法已不能满足对精度控制的要求，需要采用多种技术联合控向，如采用地磁+陀螺联合控向的方法，该方法已经在国内工程中得到初步应用，并取得了良好的控向效果。

9.4 水平定向钻穿越新技术

9.4.1 水平定向钻硬岩钻进技术

硬岩水平定向钻钻进技术是衡量一个国家在非开挖领域技术水平最重要的因素之一，是推动水平定向钻穿越技术向前发展的核心与关键，具有良好的应用价值与社会效益。硬岩水平定向钻技术的发展不仅需要从理论上创新、工艺上创优，还需要在设备上进一步突破。

目前，常规的硬岩水平定向钻技术主要采用回转钻进方法配合专用的硬岩扩孔器，在钻遇坚硬、破碎、软硬夹层和卵砾石层时可能出现施工难度大、钻进效率低、成本高等难题。传统硬岩复杂地层水平定向钻进工艺与设备已无法满足施工进度与效益提升发展的要求，需要研发新的硬岩水平定向钻进机具，以解决硬岩水平定向钻领域的技术难题。目前，硬岩钻进技术发展主要分为动力扩孔钻进技术和冲击回转钻进技术两大趋势。

1. 孔内动力扩孔技术

扩孔穿越长度主要受钻杆受力情况、控向能力、钻孔稳定性及钻孔内泥浆返浆能力的限制。传统施工方式存在地质适应性差、多级扩孔困难、能耗高、效率低、钻杆寿命低、扩孔时间长、进尺慢、穿越距离短等问题[11]。解决传统水平定向钻扩孔动力不足的最佳方法是采用孔内动力扩孔技术——将动力钻具直接与扩孔器连接进行动力扩孔，需根据不同的岩层、成孔要求，选择正确的回扩钻具。利用动力钻具，可使扩孔工艺改动小，技术难度不大，能充分利用水平定向钻钻杆、泥浆系统，与现有工艺配套容易，改造费用小、使用成本低。采用孔内动力扩孔技术可在一定程度上解决扩孔动力不足、长距离扩孔损耗大、事故率高等问题[12]。

目前常用大扭矩动力钻具的扭矩为 3×10^4 N·m，随着油气管道直径逐级加大，穿越长度不断增加，加上孔底岩石软硬交替，工况复杂多变，需要更大扭矩的动力钻具（5×10^4 N·m 及以上）和更长寿命的动力扩孔器[13]来适应长距离水平定向钻穿越复杂地质条件，满足敷设管道要求。

2. 冲击辅助碎岩技术

从碎岩原理来看，冲击辅助碎岩钻进技术是如今解决水平定向钻硬岩钻进的有效方法之一，冲击辅助碎岩钻进最早应用于勘察钻探，近些年来作为非开挖解决硬岩水平定向钻钻进的有效方法。按照采用的动力方式可分为液动和气动两种。液动冲击辅助碎岩钻进技术主要靠液动潜孔锤实现，液动潜孔锤具有结构简单、易损件少、不受孔深、冲击器不受孔内围压、介质密度、温度等的影响及钻具系统工作平稳等特点。液动冲击辅助碎岩钻进技术因具有硬岩地层钻进效率高、成孔质量好、钻进孔内事故少，是一种应用前景良好的新型钻具形式[14]。气动冲击辅助碎岩技术则利用压缩空气作为循环介质，以高压气体能量实现孔底携岩上返，可提高机械钻速、减少甚至避免孔漏事故、延长钻头使用寿命、降低施工综合成本等，近年来得到广泛研究与应用。气动潜孔锤冲击钻进技术具有钻孔凿岩效率高、所需钻压和扭矩小、钻头寿命长等特点，结合地面钻机提供的周向扭矩，可在孔底实现冲击旋转破岩钻进，在硬质地层及沙漠、偏远、干旱缺水等复杂地质条件区块的水平定向钻施工工程中具有良好的应用前景。

目前潜孔锤在大直径、长距离硬岩水平定向穿越施工工程中的应用仍为空白，主要由价格高、磨损快、控向难等因素造成。将集束式气动潜孔结合气动反循环工艺应用到水平定向钻施工，也是大直径、长距离硬岩管道穿越的一种发展趋势。

9.4.2　水平定向钻旋转导向技术

长距离水平定向钻穿越技术控向、导向一直是国内外施工质量控制的技术难题。旋转导向技术（RSS）是目前国内外石油钻井领域先进的井眼轨迹控制技术，该技术可以使钻具在旋转钻井的过程中按照预设井眼轨道实施钻进，旋转导向工具作为实施该技术的重要装备。它集成了井下恶劣环境下的机、电、液一体化前沿技术，体现了当今世界井下导向工具发展的最高水平。

经过 10 多年的研究和现场应用,旋转导向技术在石油钻井工程领域得到了很大发展,旋转导向钻井工具的技术较为成熟,应用效果较好的主要有斯伦贝谢(Schlumberger,SLB)、哈里伯顿(Haliburton)和威德福国际有限公司(Weatherford)等国外公司的产品,根据导向方式可分为推靠式(push the bit)、指向式(point the bit)两种。旋转导向工具根据工具外壳能否旋转又可分为动态式(全旋转式)和静态式两种。

目前研发的旋转式导向工具主要有 VDS 自动垂直直井钻井系统、SDD 自动直井钻井系统、ADD 自动定向钻井系统、RSD 旋转导向钻井系统、RCLS 旋转闭环钻井系统等。其技术已经能够达到与井下马达一起使用、在不起钻的情况下改变井眼轨迹、在不需要特殊钻进参数的情况下保证最优的钻进过程等。最新开发的系统具有的独特性能使水平定向钻在恶劣环境中能够更灵活、可靠地钻进[15]。

RSS 技术被认为是未来水平定向钻控向技术的发展方向,在水平定向钻施工应用统计中,指向式旋转导向系统具有摩阻和扭矩较小、水平极限位移大、钻出孔眼质量高,能适应各种复杂地层和工况的水平定向钻穿越施工等优势,在实际工程中占有越来越大的比例。有关技术资料显示,各大公司最新开发的旋转导向系统有朝指向式或推靠指向复合形式发展的趋势。

但受限于 RSS 系统昂贵的成本,短期内并不能做到大范围普及,除需要提出新方法以降低成本外,RSS 系统的相关技术长期被国际大型跨国油服公司垄断。近几年,虽然国内在该技术的许多领域已有突破性进展,但与国外技术尤其是在新的旋转导向工具技术方面相比,仍有较大差距。围绕着更好地控制穿越轨迹,进一步提升性能、扩大应用,未来发展需要集中在以下几个方面。

(1)对接技术:随着国家大型油气管道项目的不断开发和建设,水平定向钻穿越工艺,尤其是水平定向钻导向孔对接技术,在大管径、长距离及不良地质条件下的应用将日趋广泛和普及。

(2)高精度轨迹控制技术:由于旋转导向工具实现了闭环实时控制,为了提高命中目标区域的能力,RSS 必然朝着提高穿越轨迹、控制精度的方向发展。

(3)高工作可靠性:尽可能"一趟钻"完成水平定向钻穿越作业任务,要求 RSS 具备很高的工作可靠性和耐高温、高压能力。

(4)高机械转速:为了提高钻速,减少作业时间,RSS 结合动力钻具,提高其机械转速也成为 RSS 的一大发展趋势。

(5)全旋转结构方式:导向工具采用全旋转方式,能够适应各种复杂地层和孔底恶劣工况,满足各种穿越作业的需要,提高对孔底复杂情况的处理能力,降低钻进作业风险,减少施工事故。

(6)多参数化随钻测量:随钻测量结合多种工程与地质参数,在常规参数的基础上,根据需要添加随钻地震、声波和核磁等,丰富地层描述参数,并进一步发展深孔探测传感器和随钻前视功能,完善导向功能,同时使传感器距离钻头更近。

(7)可视化钻进:加快孔底数据传输速率,增强地面与孔底的双向通信功能,如与智能钻杆配合使用,实现孔底信息的高速上传。

(8) 自动化钻进：进一步提高导向工具的自动化和智能化程度，采用卫星遥控技术，实现"无人"智能钻进作业。

9.5 水平定向钻穿越智能化发展展望

智能是以自动化施工为基础，从钻头到地面设备，从钻机到远程实时作业中心等所有施工过程实现数字化整合，使其在一个统一的开放式平台上互动运行，实现数据共享，做出基于数据分析的智能优化决策，并立足于行业标准化的钻机控制软硬件平台实现闭环钻进。随着自动化技术的不断完善及与大数据、人工智能等数字化技术的不断融合发展，水平定向钻技术在由自动化转向智能化的同时，将陆续推出或应用一些新技术、新装备、新材料。未来的智能水平定向钻技术将配备具有学习、记忆和判断功能的人工智能机器人，集成智能化、精细化、小型化的智能地面设备系统和孔底控制系统，以及高精度传感器和高速传输系统，能够实现部分定向穿越的自主决策和控制，大幅提升劳动生产率[16]。其技术主要由系统整体架构、数据测量系统、信息传输系统、自动控制系统、智能决策分析系统、人机交互、标准与认证体系7大部分组成[17,18]。

(1) 系统整体架构：建立顶层到最末端的等级系统架构，并确定各个子系统之间如何整合及如何互联互动，包括各系统之间的通信、标准化程序、人机一体化等。

(2) 数据测量系统：从原始数据的采集方式到过滤、转换、冗余度、数据输出等处理技术。目前，国外已经研发出能够对孔洞泥浆压力进行测量的泥浆压力短节，可及时采集孔洞内的泥浆压力并将数据传输到钻机控制室，通过与钻杆内泥浆压力的对比分析可指导穿越施工并极大地减少穿越过程中的冒浆。

(3) 信息传输系统：智能化的神经网络和中枢连接孔底、钻机和远程作业中心的各个系统节点。近年来，国内已开始对穿越孔洞剖面测量技术的研究，通过检测信号的数据采集和处理，穿越孔洞剖面测量可精确到毫米级，对穿越孔洞全程的物理空间做出准确定量的评判，为管道回拖提供科学可靠的技术支持。

(4) 自动控制系统：地面施工设备和孔底钻具的智能化、精细化和小型化，实现施工作业的指令执行。

(5) 智能决策分析系统：水平定向钻技术的智能化过程是通过电脑操作系统，借助仿真系统、远程决策系统、大数据分析、人工智能等各个子系统的区域大脑，以此提高水平定向钻智能化水平。

(6) 人机交互：通过人机交互，实现人与机器之间的有效互动和可视化，避免操作人员被海量信息淹没和因信息缺失带来的人为失误。

(7) 标准与认证体系：标准和认证体系有助于智能水平定向钻技术各系统之间的衔接，提高系统的可操作性和可靠性。合适的标准与认证体系能够加速智能水平定向钻技术的应用推广，智能化水平定向钻技术的发展与其数字化、自动化施工技术的快速发展和推广应用密切相关，未来智能化水平定向钻技术的发展主要表现在以下几方面[19]。

(1) 自动化钻机、智能控制工具、高精度传感器、信息传输工具等智能硬件系统将进一步完善，持续提升智能化程度。智能水平定向钻技术是智能钻进系统和智能钻进工具的结合，但目前鲜有智能钻进系统和智能钻进工具成套推出的消息。两者的联合研发必然是智能水平定向钻技术发展的方向。

（2）物联网、大数据、云计算、人工智能、数字孪生技术等与穿越工程深入融合，水平定向钻仿真模拟系统和钻前预测技术等智能软件系统将得到进一步提升，从而精确地描述钻进过程、孔底破岩机理、钻柱载荷等，并实现故障、事故预测报警。智能水平定向钻技术需要井下与井上进行高速有效信息的传递，传递方式和效率的发展必然将推动智能钻进取得长远进步，如何进行信息的高效传递是智能水平定向钻技术发展的另一个方向。

（3）借助于其他行业成熟的人机交互技术，施工人员向机器移交部分判断和执行功能，最终在智能技术大框架下实现人机一体的完美配合。同时，设立远程人工智能控制中心，将各个现场的图像信息、钻进参数及设备运转和维护状况等实时传送到油气管理部门，以便管理部门准确掌握可靠的第一手情报，及时做出正确判断并指挥调度，并实时远程反馈给各个钻进现场。

（4）水平定向钻行业将继续整合自身力量，构建和完善智能水平定向钻技术所需的系统整体架构和统一数据标准协议，使地面和孔底各子系统、不同公司施工设备系统实现在智能水平定向钻平台上的通用性和互操作性，着力实现"无人钻进"。

因此，水平定向钻技术是穿越技术的一次全方位深刻革命，它对整个定向钻行业及其从业人员将产生深远影响，能够大幅度提升钻进效率、质量、安全性、可靠性及经济、社会效益。从全球来看，现在国外已有定向钻技术服务公司和科技公司陆续推出了部分相关产品，预计到2025年有望进入人工智能定向钻的初级阶段，开启人工智能钻进的新时代。由此可见，我国必须迎头赶上，大力开展人工智能钻井的研发，以只争朝夕的精神，在短时间内从"跟跑"到"领跑"，全面进入人工智能水平定向钻进的新时代。

参 考 文 献

[1] 马保松, 程勇, 刘继国, 等. 超长距离水平定向钻进技术在隧道精准地质勘察的研究及应用. 隧道建设(中英文), 2021, 41(6): 972-978.

[2] 雷江锁, 陈贯雷, 师凌云, 等. 浅谈水平定向钻在隧道勘察中的应用. 非开挖技术, 2020, (5): 4.

[3] 吴纪修, 尹浩, 张恒春, 等. 水平定向勘察技术在长大隧道勘察中的应用现状与展望. 钻探工程, 2021, 48(5): 1-8.

[4] 青函隧道水平钻探实例. 隧道建设, 1983, (3): 98,99.

[5] Øyvind D, Bjørn N, Johannes G. Feasibility of tunnel boring through weakness zones in deep Norwegian subsea tunnels. Tunnelling and Underground Space Technology, 2017, 69: 133-146.

[6] 谢实宇, 谢柳杨. 云南滇中引水工程超深水平孔钻探实践与技术探讨. 西部探矿工程, 2015, 27(6): 69-71.

[7] 舒彪, 马保松, 孙平贺. 岩石水平定向钻工程. 长沙: 中南大学出版社, 2021.

[8] 严金秀. 大埋深特长山岭隧道技术挑战及对策. 现代隧道技术, 2018, 55(3): 1.

[9] 曹培森. 水平定向钻机给进与回转控制技术的研究. 沈阳: 东北大学, 2017.

[10] 董鹏伟, 燕南飞. 钻杆制造技术研究. 煤炭技术, 2021, 40(6): 181-184.

[11] 刘璐. 定向穿越动力钻具关键结构优化设计研究. 成都: 西南石油大学, 2016.

[12] Stauber R M, Frame T A, Kedzierski M, et al. Injecting cement grout during horizontal directional drilling pullback// Proceedings of the ASCE International Conference on Pipeline Engineering and Construction. New Pipeline Technologies, Security, and Safety, 2003, 2: 997-1001.

[13] 任斌. 长距离定向穿越复合扩孔器研究. 成都: 西南石油大学, 2016.
[14] 何将福. 硬岩水平定向钻用射流式液动锤理论与试验研究. 长春: 吉林大学, 2016.
[15] 雷江锁, 陈贯雷, 师凌云, 等. 浅谈水平定向钻在隧道勘察中的应用. 非开挖技术, 2020,(5): 4.
[16] 王敏生, 光新军. 智能钻井技术现状与发展方向. 石油学, 2020, 41(4): 505-512.
[17] Macpherson J D, de Wardt J P, Florencd F, et al. Drilling systems automation: Current state, initiatives, and potential impact. SPE Drilling & Completion, 2013, 28(4): 296-308.
[18] Olmheim J, Landre E, Spillum O, et al. Decision support and monitoring using autonomous systems. SPE Intelligent Energy Conference and Exhibition, Utrecht, 2010.
[19] 王敏生, 光新军. 智能钻井技术现状与发展方向. 石油学, 2020, 41(4): 505-512.

后 记

水平定向钻穿越技术是油气管道穿越施工中最安全、长效、环境友好的技术之一。为全面梳理和系统总结我国油气管道水平定向钻穿越技术及应用，国家石油天然气管网集团有限公司华南分公司联合河北华元科工股份有限公司、中国石油天然气管道工程有限公司、中山大学、北京安科科技集团有限公司等单位组成编写组，并于2019年底确立书稿主要框架，2021年7月形成初稿，2021年11月在河北廊坊召开第一次审稿会，对全书结构进行调整，讨论形成书稿大纲，2021年12月~2023年8月，编写组先后在广州、舟山、北京等地召开五次审稿会，反复讨论修改，不断完善书稿的结构和内容。

在众多教授、专家和同行的关心和支持下，经过四年的努力，本书终于出版。本书力求全面系统地介绍油气管道水平定向钻穿越从设计到施工环节的技术要点，将多年来从重难点工程实践及质量控制方面总结的理论与实践成果呈现给大家。为了保证内容的准确性和专业性，本书邀请了30余位业内专家参与审稿会或函审，共收集修改意见近600条。其中中南大学舒彪、中国地质大学姚爱国和曾聪对本书的编写提纲和创新点提供了重要支持，贡献了智慧和汗水。高红、左雷彬、王海、石忠、闫家峰、李松、张兴洲等业内专家学者提供了大量宝贵的修改意见，勉励本书告成。本书编写过程中还得到了科学出版社万群霞编辑的帮助和支持。在此向为本书编辑出版付出辛勤劳动的各位专家、教授和相关人员一并表示衷心感谢！

尽管我们为此书编著出版倾注了大量心血，但书中难免存在疏漏，请广大读者见谅，积极反馈意见，我们将不胜感激。在后续的修订版次中，我们将进行完善，为丰富和发展油气管道水平定向钻穿越技术贡献力量。

本书编委会